Photoshop
创意设计密码

马博 主编

人民邮电出版社
北京

图书在版编目（ＣＩＰ）数据

Photoshop创意设计密码 / 马博主编. -- 北京 ：人
民邮电出版社，2013.11
ISBN 978-7-115-32966-0

Ⅰ．①P… Ⅱ．①马… Ⅲ．①图象处理软件 Ⅳ．
①TP391.41

中国版本图书馆CIP数据核字(2013)第204743号

内 容 提 要

　　创意设计是表现想象力的过程，将设计者的各种奇思妙想以最直观的形式呈现出来，真正做到将想象变为现实！本书将详尽的实例内容和颇多的知识点以浅显易懂的语言为读者进行讲解，让读者在利用 Photoshop CS6 的命令、工具等进行创意设计时，更加轻松。本书利用创意技巧、文字处理、数码图像的设计和设计应用层层深入的递进关系，展现出无限的创意灵感，让读者在设计作品的时候如虎添翼。

　　本书讲解了实例创意灵感的来源，可以让读者更深刻地了解实例主题内容和制作时的技巧，了解各种主题作品的创意构思，这样在制作的时候能更加得心应手，事半功倍；而书中的制作流程展示，可以让读者了解到实例各个步骤制作出的效果，让实例更加清晰地展现在读者面前。每个实例结束后，都会对本实例中重要的基础知识点进行抽取讲解，丰富读者的知识面。

　　通过对本书的学习，读者可以了解到各种具有主题的作品创意构思，有助于培养读者的设计感觉和表现方式。本书适合广大爱好数码艺术的读者及专业的设计师阅读。

◆ 主　　编　马　博
　　责任编辑　孟飞飞
　　责任印制　方　航

◆ 人民邮电出版社出版发行　　北京市崇文区夕照寺街 14 号
　　邮编　100061　　电子邮件　315@ptpress.com.cn
　　网址　http://www.ptpress.com.cn
　　北京顺诚彩色印刷有限公司印刷

◆ 开本：787×1092　1/16
　　印张：20.5
　　字数：736 千字　　　　　　2013 年 11 月第 1 版
　　印数：1- 4 000 册　　　　　2013 年 11 月北京第 1 次印刷

定价：89.00 元（附光盘）

读者服务热线：（010）67132692　印装质量热线：（010）67129223
反盗版热线：（010）67171154
广告经营许可证：京崇工商广字第 0021 号

4.12　书的海洋　223

3.4　梦幻般的花纹文字　97

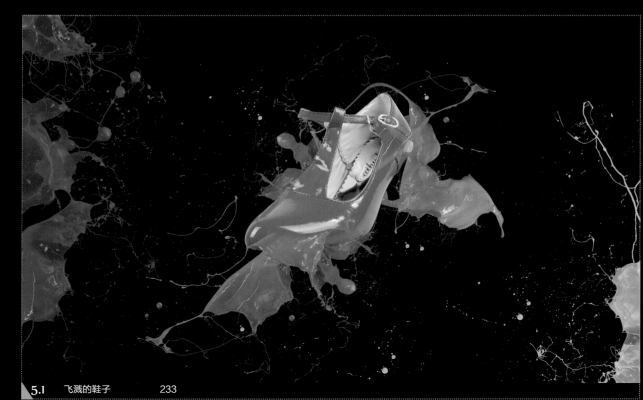

JOHNNYDEPP   ORLANDOBLOOM   KEIRAKNIGHTLEY   WITH CHOWYUN-FAT   AND GEOFFREY RUSH

WALT DISNEY PICTURES
INDIGNATION

AT WORLD'S END

Director: Fernando Campos

23 OFFICIAL RELEASE

www.movie3.nl

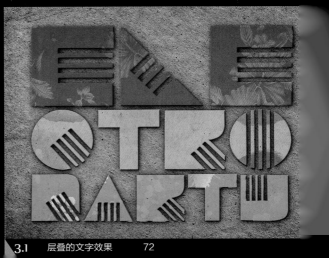

精彩案例赏析

前言
Preface

如何将优秀的创意融合在精致的视觉画面中，是每一个设计师最关心的问题。一个优秀的设计工作者总是能把偶然涌现的灵感、思绪变换成一幅幅富有意境、饱含情感的作品。本书集结了多位从事艺术设计的资深设计师的实战经验，并从中精选了34个典型的案例将优秀的创意融合在精致的视觉画面中，向广大读者呈现了最新锐的创意思路和最精湛的操作技巧，让读者感受到创意设计的魅力。

内容导读

本书以特效知识点与实例操作相结合的形式讲解Photoshop中创意设计的制作方法与操作技巧，共制作了27个特效作品。全书共分为5章，根据设计作品的实际应用收录了不同的作品。

第1章　如何进入想象力世界——创意设计的来源，在本章中将带领读者进入想象力的世界，介绍了何为创意设计、创意设计有什么用、创意设计的灵感来源等，帮助读者快速进入创意设计的世界。

第2章　讲解为创意设计量身定制的Photoshop技术，从创意的角度出发，配合色彩、构图的设计，并深入讲解了Photoshop的抠图技巧、蒙版、图层混合模式、画笔、滤镜等功能，将创意和技术完美地结合。

第3章　文字的艺术加工，讲解怎样利用Photoshop强大的文字编辑功能完成对文字的艺术处理，表现更有创意的文字效果。

第4章　数码图像的艺术设计，介绍如何利用Photoshop中的图像处理功能对图像进行再编辑，合成极具创造力和感染力的画面。

第5章　商业设计中的创意表现，讲解如何将Photoshop应用到广告设计作品中，完成具有商业代表性的广告设计。

本书特色

1. 案例精美：以或绚丽、或诡异、或迷离、或荒诞的画面表达设计师特有的创意灵感和对创作主题的独到见解。

2. 内容丰富：紧凑的编排方式，详尽地讲解了各案例具体的操作步骤，并通过每个实例后的"知识提炼"将实例中的重点、难点进行补充讲解，让读者学习到更多的Photoshop知识，扩展思维。

3. 超值光盘教学：附赠的超值DVD光盘中包含本书所有实例的素材文件及最终文件，完整的案例教学视频让读者能够学习到更多的实用性技术。

适用范围

本书定位于中、高端图像处理类图书，非常适合于有一定基础的Photoshop爱好者以及希望进入平面设计、插画设计、包装设计、网页制作、影视广告设计等相关设计领域的自学者使用，也适合各开设相关设计课程的院校用作教学参考书。

由于编者水平有限，在编写过程中难免会存在疏漏之处，恳请广大读者批评指正，并登录www.epubhome.com提出宝贵意见。

编者
2013年9月

目录
Contents

目录
Contents

01

第1章
如何进入想象力世界
——创意设计的来源

本章内容

1.1 何为创意设计

创意设计，言简意赅，即由创意与设计两部分组成，把再简单不过的东西或想法不断延伸，给予另一种表现方式，也是将富有创造性的思想、理念以及设计方式以延伸、呈现和诠释的过程或结果。在进行设计的时候，必须先明确自己的设计理念，再制定设计创意，才会制作出绝妙的设计，让设计出的作品具备特殊的气质，并且可以给不同的视觉群众以不同的美好联想，这是达到要求目标的创意设计与普通设计的区别。所以创意作品既要属于原创作品，具有新颖的特质，又要符合目标所给予的用途。衡量一个创意价值与否的重要前提是创意的结果要得到目标受众的价值认可。

创意设计一般包括工业设计、建筑设计、包装设计、平面设计、服装设计、个人创意设计等内容，不同的方面具有的特征也不尽相同。下面将针对这些不同的设计分类进行讲解。

1. 平面设计

平面设计是指具有艺术性和专业性，以"视觉"作为沟通和表现的方式，透过多种符号、图片和文字的创造和结合，制作出想要传达想法或讯息的一种视觉表现。

上图所示的平面广告设计将撞车视为暴力，画面表现出的施暴镜头颇具张力，两车相撞的破坏力溢于言表，告诫人们在开车的时候，不要超速、不要酒驾、不要闲聊……

2. 工业设计

工业设计是指以工学、美学、经济学为基础对工业产品进行设计，其目的是利用专业的技术知识、经验、视觉和心理感受，赋予产品材料、结构、形态、色彩全新的品质和规格，增加产品的亲和力以及可用性。

左图所示就是一个从F1赛车而产生的设计灵感。设计师将赛车轮胎的质感应用到杯子的设计中，采用双层的间隔设计，杯子的外层是仿F1赛车的轮胎橡胶材质，内层是安全的PP塑料材质，耐高温，和F1赛车的轮胎一样经久耐用

3. 建筑设计

建筑设计是指建筑物在建造之前，设计者按照建设任务，把施工过程和使用过程中所存在或可能发生的问题，用图纸和文件的方式拟订出解决的方法或方案，便于统一步调，顺利进行。

右图所示的建筑，利用流利的线条表现出建筑柔和的一面，加上高质感的建筑材料，又加强了建筑刚硬的特性，刚柔并进让建筑更加完美和个性

4. 包装设计

包装是品牌理念、产品特性、消费心理的综合反映，它直接影响到消费者的购买欲，在生产、流通、销售和消费领域中，发挥着极其重要的作用。

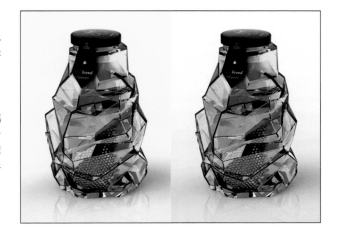

右图所示的蜂蜜包装，其外形类似于不规则钻石切割的多棱玻璃面设计，其展现出的错落有致、华丽质感，让蜂蜜的晶莹剔透一览无余，其展现出的甜蜜色泽让蜂蜜看上去更加诱人。透过通透的蜂蜜，可以看见若隐若现的蜂巢装饰，让蜂蜜展现出原汁原味的风貌

5. 服装设计

服装设计是艺术的搭配焦点，其涉及美学、文化学、心理学、色彩学等要素，其主要的设计过程是根据设计对象的要求进行构思，并绘制出效果图、平面图，再根据图纸进行制作，直到完成作品。

右图所示为服装设计的手稿，艳丽的色彩可以很好地抓住观赏者的目光，流畅的线条和繁琐的结构更好地展现出设计师的功底和对美的感受，给人以美的享受

6. 个人创意设计

创意设计除了具备初级设计和次级设计外，还需要融入与众不同的创意设计理念。在设计的时候，需要对图形中非主要部分进行简化处理，将最主要的部分精炼出来，让图形更加适合在商业传达过程中方便记忆，在制作过程中更加精准地实现。

左图所示的创意设计，利用温暖的背景色和前景色的暗调做出了强对比的效果，再添加上暖色的主色调，将人们的视线集中在画面的上面区域，抓住观赏者的目光，使其得到认可，展现出创意的价值

1.2 灵感从何而来

一个出色的设计师，深厚的文化修养是必备条件。设计师的品位高低直接影响他的作品质量的好坏，设计师的涉猎范围广，且有意识地进行知识积累，培养自己对美的感受能力，在进行创作设计的时候，才能触类旁通。

设计灵感一方面来源于生活，对于一个设计师来说，生活中的点点滴滴都是灵感的来源，热爱生活并有积极乐观的生活态度、超前的生活观念，灵感就会随之而来；如果生活沉重，怨天尤人，灵感就会避而远之。

灵感的另一方面就依赖于大量创造素材的积累，在一定程度上可以说，素材积累越丰富，创造灵感产生的机会就越多。产生灵感的基础是生活素材，得到灵感的有效途径是激发潜意识思维的活跃性，有效地利用积累的素材信息。

上面3幅图是为联邦快速公司所设计的宣传广告，设计者从世界地图上国家或地区之间的短距离获得灵感，针对快递的快速、准时到达等特点，将收取邮件的人物合成到绘制的世界地图上，表现无论相距多远，该快递都能快速、便捷地将货件准时送达

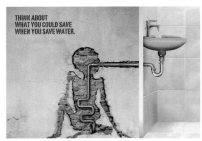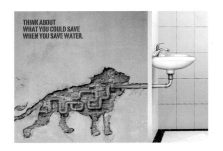

上图所示的是关于世界爱水日的平面设计广告，由管道的走向和剥落的墙面为灵感来源，展现出缺水时生命体的干涸、粗糙，告诫人们节约用水，人人有责！省下一滴水，拯救的就不仅仅是一条生命

1.3　日常收集创意素材

素材是指设计者从现实生活中收集到的、未经过加工的、感性的、分散的原始资料。这些资料虽然不能直接使用，但是经过作者集中、提炼、加工和改造后，就可以在作品中使用，成为一个好的题材。对于一个设计师而言，在平常的生活中，可以通过网格和拍摄方式来获取具有代表性的多种类素材，在后期设计表现的过程中，充分将得到的素材应用到作品中，快速制作出完美的设计。

---

1. 通过网络收集素材

网络是平时收集素材的主要来源地，通过网络搜索可以收集到大量的素材。这些素材中，最好利用的就是矢量素材，矢量素材具有很强的可塑性，且具有独立的分辨率，无论使用多大的分辨率显示都不会造成图像失真的现象，因此矢量素材可以大量应用于创建设计中。

http://www.sccnn.com/素材中国
http://www.zcool.com.cn/站酷
http://sc.chinaz.com/shiliang/站长素材
http://www.lanrentuku.com/懒人图库
http://www.sj33.cn/sc/slsc/设计之家

上面所示的是一些常用的素材收集网站，在这些网站中提供了大量的可编辑矢量素材，在设计中可以将这些素材应用于个性创意中，并通过再编辑完成设计作品。

---

2. 手动拍摄素材

创意设计的表现是贴近于生活，但高于生活的一种艺术表现，因此创意设计中的素材也可以通过自己拍摄设计中所需要的素材。在日常生活中，利用相机镜头将生活中的人、事、物等拍摄下来，根据其种类进行归类整理，然后在后期处理时，就可以将这些照片素材利用到创意设计作品中，并赋予它们无穷的生命力。

左图所示是通过将茄子拍摄下来作为创意设计的素材，在后期处理的时候，通过对素材中的图像进行修饰，增加画面的艺术美；右图所示则是把拍摄到的街头一角通过后期的修饰，将个人的创意结合到拍摄的场景素材中，增强创意设计中的生活体现

1.4 动手创造创意设计素材

在进行创意设计的时候，往往也会自己动手制作需要的素材。自己绘制的素材具有很高的可塑性，可以根据画面的内容进行素材的创造，让设计出的画面更加精致美丽，更好地抓住观赏者的眼球。

1. 路径绘制

新建一个黑色的背景图层，然后打开一张纹理素材，并将其复制到新建的背景图层中，再设置该图层的图层属性，接着利用矩形选框将素材的边缘选取出来，将其反向后，为该图层添加上蒙版；将素材的中心部分隐藏，只保留素材的边缘纹理，再利用钢笔工具在画面中合适的部分绘制路径，绘制完成后按Ctrl+Enter组合键将其转换为选区，制作出画面中主体物的雏形。在使用"钢笔工具"的时候可以借助Ctrl键调整图形的形状，使绘制的路径比较完整。

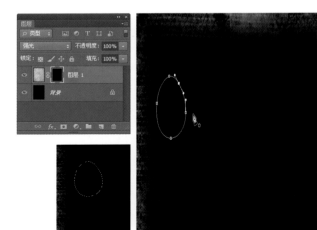

2. 定义画笔

设置前景色为R154、G153、B153，新建一个图层2，然后按Alt+Delete组合键将选区填充为灰色，再执行"编辑>定义画笔预设"菜单命令，在打开的对话框中设置参数后，单击"确定"按钮进行确定，最后选择"画笔工具"，单击该选项中的"切换画笔面板"按钮，在打开的面板中设置画笔的"间距"参数。

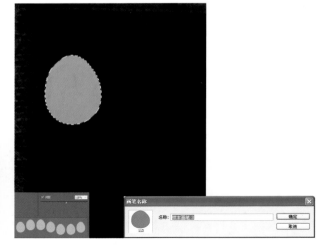

3. 描边路径

新建一个图层3，隐藏上一个填充的图层，然后利用"钢笔工具"在画面上绘制一条直线形的路径，再单击鼠标右键，在打开的快捷菜单中选择"描边路径"选项，接着在打开的"描边路径"对话框中设置参数，单击"确定"按钮，可以看到结合路径绘制的图形排列得很整齐。在描边路径的时候，也可单击"路径"面板中的"用画笔描边路径"按钮 ○ 快速描边。

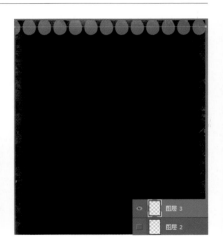

4. 绘制白色图形

使用同样的方式新建图层，将画面填满。新建一个组，将绘制的所有图形图层拖曳进新建的组中，然后设置该组的图层属性，让绘制的图形和背景更加贴合，再新建图层5，设置前景色为白色，并选择自定的"画笔工具"在图像上合适的地方单击多次，使其在画面中比较突出，最后使用"钢笔工具"在画面中合适的位置绘制路径，使其在白色图形的中心穿过。

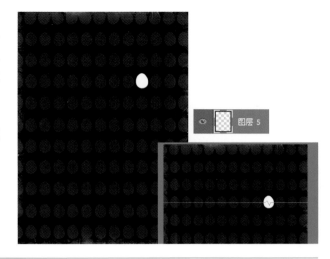

5. 对路径再次描边

选择"画笔工具"，在画笔面板中设置画笔的大小、间距以及"形状动态"，再设置前景色为R226、G31、B48。新建一个"图层6"图层，然后在绘制的路径上单击鼠标右键，在打开的快捷菜单中选择"描边路径"选项，再将设置好的画笔形态应用到路径中，在图像窗口可看到绘制出的线条形态。

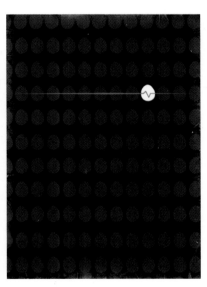

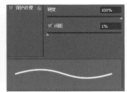

6. 叠加纹理表现质感

打开一个纹理素材，将其复制到背景图像中，再设置该图层的图层属性，使其和背景更加贴合，让画面看上去更加精致。

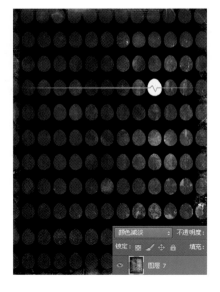

■■ 高手点拨

"颜色减淡"混合模式与"颜色加深"模式相反，是通过降低对比度，加亮底层颜色来反映混合色彩，其与黑色混合没有任何效果。

1.5　如何实现创意设计

随着社会的进步、经济的发展，人们对生活要求的不断提高，"艺术生活化、生活艺术化、艺术品功能化、功能品艺术化"也成了新时代一种新的生活风尚，而对于设计工作者来说，选择一种合适的方式将个人创意表现出来也是非常重要的，设计师需要利用方便快捷的工具将自己的想法和创意描绘出来，并进行存储。一般比较常用的设计软件是Photoshop CS6，该软件简洁的界面设计和齐全的功能，可以更快地实现创意设计。

单击桌面的CS6图标或执行"开始"中的程序命令，即可打开上图所示的Photoshop CS6工作界面，在打开的面板中可以看到菜单命令、工具箱、各属性按钮和面板，利用这些组合在一起的元素即可实现多种不同的设计效果。

1. 通过色彩实现创意设计

色彩在创意设计中能够迅速表现人们的情感，公众对设计作品的第一印象都是通过色彩而得到的。色彩的艳丽、典雅、灰暗等感觉都将影响人们对作品的注意力，因此色彩在创意设计中总是备受重视，设计师通过利用概括或夸张的表现方式，使作品的色彩直接冲击人们的视觉，达到产品直达心灵的效果。

Photoshop具有功能完善的色彩处理功能，设计者从构思开始就对画面的整体色彩有了初步构想，而在实际的操作中，利用Photoshop中的色彩调校功能，对画面中的整体色彩进行处理，突出画面中的整体氛围，然后在统一色调的同时，对小面积色彩的局部处理，能让画面产生艺术感染力。右图所示，通过利用两种极端的冷暖色调、干净与凌乱、圆润与方框的对比，表现男女个性的差异和

严谨程度；左图所示则对画面的整体色调进行了统一，通过色彩浓度的变化，增加画面的透视表现效果。

2. 应用图形实现创意设计

图形是设计者根据抽象理念，以一定形式呈现的视觉形象，通过简单的图形准确表现设计者的创意理念与心理意向，人们通过对图形的理解来了解设计者对生活的理解。在创意设计中，利用具有代表性的图形来实现创意设计，让画面更具有冲击力。

Photoshop CS6是针对于图形、图形编辑的软件，它具有非常强大的图形编辑功能，通过它可以制作出各种创意性的图形效果。上面所示的设计作品中，充分利用了图形来表现整个设计作品的创意性，通过运用图形绘制工具，在背景中进行图形的绘制，简单的图形绘制让画面更有一种清新之感，这样的图形表现方式也是设计者实现创意设计的方式之一，增加画面趣味性的同时，也让图像更具吸引力。

3. 文字深化创意设计

文字在信息的表述方向具有双重性，在作品中进行文字的添加，可以让人更深入地了解设计的重要意义。由于文字本身的造型和编排方式具有一定的视觉表现力，因此可以在整个创意设计的过程中，通过文字深入设计的主题，将创意表现于文字的编排上，不但能够引起人们的注意，更能起到装饰性的作用。

Photoshop CS6提供了强大的文字编辑功能，能够制作出各类具有创意性的文字艺术效果。通过在画面中输入适合于版面或主题的文字，对输入的文字进行艺术性加工就可以得到具有创意性的文字设计效果。上面所示的图像即是利用Photoshop制作出来的文字创意设计效果，通过选取不同造型或版面的文字设计，让画面更具创意和新颖性。

第2章

02 为创意设计量身定制的 Photoshop技术

2.1 抠图技法

抠图是Photoshop中最常见的操作之一，是将图像中的一部分分离出来成为单独的图层，通过这样的分离方式，准确地选取特定对象为创意设计做好素材准备。在Photoshop中包含了多种针对不同风格的图像抠取工具，主要包括套索工具、魔棒工具、快速选择工具、橡皮擦工具等，利用这些工具可以完成各类图像的抠取操作，通过抠取图像以适应不同的画面需求，实现创意特效设计。

1. 套索工具组抠图

套索工具组是抠取图像时很常用的工具，运用套索工具组中的工具可以快速地选取不规则形状的图形。套索工具组包括"套索工具"、"磁性套索工具"和"多边形套索工具"，按住工具箱中的"套索工具"不放，在打开的隐藏面板中即可显示该工具组中的3个工具。

"套索工具"用来创建任意形状不规则的选区；"多边形套索工具"用于绘制有多条直角边缘的图像选区；"磁性套索工具"用来快速选择边缘与背景反差较大的图像，反差越大，选取的图像就越精准。

上图所示展示了应用套索工具组抠取图像的具体操作方法，在工具箱中选择适合于画面抠图操作的"磁性套索工具"，将鼠标移至图像上，单击添加路径锚点并沿图像拖曳光标，系统自动根据轮廓生成路径锚点并得到选区效果，按快捷键Ctrl+J将选区内的图像抠出，然后将抠出的花朵图像添加到新画面，调整并复制图像，叠加图案。

2. 橡皮擦工具抠图

在Photoshop中使用橡皮擦工具组可以将不需要的图像擦除，实现图像的抠取操作。橡皮擦工具组包括"橡皮擦工具"、"背景橡皮擦工具"和"魔术橡皮擦工具"。在工具箱中长按"橡皮擦工具"，可以在隐藏的工具中查看到此工具组下的隐藏工具，如下图所示。

"橡皮擦工具"相当于日常生活中的橡皮擦，在Photoshop中，使用"橡皮擦工具"可以擦除画面中任意区域的图像，也可以调整笔刷的大小和不透明度等，抠取出更为准确的图像；"背景橡皮擦工具"可以在拖曳时将图层上的像素抹成透明，也可以在抹除背景的同时在前景中保留对象的边缘，还可以通过指定不同的取样和容差选项，控制透明度的范围和边界的锐化程度。

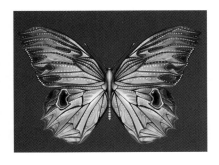  

"魔棒橡皮擦工具"可以更改相似的像素，使用"魔棒工具"在图层中单击时，此工具即可将所有相似的像素更改为透明，并将"背景"图层转换为普通像素图层。

下图所示是使用橡皮擦工具抠图进行创意合成的应用。使用"魔术橡皮擦工具"在打开的花朵图像上单击，擦出与单击位置颜色相近像素，连续在背景区域单击，将背景擦除抠出需要的部分图像，再利用复制图像的方式，把光影图像叠加于墙面下，合成漂亮的墙纸效果。

  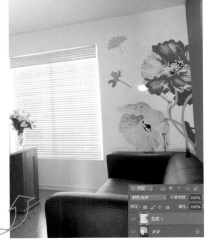

3. 快速选取抠图

对于图像的抠取，除了使用套索工具组外，也可以利用快速魔棒工具组下的"快速选择工具"和"魔棒工具"来完成。"快速选择工具"和"魔棒工具"将根据画面需要，恰当地抠出特定区域的图像。

"魔棒工具"主要通过图像中相似的颜色为创建选区，不必勾勒出其轮廓，在图像中单击需要选取的区域即可创建选区。"魔棒工具"通过选项栏中的"容差"选项来控制选取范围的大小，设置的参数值越大，所选取的范围就越广。右图所示为设置不同"容差"时选择不同范围的图像。

　　"快速选择工具"以画笔的形式出现，适合对不规则选区进行快速选择，在创建选区时可根据选择对象的范围来调整画笔的大小，从而更有利于准确地选取对象。在选择"快速选择工具"后，单击选项栏中的"选区运算"按钮，可以对选区进行新建或减选，默认选择"新选区"按钮，此时在图像上单击，可以在画面中添加新选区，单击"添加到选区"按钮，在图像中单击可以将新选区添加于原选区上；单击"从选区减去"按钮，在图像中单击可以从原选区中减去新选区，如下图所示。

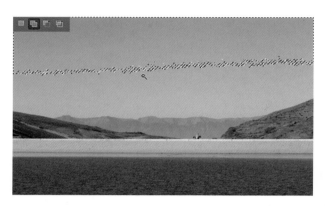

　　上图所示展示了运用"快速选择工具"在天空图像中单击，连续单击后，抠出天空部分的图像，使其成为透明像素，再将层次丰富的天空复制到画面中，通过调整画面的大小和影调，将图像融合到新的图像上，得到光影、色彩的合成效果。

在创意设计中，为了让不同的图像自然融合在一起，选择适合于图像的抠图工具或命令是非常重要的。本实例中将利用套索工具、橡皮擦工具等将建筑和山峰图像抠取出来，再将抠出的图像添加至新的背景画面中，通过调整组合在一起的图像中各部分的颜色，将图像自然的融合在一起，得到具有神秘感的古堡效果。

素 材	随书光盘\素材\02\01.jpg、02.jpg、03.jpg、04.jpg
源文件	随书光盘\源文件\02\城堡.psd

↘ 制作流程

01 在Photoshop中打开随书光盘\素材\02\01.jpg文件，可查看到建筑图像，按住"套索工具"按钮 ⌇ 不放，在打开的隐藏面板中选择"磁性套索工具"。

02 使用"磁性套索工具"在建筑边缘单击添加锚点，然后沿着房子拖曳，自动生成工作路径。

03 继续使用鼠标在建筑物上进行拖曳，当拖曳的终点与起点相重合时，释放鼠标，创建选区效果。

04 按快捷键Ctrl+J，复制选区内的图像，得到"图层1"图层；单击"背景"图层前方的"指示图层可见性"按钮 ◉ ，隐藏图层，查看抠出的图像。

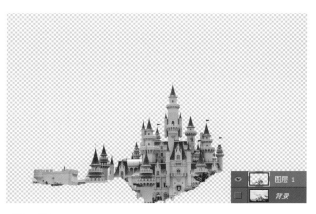

05 打开随书光盘\素材\02\02.jpg文件，选择"移动工具"，将抠出的"图层1"图层拖曳至01图像上，按快捷键Ctrl+T打开自由编辑框，调整图像。

06 选择"橡皮擦工具"，在选项栏中设置"不透明度"为22%、"流量"为31%，使用"橡皮擦工具"在画面上涂抹，擦除多余的物体。

07 按住Ctrl键不放单击"图层1"图层，载入选区，然后单击"调整"面板中的"黑白"按钮，新建"黑白"调整图层，再勾选"色调"复选框，设置颜色值后，将图像转换为单色调画面。

08 载入"图层1"选区，新建"色彩平衡"调整图层，在打开的"属性"面板中输入颜色值为-13、+4、-10。

09 载入选区，新建"渐变填充"调整图层，打开"渐变填充"对话框，然后在对话框中设置从R117、G93、B70到透明的渐变，再选择"线性"样式，单击"确定"按钮，更改图层混合模式为古堡叠加渐变颜色。

10 打开随书光盘\素材\02\03.jpg文件，选择"套索工具"，在画面中的几座山峰上单击并拖曳光标，绘制选区。

11 按快捷键Ctrl+J复制选区内的图像，生成"图层1"图层，单击"背景"图层前方的"指示图层可见性"按钮，隐藏"背景"图层，查看效果。

■■ 高手点拨

　　利用"图层"面板可以对当前图像中的图层进行显示与隐藏操作，单击"指示图层可见性"按钮可隐藏图层；若要显示隐藏图层，也可以再单击"指示图层可见性"按钮将其显示出来。

12 选择"移动工具",将抠出的山峰移动到古堡图像的下方,调整为合适的大小后,执行"编辑>变换>垂直翻转"菜单命令,翻转图像。

13 单击工具箱中的"魔棒工具"按钮，在山峰下方的白色区域单击,选取图像,按Delete键删除选区内的图像。

14 选择"橡皮擦工具",在选项栏中设置"不透明度"为22%、"流量"为31%,使用此工具在山峰上涂抹,将多余图像擦除。

15 单击"套索工具"按钮，在山峰图像上单击并拖动鼠标,绘制路径,得到选区效果。

16 按快捷键Ctrl+J复制选区内的图像,将局部图像抠出,得到"图层3"图层,复制"图层3"图层,将图像移至合适的位置,遮盖山峰中明显的建筑。

17 按住Ctrl键单击"图层2"图层,载入图层选区,再创建"色阶"调整图层,在打开的"属性"面板中输入"色阶"值为5、1.34、180。

18 单击"色阶1"图层蒙版缩览图，然后选择"画笔工具"，再设置前景色为黑色，在图像上涂抹，隐藏色阶调整。

19 按Ctrl键单击"图层2"图层，载入图层选区，然后创建"照片滤镜"调整图层，并在打开的"属性"面板中选择"黄"滤镜，设置"浓度"为31%。

20 按住Ctrl键单击"照片滤镜"调整图层，载入选区，然后新建"色彩平衡"调整图层，输入颜色值为-18、0、-6，再选择"阴影"选项，输入颜色值为-6、-7、-2。

21 用与步骤20相同的方法，载入选区，创建"曲线"调整图层，在"属性"面板中对曲线进行设置，变换图像亮度，再结合"画笔工具"编辑"曲线"蒙版，让画面影调更加一致。

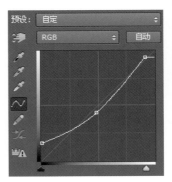

22 打开随书光盘\素材\02\04.jpg文件，选择"魔棒工具"，在天空区域单击，创建选区，再按快捷键Ctrl+Shift+I反选选区。

23 按快捷键Ctrl+J复制选区内的图像，使用"移动工具"将其移动至古堡图像上，按快捷键Ctrl+T打开自由变换工具，调整图像大小。

24 选择"橡皮擦工具",在选项栏中设置"不透明度"为29%、"流量"为31%,在黄沙图像上涂抹,隐藏涂抹区域内的图像。

■■ 高手点拨

在对图像进行擦除时,若对擦除的图像精度要求较高,可按快捷键Ctrl++放大图像,以便在擦除图像时能更好地观察是否将其擦除干净。

25 按键盘中的[或]键,适当调整画笔大小,反复在图像上涂抹,将不需要的图像擦除,使图像融合得更自然。

26 在"图层"面板中选择"图层4"图层,按快捷键Ctrl+J复制图层,得到"图层4副本"图层,更改图层混合模式,加深影调。

27 为"图层4"图层添加图层蒙版,选择"渐变工具",单击"从前景色到透明渐变",然后在蒙版上拖曳渐变,创建渐隐效果,再选择"画笔工具",涂抹蒙版,调整蒙版应用范围。

28 载入"图层4"选区,新建"色阶"调整图层,在"属性"面板中输入色阶值为23、0.85、179,再创建"色彩平衡"调整图层,设置颜色值为-20、-2、-3,平衡图像色彩。

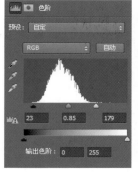

29 选中"图层4"以及上方的调整图层，按快捷键Ctrl+Alt+E盖印图层，得到"色彩平衡3（合并）"图层，再水平翻转盖印图层，并为盖印图层添加图层蒙版，最后使用黑色画笔编辑蒙版，隐藏图像。

30 新建"色彩平衡"调整图层，在打开的"属性"面板中输入颜色值为-16、-7、+1，再新建"曲线"调整图层，打开"属性"面板，在面板中对曲线形态进行调整，调整后增加对比，加深图像。

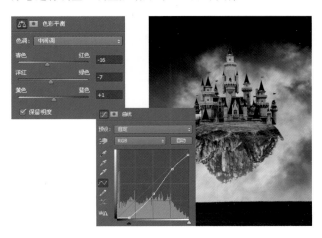

31 按快捷键Ctrl+Shift+Alt+E盖印可见图层，得到"图层5"图层，再选择"矩形选框工具"，设置"羽化"为150像素，在画面中心单击并拖动鼠标，绘制选区。

32 按快捷键Ctrl+J复制选区内的图像，执行"滤镜>锐化>智能锐化"菜单命令，打开"智能锐化"对话框，输入"数量"为100%、"半径"为1.0像素，单击"确定"按钮，锐化图像。

? 你知道吗 用"高级"选项对图像进行锐化

　　"智能锐化"滤镜可以对图像的锐化做智能的调整，以达到更好的锐化清晰效果。单击"智能锐化"滤镜对话框中的"高级"单选按钮，在打开的"高级"选项组下可以单击"阴影"、"高光"标签，选择不同的区域对图像进行精细的锐化处理。

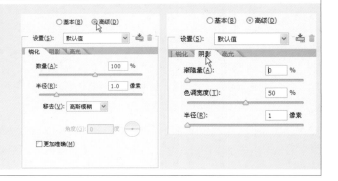

2.2 合成技法之"蒙版"

蒙版是Photoshop中的核心功能之一，使用蒙版能进行各种图像的合成。在蒙版进行图像处理时，能迅速地还原图像，避免在图像处理中丢失图像信息。同时，蒙版还能将不同的灰度色值转换为不同的透明度，使其作用图层上的图像产生相对应的透明效果，实现图像自然拼合，完成多个图像的创意性合成。

在Photoshop中包含了多种类型的蒙版，其中包括图层蒙版、快速蒙版、矢量蒙版和剪贴蒙版。当用户在图层上添加不同蒙版后，如右图所示，都将会在"图层"面板中以缩览图的方式显示出来，方便于蒙版的查看。下面详细了解下各种类型的蒙版。

1. 图层蒙版

图层蒙版能够将图像效果进行隐藏，其作用原理是将不同的灰度值转换为不同的透明度，并将其作用到所在的图层，使图层不同部位的透明度产生相应的变化。在图层蒙版中，显示为黑色的为完全透明，而白色则是完全不透明。

下图展示了在Photoshop中将两个不同的图像添加到同一文件中，生成不同的图层，利用"图层"面板在其中一个图层添加图层蒙版，再使用"画笔工具"在蒙版中对图像进行编辑，利用工具在图像中涂抹将一部分图像隐藏，使两个图像内容融合在一起，而且通过色彩的设置，表现更加出色的合成画面。

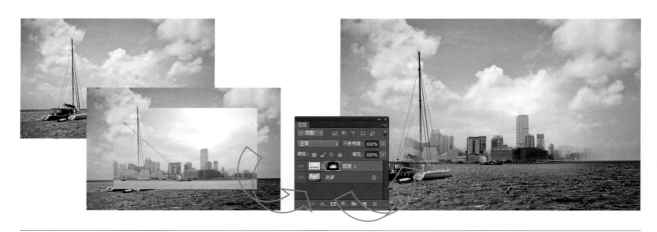

2. 矢量蒙版

矢量蒙版是配合Photoshop中的矢量工具所使用的蒙版，其作用原理与其他蒙版一样。在创建矢量图层的同时，矢量蒙版也随之创建，前景色为可见图层区域内的填充颜色，矢量蒙版也可以转换为图层蒙版。

下图显示了在图像中运用矢量图形绘制工具在图像上绘制矢量图形，并在"图层"面板中创建对应的矢量图层，然后利用矢量蒙版对画面进行隐藏，显示矢量图形外的图像，控制画面的显示效果。

3. 剪贴蒙版

剪贴蒙版也称为剪贴组，是通过使用处于下方图层的形状来限制上方图层的显示状态，达到一种剪贴画的效果。剪贴蒙版至少需要两个图层才能创建，位于最下面的图层叫做基底图层，位于其上的图层叫做剪贴层，如下图所示。在剪贴蒙版本中，基底图层只能有一个，而剪贴层可以有多个。

下图显示了在Photoshop中利用剪贴蒙版进行图像的创意合成。将两个图像添加到同一文件中，隐藏上方的图层，然后利用选区工具将相框形状抠出，再将鼠标移至两个图层之间，当光标变成一个方形和折线箭头时，单击鼠标右键，在两个图层中间创建剪贴蒙版效果。利用剪贴蒙版，将鞋子置于画框中间，形成创意性画面。

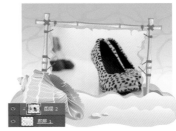

4. 快速蒙版

快速蒙版可以将任何选区作为蒙版进行编辑，而无需使用"通道"面板。在选择一副图像中的部分区域时，应用快速蒙版可以有效地保证图像中某些不需要编辑的区域得到保护，而只对图像中的部分区域进行编辑。双击工具箱中的"双快速蒙版模式编辑"按钮，将打开如下图所示的"快速蒙版选项"对话框。

在快速蒙版下，通过"色彩指示"选项组可以设置在使用快速蒙版时蒙版色彩的指示区域。选择"被蒙版区域"，即快速蒙版红色区域为被蒙版区域，如下左图所示；选择"所选区域"，即红色区域为需要选中的区域，如下右图所示。

在"快速蒙版选项"对话框中通过单击颜色块，能够打开"拾色器"对话框，在对话框中可以根据个人喜好设置蒙版显示的颜色。默认情况下蒙版显示颜色为红色；设置颜色后，在图像中的蒙版区域即可更改为设定的新颜色，如右图所示。

下图显示了利用快速蒙版快速替换画面背景。单击"以快速蒙版模式编辑"按钮，进入快速蒙版编辑状态，使用"画笔工具"在背景上涂抹，使其显示为半透明效果，然后按Q键退出蒙版编辑状态，再按快捷键Ctrl+J将包包图像从背景中抠出，最后选择一张合适的矢量背景素材，将其移至包包下方，完成图像的合成。

⊙ 被蒙版区域(M)

⊙ 所选区域(S)

创意案例应用：杯中枯木

素材	随书光盘\素材\02\05.jpg、06.jpg、07.jpg、08.jpg、09.jpg、10.jpg
源文件	随书光盘\源文件\02\杯中枯木.psd

蒙版非常简单和方便，是进行合成操作时必不可少的功能。通过蒙版进行图像处理，能迅速地还原图像，避免图像处理中丢失图像信息。本实例中去掉背景颜色，然后利用复制图像的方式将图像添加到另一文件中，再通过添加蒙版，将画面中的多余部分隐藏，利用不同图像之间的自然合成，打造具有视觉冲击力的画面。

➔ 制作流程

01 在Photoshop中打开随书光盘\素材\02\05.jpg文件，然后打开"图层"面板，在"背景"图层上单击并拖曳到"创建新图层"按钮 ⬛ 上，复制该图层得到"背景副本"图层。

02 选中"背景副本"图层，执行"图像>调整>去色"菜单命令，去掉图像中的颜色信息，然后选择工具箱中的"矩形选框工具"，在画面左侧单击并拖曳鼠标，绘制一个矩形选区。

03 按快捷键Ctrl+J复制选区内的图像，得到"图层1"图层，然后执行"编辑>变换>水平翻转"菜单命令，水平翻转图像，再选择"移动工具"，把复制的图像移动到画面右侧，打造对称式构图效果。

04 单击"背景"图层，执行"选择>色彩范围"菜单命令，打开"色彩范围"对话框，然后设置"颜色容差"为199，并在画面中的合适位置单击，再单击"确定"按钮，根据设置的选择范围，将画面中的部分图像选中。

■■ 高手点拨

　　若要对图像进行水平或垂直翻转操作，也可以按快捷键Ctrl+T打开自由变换编辑框，右击编辑框内的图像，执行对应菜单命令即可。

05 新建"图层2"图层，设置前景色为白色，按快捷键Alt+Delete将选区填充为白色，然后选择"矩形选框工具"，在图像下方的栏杆位置绘制矩形选区，执行"选择>反向"菜单命令反选选区，并按Delete键将选区内的图像删除，最后结合"橡皮擦工具"将叠加于窗户上的图像擦除。

06 新建"图层3"图层，使用"矩形选框工具"在窗户上绘制选区，并对选区进行适当羽化，然后按快捷键Alt+Delete将选区填充为白色，再创建新图层，用"画笔工具"在画面上涂抹，得到更加明亮的图像。

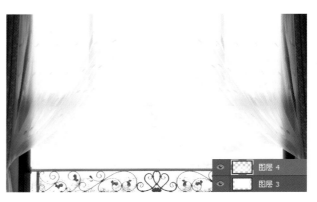

07 选择"矩形选框工具"，在选项栏中设置"羽化"为200像素，然后沿图像边缘绘制选区，再执行"选择>反向"菜单命令反选选区，最后新建"色阶"调整图层，输入色阶值为56、0.95、255，调整选区图像，加强暗角。

08 打开随书光盘\素材\02\06.jpg文件，然后选择"矩形选框工具"，在画面中绘制矩形选区，再按快捷键Ctrl+J复制选区内的图像，得到"图层1"图层。

09 将"图层1"中的对象拖曳至窗户图像上方，然后执行"编辑>变换>旋转90度（顺时针）"菜单命令顺时针旋转图像，再按快捷键Ctrl+T打开自由变换工具，适当调整图像的大小。

10 选择图像所在的"图层5"图层，单击"添加图层蒙版"按钮添加蒙版，再设置前景色为黑色并调整选项，使用"画笔工具"在窗户左侧涂抹。

11 按[或]键对画笔笔触大小进行缩放操作，并在蒙版上进行涂抹，将多余图像隐藏。

12 按住Ctrl键单击"图层5"图层，将此图层载入到选区中，然后创建"黑白"调整图层，再单击"自动"按钮，自动调整选项，转换成黑白效果，最后新建"色阶"调整图层，设置色阶值为52、1.94、228。

13 打开随书光盘\素材\02\07.jpg文件，将打开的酒杯图像复制到画面中，然后按住Ctrl键单击图层缩览图载入选区，再新建"黑白"调整图层，并在"属性"面板中单击"自动"按钮，去掉照片颜色。

14 按住Ctrl键的同时单击"黑白2"调整图层，载入图像选区，再新建"色阶"调整图层，并在"属性"面板中设置色阶值为174、1.83、255，调整选区。

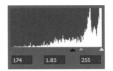

15 在Photoshop中打开随书光盘\素材\02\08.jpg文件，然后执行"选择>色彩范围"菜单命令，打开"色彩范围"对话框，再在对话框中设置选项，选取图像。

16 根据设置的"色彩范围"选项，在画面中添加选区效果，然后执行"选择>反向"菜单命令反选图像，再按快捷键Ctrl+J复制选区内的图像，抠出大树图像。

17 选择"椭圆选框工具",沿大树图像绘制椭圆选区效果,然后按快捷键Ctrl+Shift+I反选选区,再按Delete键将选区内的图像删除,保留大树区域。

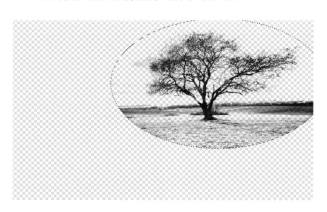

18 将大树图像复制到酒杯上方,得到"图层7"图层,然后单击"添加图层蒙版"按钮,为此图层添加蒙版,再设置前景色为黑色,并使用"画笔工具"在图像上涂抹。

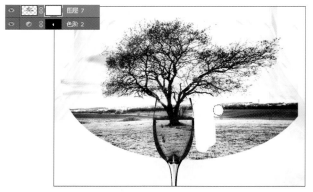

19 继续设置"画笔工具"并对蒙版进行编辑。在选项栏中将画笔的"不透明度"设置为21%、"流量"设置为25%,在树枝边缘涂抹,去除背景区域的图像,让树干更加完整。

20 按住Ctrl键单击大树所在图层,将此图层载入选区,然后单击"调整"面板中的"色阶"按钮创建"色阶"调整图层,并在"属性"面板中对色阶进行设置,依次输入色阶值为6、1.07、203,增强对比。

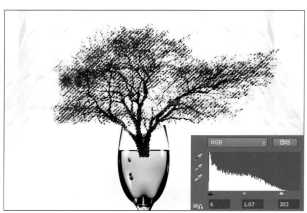

■■ 高手点拨

单击"色阶"选项右侧的"自动"按钮,软件可以根据图像需要,自动调整照片的色阶影调。

21 按住Ctrl键单击"色阶"图层,载入选区,然后新建"黑白"调整图层,并在"属性"面板中对选项进行设置,将树干转换为黑白效果。

22 在Photoshop中打开随书光盘\素材\02\09.jpg文件,再使用"移动工具"将打开的小草图案拖曳至树枝图像下方。

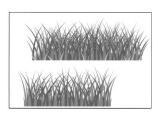

23 将除草地外的其他所有图层隐藏，然后使用"吸管工具"在白色背景上单击，再执行"选择>色彩范围"菜单命令，打开"色彩范围"对话框，输入"颜色容差"为134，并勾选"反相"复选框，最后单击"确定"按钮，选取图像。

■■ **高手点拨**

当需要复制当前选中的图层时，还可以利用快捷键Ctrl+J复制图层，得到一个新的图层，达到快速复制图层的目的。

24 选择"选择>反向"菜单命令，反向选取图像，然后选择"图层8"图层，再单击"图层"面板底部的"添加图层蒙版"按钮，添加蒙版，将白色的背景区域隐藏。

25 单击工具箱中的"画笔工具"按钮，在下部分的草坪上方涂抹，将其隐藏起来。

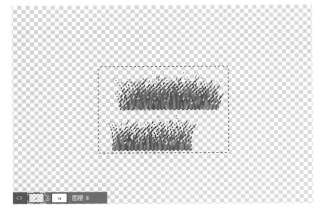

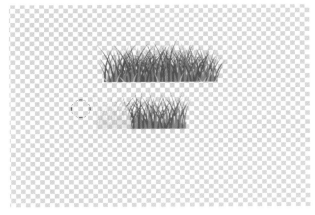

26 显示隐藏的所有图层，然后按住Ctrl键单击酒杯所在的图层，载入选区，再选择"画笔工具"继续在图像中涂抹，通过编辑蒙版，将多余图像隐藏。

28 创建"黑白"调整图层，将图像转换为黑白效果，然后单击"图层"面板底部的"创建新图层"按钮，新建"图层9"图层，再选择"画笔工具"，在选项栏中适当调整参数值，在酒杯上涂抹，填充黑色。

27 按住Ctrl键单击"图层8"图层缩览图，载入选区，然后新建"色阶"调整图层，并在"属性"面板中对色阶进行设置，依次输入色阶值为46、0.84、201，调整图像影调。

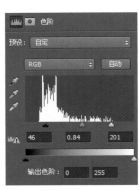

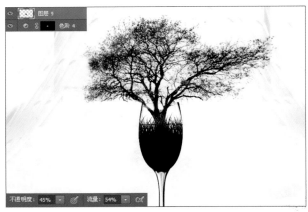

29 在Photoshop中打开随书光盘\素材\02\10.jpg文件，然后使用"移动工具"将打开的飞鸟图案拖曳至树枝图像下方。

30 选择"魔棒工具"，在选项栏中设置"容差"为50，然后使用此工具在飞鸟上单击，创建选区效果，再单击"图层"面板底部的"添加图层蒙版"按钮 ，添加蒙版效果。

31 选择添加蒙版后的"图层10"图层，连续按多次快捷键Ctrl+J，复制更多的飞鸟图像。

32 在"图层"面板中将复制的"图层10副本"图层选中，然后按快捷键Ctrl+T打开自由变换编辑框，调整编辑框内的图像，再按Enter键应用效果。

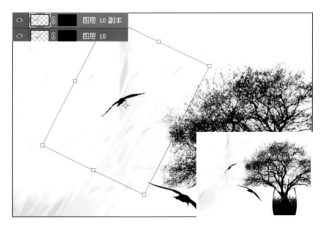

33 继续使用相同的方法，将复制的其他飞鸟图层选中，再根据画面效果，对各图层中飞鸟的大小和位置进行调整，完成整个例子的制作。

2.3 合成技法之"图层混合模式"

在图层的应用中,"图层混合模式"是最常用的功能之一,是指一个图层与其下图层的色彩叠加方式,通过这种色彩叠加得到不同的混合效果,达到合成新画面的效果。

在Photoshop中包含了多种类型的混合模式,单击"图层"面板中图层混合模式右侧的三角形按钮,可以弹出如右图所示的图层混合模式菜单。在菜单中可以看到这些混合模式划分为6个区域,分别为组合型、加深型、减淡型、对比型、比较型和色彩型,根据不同的视觉需要,来选择相应的混合模式。

组合型混合模式包括默认的"正常"和"溶解"两个模式;加深型混合模式可以将当前图像与底层图像进行加深混合,将底层图像变暗;减淡型混合模式与加深型混合模式相反,它可以使当前图像中的黑色消失,任何比黑色亮的区域都可能加亮底层图像;对比型混合模式综合了加深型和减淡型混合模式的特点,可以让图层混合后的图像产生更强烈的对比性效果,使图像暗部变得更暗,亮部变得更亮;比较型混合模式通过比较当前图像与底层图像,将相同的区域显示为黑色,不同的区域显示为灰度或彩色;色彩型混合模式通过将色彩三要素中的一种或两种应用到图像中,从而混合图层色彩。

上图所示展示了在Photoshop中将两个不同的图像添加到同一文件中,生成不同的图层,利用"图层"面板来设置图层之间的混合模式为对比型中的"线性光"模式,混合后即可将两个图层中的内容合成在一起,且暗部变得更暗、亮部也变得更亮,得到了色彩和光线都更出众的效果。

创意案例应用：墨迹

在合成操作中，为了让色彩与内容都单一的背景变得丰富多样，应用图层混合模式来叠加图像元素是最快捷的方法。本实例中就将应用图层混合模式的设置，为黑白人物背景添加上色彩斑斓的墨迹元素，用彩色与单色的结合加强画面视觉张力。

素　材	随书光盘\素材\02\11.jpg、12.jpg
源文件	随书光盘\源文件\02\墨迹.psd

↘ **制作流程**

01 在Photoshop中打开随书光盘\素材\02\11.jpg文件，可查看到黑白色的人物图像，然后打开"图层"面板，在"背景"图层上单击并拖曳到"创建新图层"按钮上，复制该图层得到"背景副本"图层。

02 复制图层后，在"图层"面板中单击图层混合模式选项，然后在打开的菜单中选择"滤色"模式，可看到画面被提高了亮度，再适当降低不透明度，让画面亮度更自然。

03 打开随书光盘\素材\02\12.jpg文件，然后依次按快捷键Ctrl+A、Ctrl+C，全选并复制打开的图像，再切换回人物图像，按快捷键Ctrl+V粘贴复制的图像得到"图层1"。

04 在"图层"面板中设置"图层1"的图层混合模式为"线性加深"，图层混合后可看到人物叠加了彩色墨迹效果。

05 在"图层"面板中单击"添加图层蒙版"按钮，新建图层蒙版，然后设置前景色为黑色，使用"画笔工具"在画面中的人物区域进行涂抹，可看到被涂抹的区域遮盖了"图层1"内容，显示了人物原貌。

06 使用"画笔工具"继续在人物上进行涂抹编辑蒙版，利用蒙版的遮盖功能，将人物完全显示出来，保留背景部分的彩墨效果。

07 在工具箱中单击前景色色块，打开"拾色器(前景色)"对话框，选择颜色为暗黄色R113、G91、B45，单击"确定"按钮，更改前景色颜色。

08 在"图层"面板中新建"图层2"，按快捷键Alt+Delete为图层填充前景色，可看到窗口中显示的填充纯色效果。

09 设置"图层2"的图层混合模式为"叠加"，可看到画面叠加上了颜色，使人物与背景色彩更好地融合，同时也加强了视觉效果。

你知道吗 用"色板"面板选择和存储颜色

　　"色板"面板可以选择Photoshop预设的各种颜色，单击色板后即可应用到前景色中，也可以将自定义的前景色颜色创建为一个新的色板。单击"创建前景色的新色板"按钮，打开"色板名称"对话框，输入新建的色板名称即可保存该颜色，便于再次选择和使用。

2.4 常用的色调调整功能

色彩是通过眼、脑和我们的生活经验所产生的一种对光的视觉效应。在设计应用中，色彩能够帮助画面表现主题，通过对图像色彩进行调整，表现色彩的神奇魅力。在Photoshop中对色彩的调整可通过调整命令与调整图层来完成，下面详细讲解这些调整功能。

1. 调整命令

对图像色调的调整，离不开调整功能的使用。在Photoshop中包含了对图像色调的调整，可以利用"调整"菜单命令中的调整命令来实现。执行"图像>调整"菜单命令，弹出如右下图所示的子菜单，在该菜单中可以看到色阶、曲线、自然饱和度和色彩平衡等调整命令。根据不同的视觉需求，来选择适合于画面色彩的调整命令来调整图像色彩。

使用调整菜单命令调整图像时，不会产生新图层，执行菜单命令中的调整命令，就会弹出一个调整对话框，在对话框中可以对调整选项的参数进行设置或更改，设置完成后单击对话框右侧的"确定"按钮，即可将参数应用到图像中，并且不能再对其进行更改。下图所示分别为执行"色相/饱和度"命令和"可选颜色"命令后所弹出的调整对话框。

下图展示了在Photoshop中应用调整命令调整图像色调，通过执行"图像>调整>色彩平衡"菜单命令，打开"色彩平衡"对话框，在对话框中设置参数值，平衡画面颜色，展现温暖的画面氛围。

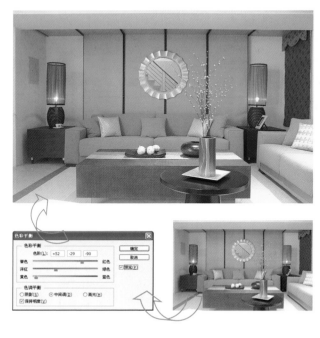

2. 调整图层

为了保护原图像不被更改，可以使用调整图层来调整图像色彩。调整图层可以在对图像的颜色和色调进行调整的同时，将调整的参数记录在调整图层中，便于以后需要修改图像的效果时查询并对其进行进一步的调整。

调整图层的创建可以分别利用"图层"面板和"调整"面板来完成。若要使用"图层"面板创建调整图层，可以单击"图层"面板底部的"创建新的填充或调整图层"按钮，展开如下图所示的菜单，在此菜单中即可显示调整命令。单击菜单中的调整命令后，就会在"图层"面板中创建一个与之对应的调整图层。

调整图层的创建除了可以应用"图层"面板来完成外，还可以使用Photoshop中的"调整"面板。在"调整"面板中提供了用于快速创建调整图层的按钮，包括亮度/对比度、色阶、曲线等16个按钮。单击面板中的其中一个按钮，就会在图层面板中创建对应的调整图层，并显示在"图层"面板中。随着单击按钮的不同，所显示的调整图层也会有所区别，如下面左图所示。单击"色彩平衡"按钮，新建"色彩平衡1"调整图层。下面右图所示为单击"照片滤镜"按钮新建"照片滤镜1"调整图层。

实现图像色彩的调整，离不开"属性"面板的应用。当单击"调整"面板中的按钮后，就会弹出对应的"属性"面板，在面板中显示选择的调整选项，根据画面需要可以对这些选项参数值进行设置，设置后在图像编辑窗口就会显示应用命令调整后的图像效果。单击"调整"面板中的不同按钮，在"属性"面板中显示的选项也会有所不同。下图所示分别为单击"颜色查找"按钮和"通道混和器"按钮后在"属性"面板中所显示的选项设置。

在图像中创建调整图层后，会自动为新建的调整图层添加蒙版，可以选择工具箱中的绘画工具对蒙版进行编辑，实现图像色彩的局部转换，如下面左图所示。首先在图像中添加黑白调整图层，将图像设置为黑白效果，然后选择工具箱中的"画笔工具"，再单击调整图层蒙版缩览图，在图像上需要还原色彩的区域进行涂抹，可以看到被涂抹区域的图像恢复到原始的彩色效果，如下面右图所示。

调整图层中的参数可以根据画面的整体需要对其进行更改，通过反复修复"属性"面板中的调整选项值，使画面达到理想效果。右上图所示双击"图层"面板中的调整图层缩览图即可将"属性"面板打开，打开面板中就可以对其选项进行更改，并将更改后的选项显示在图像窗口中。

下图展示了应用调整图层变换图像的颜色。通过单击"调整"面板中的"通道混合器"按钮，创建一个"通道混合器1"调整图层，在打开的"属性"面板中选择要调整颜色的通道后，对参数值进行更改，使画面转换为优雅的蓝色调，更显女性的柔美。

创意案例应用：红色森林

色彩是表现画面最有效的方式，为了表现不同图像在同一画面的整体色调，就需要应用到Photoshop中的调色功能对图像颜色进行调整。本实例就将人物与下方的背景整体融合，再使用色调调整功能调整画面颜色。

素　材	随书光盘\素材\02\13.jpg、14.jpg、15.jpg，16.psd
源文件	随书光盘\源文件\02\彩墨背景.psd

↘ 制作流程

 →  →

01 在Photoshop中打开随书光盘\素材\02\13.jpg文件，然后打开"图层"面板，在"背景"图层上单击并拖曳到"创建新图层"按钮上，复制该图层得到"背景副本"图层，再选择"修补工具"将画面中的杂乱人影去除。

■ 高手点拨

　　"修复工具"选项栏中提供了"标准"和"内容识别"两种修补方式。选择"标准"方式，将以修补区域图像像素进行修补；选择"内容识别"方式，在修补的同时会自动识别周围像素，让效果更自然。

02 修复图像后，新建"色彩平衡"调整图层，在打开的"属性"面板中选择"中间调"选项，设置颜色值为+51、+7、0，再选择"阴影"选项选中，输入颜色值为+2、-1、-3。

03 单击"色彩平衡1"调整图层，然后选择"渐变工具"，设置前景色为黑色，再在渐变颜色面板中单击"从前景色到背景色渐变"，最后使用"渐变工具"在图像上拖曳渐变，隐藏色彩调整效果。

04 打开"调整"面板，单击面板中的"亮度/对比度"按钮，新建"亮度/对比度"调整图层，然后在"属性"面板中将"亮度"选项滑块拖曳至99的位置，设置后可看到提高亮度后的效果。

05 打开随书光盘\素材\02\14.jpg文件，然后将打开的素材图像复制到森林下方，再选择"渐变工具"，在"渐变颜色"面板中单击"从前景色到透明渐变"，添加蒙版，填充渐变，设置渐隐效果。

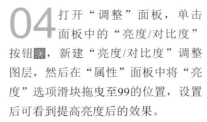

06 按住Ctrl键的同时，单击"图层"面板中的"图层1"图层缩览图，载入图层选区。

07 新建"色彩平衡"调整图层，打开"属性"面板，再在面板中对"中间调"选项进行调整，输入颜色值为+24、-10、-3。

08 按住Ctrl键单击"图层1"和"色彩平衡1"图层，再按快捷键Ctrl+Alt+E盖印选定图层，得到"色彩平衡1（合并）"图层。

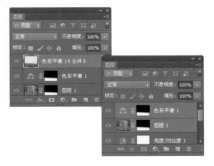

09 打开随书光盘\素材\02\15.jpg文件，然后选择"钢笔工具"，沿画面中的人物图像绘制一条封闭的工作路径，再按快捷键Ctrl+Enter将路径转换为选区。

10 复制选区内的人物图像，然后使用"移动工具"将其拖曳至森林图像上，再按快捷键Ctrl+T将人物调整至合适大小，最后添加图层蒙版，设置前景色为黑色、"不透明度"为15%、"流量"为19%，并在人物的鞋子上涂抹，编辑蒙版，隐藏图像。

11 执行"图层>新建图层样式>投影"菜单命令，打开"图层样式"对话框，勾选"投影"复选框，然后设置"不透明度"为24%、"距离"为4像素、"大小"为52像素，再单击"确定"按钮，为人物添加逼真的投影。

12 按住Ctrl键单击"图层2"图层缩览图，将此图层中的人物载入选区中，然后新建"色相/饱和度"调整图层，并在"属性"面板中将"饱和度"选项滑块拖曳至+48的位置，通过设置增强人像饱和度。

■■ 高手点拨

使用"色相/饱和度"调整画面时，若勾选"着色"复选框，将会对照片进行着色，转换为单色调效果。

13 按住Ctrl键单击人物图层，载入人像选区，然后新建"亮度/对比度"调整图层，在"属性"面板中输入"亮度"为56、"对比度"为33，提亮画面，增强对比。

14 同时选中"图层2"及其上方的所有调整图层，然后按快捷键Ctrl+Alt+E盖印选定图层，再执行"滤镜>模糊>高斯模糊"菜单命令，在打开的"高斯模糊"对话框中输入"半径"为6.0像素，模糊图像。

15 为盖印的"亮度/对比度"图层添加图层蒙版，然后利用渐变填充渐变图像，使人物下部分变得模糊，再单击"色彩平衡1（合并）"图层，选择"椭圆选框工具"，在选项栏中设置羽化值为100像素，绘制椭圆选区。

16 按快捷键Ctrl+J复制选区内的图像，得到"图层3"图层，并将复制图层移至最上层，然后打开随书光盘\素材\02\16.psd气球文件，将气球图像复制到人物左侧，再单击"创建新的填充或调整图层"按钮，在打开的快捷菜单中执行"纯色"命令。

17 打开"拾色器（纯色）"对话框，设置填充颜色为黑色，然后返回"图层"面板，选中"颜色填充1"调整图层，设置图层混合模式为"叠加"，变换气球颜色。

18 选中"图层4"和"颜色填充1"图层，然后按快捷键Ctrl+Alt+E盖印图层，再执行"滤镜>模糊>高斯模糊"菜单命令，设置高斯模糊选项，对气球进行模糊处理。

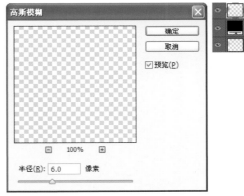

19 应用同样的方法将气球图案再次复制到人物图像两侧，并适当调整其颜色和角度，然后新建图层，使用"画笔工具"绘制线条。

20 新建"色彩平衡"调整图层，在"属性"面板中设置颜色值为+36、-15、+16，再选择"阴影"选项，输入颜色值为-12、0、+9。

21 继续在"属性"面板中对"色彩平衡"进行设置，选择"高光"选项，输入颜色值为-1、0、-1，平衡画面颜色。

22 创建"选取颜色"调整图层，输入颜色百分比分别为+1%、-12%、+18%、+21%，再选择"黄色"选项，输入颜色百分比分别为+15%、+48%、-39%、-26%。

23 继续在"属性"面板中对选项进行调整，选择"中性色"，输入颜色百分比分别为-7%、+16%、-7%、+12%，根据设置的"可选颜色"选项调整画面色彩。

24 单击"选取颜色1"调整图层，然后选择"画笔工具"，并在选项栏中降低不透明度和流量，再使用"画笔工具"在图像中涂抹，还原颜色。

25 切换至"通道"面板中，按住Ctrl键单击"RGB"通道缩览图，载入通道选区，再新建"图层8"图层，设置前景色为白色，并填充选区。

26 执行"滤镜>模糊>径向模糊"菜单命令，打开"径向模糊"对话框，在对话框中设置选项后单击"确定"按钮，模糊图像，并为模糊图像添加蒙版，使模糊的光线更加自然。

27 单击"调整"面板中的"色彩平衡"按钮，新建"色彩平衡"调整图层，并在"属性"面板中输入颜色值为+34、0、-12。

28 单击"色调"下拉按钮，在打开的列表中选择"阴影"选项，并输入颜色值为-27、0、0，根据设置的"色彩平衡"选项，调整画面中间调和阴影颜色。

2.5 创造性的图像绘制

利用Photoshop中提供的各类绘图工具能够在画面中轻松实现创意性的图像绘制，表现出各种风格的绘画艺术，更大程度地将创意设计的理念表现出来。Photoshop提供了多种用于绘画图形的工具，如画笔工具、矢量图形绘制工具等，利用这些工具可以满足不同类型的绘画需求。

1. 画笔工具绘图

在Photoshop中应用"画笔工具"可以完成一些简单的图形绘制。使用"画笔工具"进行图形的绘制时，笔刷中丰富的设置可以绘制出千变万化的图形效果。选择"画笔工具"，在选项栏中打开"画笔预设"选取器，然后单击"扩展"按钮，在列表中可以根据图像的需要选取合适的笔刷样式载入画面，如下图所示。

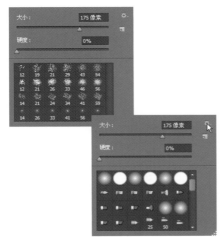

上图展示了在Photoshop中对图案的添加绘制。在"画笔预设"选取器中选择"散布叶片"画笔，为人物右侧的高光区域绘制清新色彩的散布叶片，让画面更有意境效果。

2. 形状工具绘图

在Photoshop中，路径功能是矢量设计功能的充分体现，用户可以利用路径绘制功能完成更加复杂的图形绘制。使用路径绘制工具可以绘制线条或曲线，并对绘制的线条进行填充或描边，以实现图像更多的创意表现。

形状工具是绘制图形最基本的工具，形状工具包括矩形工具、圆角矩形工具、椭圆工具、多边形工具、直线工具和自定形状工具。按住工具箱中的"矩形工具"按钮不放，在打开的隐藏面板中就可以查看到这些隐藏的形状工具，如下图所示。

使用"画笔工具"绘制图案前，可以结合"画笔"面板对画笔属性做更精细的处理。执行"窗口>画笔"菜单命令，或按快捷键F5，打开"画笔"面板，在面板中单击并勾选不同的复选框，可以在面板右侧显示对应的参数选项，如下图所示，根据选项的设置，能够在画面中绘制出丰富的图案效果。

选择形状工具后，在选项栏中的绘制模式下可以设置图像的绘制模式，包括"路径"、"形状"和"像素"三种绘制模式。在"形状"模式下创建的路径，不仅用前景色填充，并且会在"图层"面板中创建一个形状图层；在"路径"模式下进行图像的绘制，则相当于创建路径，会在"路径"面板中生成工作路径；在"像素"模式下绘制图形，只是为绘制图形直接填充前景色。

运用"钢笔工具"绘制路径时，常常也会需要对路径进行调整，实现更加自由的图像绘制。在绘制路径的过程中，可以通过快捷键方式迅速实现工具的切换。按住Ctrl键的同时拖曳锚点，可以移动路径上的锚点；按住Alt键的同时拖曳控制柄，可以实现路径控制柄方向的转换，对路径进行轻松的控制。

在选择"钢笔工具"后，利用"几何体选项"面板可以对路径形态进行显示与隐藏。在"几何体选项"面板中勾选"橡皮带"复选框，在绘制路径时将会根据鼠标移动的位置绘制出橡皮带效果；反之若取消勾选择，则不会显示橡皮带效果。

3. 钢笔工具绘图

在Photoshop中，除了可以运用形状工具完成基本图形的绘制外，还可以应用"钢笔工具"完成复杂图像的绘制。通过绘制路径，并在路径与选区之间转换，绘制出更加具有震撼力的图像效果。

"钢笔工具"是一种矢量绘图工具，可以精确地绘制出直线或是光滑的曲线。它主要通过角点和线段来控制图像形态，其中角点是由钢笔创建的，用于连接路径中两条线段的交点，拖曳一个角点可以把角点转换为一个带手柄的平滑点，使一个线段与另一个线段以弧线的方式连接，如下图所示。使用"钢笔工具"绘制曲线路径时，在曲线段上，每一个锚点都显示一条或两条指向方向点的方向线，而方向线和方向点的位置决定了曲线的形状。

 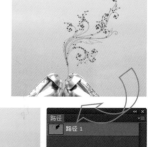

 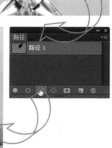

上图展示了使用"钢笔工具"为图像添加创意图形的应用。通过使用"钢笔工具"在鞋子图案上绘制花纹路径，利用"路径"面板将绘制路径转换为选区，并为转换的选区图像填充颜色，实现位图与矢量图形间的完美结合。

创意案例应用：童话世界

为了表现画面的创意性，应用图像绘制的方式是不错的选择，利用Photoshop中的常用图像绘制工具可以绘制出样式独特、内容丰富的画面。本实例中就将结合钢笔工具和画笔工具在背景中进行图像的绘制，再为绘制图像添加人像，合成童话般的图像效果。

素　材	随书光盘\素材\02\17.jpg、18.jpg、19.jpg
源文件	随书光盘\源文件\02\童话世界.psd

➥ **制作流程**

01 执行"文件>新建"菜单命令，打开"新建"对话框，输入名称为"童话世界"，设置"宽度"为18厘米，"高度"为14.5厘米，单击"确定"按钮，新建文档。

■■ 高手点拨

在Photoshop中创建一个新图层，不仅可以通过菜单命令创建，还可以通过按快捷键Ctrl+N，打开"新建"对话框来进行创建。

02 选择"渐变工具"，单击工具栏中的渐变条，打开"渐变编辑器"对话框，在对话框中依次设置颜色值为R241、G209、B155，R169、G111、B55，R126、G65、B30颜色渐变，创建新图层，从图像中心向外拖曳径向渐变。

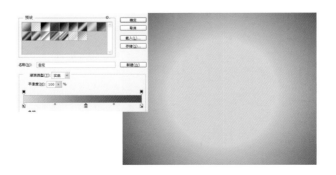

03 打开随书光盘\素材\02\17.jpg文件,将打开的素材图像拖曳至渐变图层上方,得到"图层2"图层,设置图层混合模式为"柔光",为画面叠加上纹理效果。

04 选择"矩形选框工具",设置羽化为300像素,在图像边缘单击并拖曳鼠标,绘制选区,反选选区,新建"曲线"调整图层,在"属性"面板中拖曳曲线,降低选区亮度。

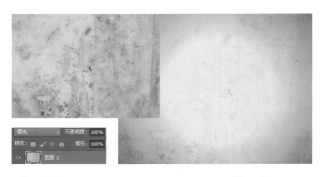

05 单击工具箱中的"钢笔工具"按钮,选中"钢笔工具",在图像中的合适位置单击,绘制路径起点,然后单击添加锚点并拖曳该锚点,绘制曲线路径效果。

06 继续使用"钢笔工具"对路径进行绘制,得到树枝形态效果,切换至"路径"面板,单击"将路径作为选区载入"按钮,将绘制的工作路径作为选区载入。

07 设置前景色为R89、G5、B0,创建新图层,按快捷键Alt+Delete,将选区填充为所设置的前景色,双击图层,打开"图层样式"对话框,勾选"投影"复选框,设置投影效果。

08 选择"画笔工具",执行"窗口>画笔"菜单命令,打开"画笔"面板,在面板中调整画笔属性,在"画笔"面板中单击"散布枫叶"笔刷,然后在下方调整画笔大小和画笔角度。

■■ 高手点拨

利用"画笔"面板可以选择系统提供的预设画笔,Photoshop中除了可以利用菜单命令打开"画笔"面板,也可以按快捷键F5打开"画笔"面板。

09 单击"图层"面板底部的"创建新图层"按钮,新建"图层4"图层,设置前景色为R196、G3、B5,运用画笔在图像中单击,绘制红色枫叶。

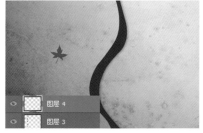

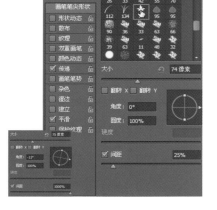

10 单击工具箱中的"加深工具"按钮,选中"加深工具",在选项栏中设置"曝光度"为11%,在绘制的红色枫叶上方涂抹,加深图像,增强枫叶图像的立体感。

11 选择"图层4"图层，连续按下两次快捷键Ctrl+J，复制两个叶子图案，分别选择各图层中的枫叶图案，按快捷键Ctrl+T，将图像调整至满意状态。

12 在"图层"面板中新建"图层5"，设置前景色为黑色，选择"画笔工具"，在"画笔预设"选取器中选择画笔并调整大小为1像素，在枫叶上绘制直线。

13 选择"画笔工具"，继续在红色枫叶上方绘制更多线条，得到叶子纹理效果。

14 选中"橡皮擦工具"，在选项栏中的设置"不透明度"为25%，"流量"为12%，在线条边上涂抹，擦除图像。

15 单击工具箱中的"钢笔工具"按钮，选中"钢笔工具"，在画面中的合适位置单击，添加路径起始锚点。

16 在画面中的另一位置单击，添加第二个路径锚点，按下鼠标不放拖曳该路径锚点，绘制曲线路径。

17 继续使用同样的方法对路径进行绘制，当路径终点与起点重合时，光标变为形，单击鼠标，完成路径的路径，得到一个封闭的工作路径。

18 按快捷键Ctrl+Enter，将工作路径转换为选区，设置前景色为R211、G36、B11，新建"图层6"图层，按快捷键Alt+Delete，为选区填充颜色。

19 选择"加深工具"，在选项栏中确认范围为"中间调"，设置"曝光度"为10%，勾选"保护色调"复选框，在画面上涂抹，加深图像。

20 执行"图层>图层样式>外发光"菜单命令，打开"图层样式"对话框，在对话框中勾选"外发光"复选框，然后设置"不透明度"为74%，"大小"为43像素，单击"确定"按钮为图像添加外发光效果。

21 选择"椭圆工具"，选择"像素"模式，单击"创建新图层"按钮，新建"图层7"图层，在红色图像上绘制多个不同大小的白色小圆。

22 选择工具箱中的"钢笔工具"，使用此工具在画面中单击并拖曳鼠标，绘制路径形态。

23 将路径转换为选区，创建新图层，设置前景色为R187、G0、B0，按快捷键Alt+Delete，将选区填充为红色，使用"加深工具"涂抹，加深图像。

24 执行"图层>图层样式>外发光"菜单命令，打开"图层样式"对话框，在对话框中对"外发光"样式进行设置，为图像添加外发光效果。

25 单击工具箱中的"钢笔工具"按钮，在画面中单击并绘制路径效果，按快捷键Ctrl+Enter，将路径转换为选区。

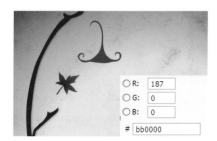

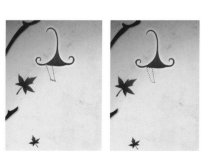

26 选择"渐变工具"，单击选项栏中的"渐变条"，打开"渐变编辑器"对话框，在对话框中设置从R237、G249、B251到R195、G208、B220颜色渐变，单击"确定"按钮。

27 创建新图层，根据设置的渐变颜色，在选区中填充渐变颜色，按快捷键Ctrl+J，复制图层，调整图像的位置和大小，合成灯效果。

28 按下Ctrl键同时选中"图层10"以及副本图层，按快捷键Ctrl+Alt+E，盖印图层，选中盖印的"图层10副本2（合并）"图层，调整图层顺序。

29 执行"图层>图层样式>外发光"菜单命令，打开"图层样式"对话框，在对话框中对"外发光"样式进行设置，为图像添加外发光效果，继续使用同样的方法绘制更丰富的图案效果。

30 打开人物素材，将打开的人物图像复制到绘制好的背景图像上，按快捷键Ctrl+T，打开自由变换编辑框，调整编辑框内人物的大小，运用"橡皮擦工具"将人物后方背景擦除。

31 执行"图层>图层样式>内发光"菜单命令，打开"图层样式"对话框，在对话框中对"内发光"样式进行设置。

32 勾选"投影"，设置投影"不透明度"为11%，"角度"为157度，"大小"为8像素，单击"确定"按钮，为人物添加样式。

33 执行"选择>色彩范围"菜单命令，打开"色彩范围"对话框，设置"颜色容差"值为85，单击"确定"按钮，创建选区。

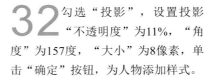

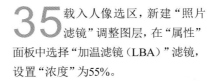

34 新建"色阶"调整图层，在"属性"面板中输入色阶值为49、0.67、255，选择"色阶1"图层，运用"画笔工具"编辑蒙版。

35 载入人像选区，新建"照片滤镜"调整图层，在"属性"面板中选择"加温滤镜（LBA）"滤镜，设置"浓度"为55%。

36 打开另外一个人像素材，将打开的素材复制到绘制好的背景图像上，运用橡皮擦工具将人像背景擦除。

37 载入"头发"笔刷,设置前景色为黑色,在"画笔预设"选取器下将载入的笔刷选中,创建新图层,在图像中单击,绘制头发。

38 创建新图层,继续使用"头发"笔刷在人物的发丝位置单击,绘制上头发,使人物与背景结合更加自然。

39 单击工具箱中的"套索工具"按钮,在图像上绘制选区,按快捷键Ctrl+J,复制选区内的图像,并将其移动到合适的位置上。

40 载入人物选区,新建"照片滤镜"调整图层,并在"属性"面板中选择"照片滤镜(85)",设置"浓度"为60%。

41 新建"亮度/对比度"调整图层,并在"属性"面板中输入"亮度"为12,"对比度"为13,调整提高图像的亮度,增加对比度。

42 单击工具箱中的"钢笔工具"按钮,选中"钢笔工具",在图像上单击绘制路径锚点。

44 切换至"路径"面板,单击"将路径作为选区载入"按钮,或按快捷键Ctrl+Enter,将路径载入选区。

43 在画面中的另一位置单击添加锚点,并在两个锚点间添加直线路径,使用相同的方法添加锚点,绘制三角形路径。

45 选择"渐变工具"，设置前景色为黑色，在打开的渐变选取器中的"从前景色到透明渐变"，创建新图层，从选区左侧往右拖曳鼠标，拖曳渐变效果。

46 执行"滤镜>模糊>高斯模糊"菜单命令，打开"高斯模糊"对话框，输入"半径"为18.2像素，单击"确定"按钮，模糊图像。

47 选择"图层24"图层，按快捷键Ctrl+J，复制图层，得到副本图层，执行"编辑>变换>水平翻转"菜单命令，水平翻转图像，移至另一人物下方。

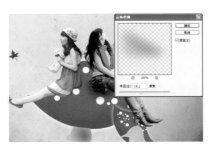

48 新建"色彩平衡"调整图层，打开的"属性"面板中输入颜色值为+6、-6、-14，选择"阴影"选项，输入颜色值为+7、0、-17。

49 继续在"属性"面板中对"色彩平衡"进行设置，选择"高光"选项，输入颜色值为+1、-7、-8，设置后平衡画面整体色调。

50 新建"曲线"调整图层，打开"属性"面板，在面板中单击添加曲线控制点并向下拖曳鼠标，对曲线进行调整，降低画面的亮度，增强层次。

51 选择"横排文字工具"，执行"窗口>字符"菜单命令，在打开的"字符"面板中调整文字属性，在图像右下角输入文字，完成本实例的制作。

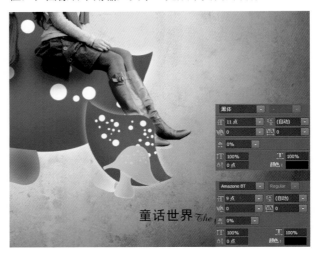

2.6　滤镜特效的应用

Photoshop中的滤镜功能可以为普通图像实现特殊效果，在表现创意性方面独具优势，应用滤镜功能可以为图像中的单一图层、通道或选区添加丰富多彩的艺术效果。在Photoshop中提供了的滤镜主要包括特殊滤镜和常规滤镜，这些滤镜都存储于"滤镜"菜单下，用户只需要在打开图像后执行"滤镜"命令，就可以弹出如右图所示的"滤镜"菜单，在此菜单中执行命令后就会弹出相机的滤镜对话框，对该对话框设置参数后就会在图像中应用该滤镜效果。

格化"、"画笔描边"、"扭曲"、"素描"、"纹理"和"艺术效果"6种滤镜组，单击左边的三角按钮，即可显示该滤镜组中的滤镜图标，用户也要以通过"取消"按钮下方的列表框来选择其他的滤镜，单击下三角按钮▷，在弹出的列表框中显示了"滤镜库"中的所有滤镜。

滤镜库可以进行多个滤镜的叠加使用，单击"滤镜库"对话框右下角的"新建效果图层"按钮，就可以添加制作滤镜，如上图所示，若需要删除添加滤镜，则可以单击"删除效果图层"按钮。

在"滤镜库"对话框中也可以利用左下角的缩放级别下拉列表来对图像进行等比例的缩放操作。单击缩放级别下拉按钮，在打开的列表中可以查看到当前打开的图像的显示比例以及系统预设的显示比例，如右图所示。

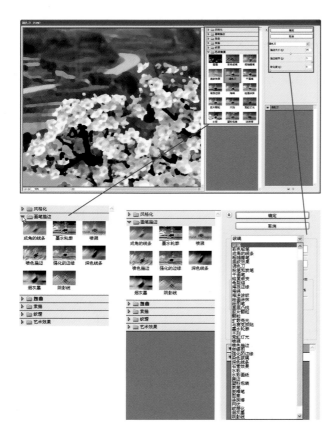

1. 滤镜库

特殊滤镜包括滤镜库、"镜头校正"滤镜、"液化"滤镜、"消失点"滤镜，其中"滤镜库"包括了滤镜菜单中的大部分滤镜，使用"滤镜库"可以在图像上添加一种或多种滤镜中，得到更加丰富的画面效果，执行"滤镜>滤镜库"菜单命令，即可打开如下图所示的"滤镜库"对话框，在对话框左侧为预览窗口，用于显示添加滤镜后的图像效果，预览窗口右侧为滤镜选项，其中有"风

单击"缩放级别"前方的"-"号按钮，可以等比例缩小图像如下页左图所示，单击"+"号按钮，则可以等比例放大图像，如下页右图所示，如若觉得单击太过于麻烦，也可以通过快捷键来缩放预览窗口中的图像，按快捷键Ctrl++即可放大预览框中的图像，按快捷键Ctrl+-即可缩小预览框中的图像。

上图中展示了为图像进行多个滤镜的叠加应用，将"背景"图层复制，执行"滤镜>滤镜库"菜单命令，打开"滤镜库"对话框，单击"艺术效果"滤镜组下的"影调"滤镜，设置滤镜选项添加影印效果，再单击"新建效果图层"按钮，选择"艺术效果"滤镜组下的"木刻"滤镜，将滤镜叠加，叠加后在预览窗口中查看到将图像转换为创意线稿效果。

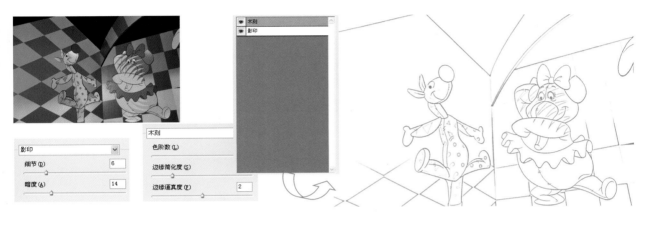

2. 镜头校正滤镜

"镜头校正"滤镜可以用于校正画面中因为镜头原因出现的倾斜、变形、色差和镜头晕影等问题，执行"滤镜>镜头校正"菜单命令，可以打开如下图所示的"镜头校正"对话框，在对话框中可以利用"自动校正"和"自定"标对图像进行快速的校正以修复图像。

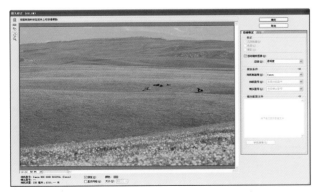

在工具栏中包含了与镜头校正相关的工具，其中包括移动扭曲工具、拉直工具、移动网格工具、抓手工具和缩放工具。"移去扭曲工具"可以通过向中心拖曳鼠标或拖离中心来校正镜头失真；"拉直工具"可以通过绘制一条直线将图像拉直到新的横轴或纵轴；"移动网格工具"可以

编辑网格，"抓手工具"可以通过拖曳鼠标任意的调整画面显示区域；"缩放工具"通过单击或拖曳的方式对图像进行任意的缩放操作。

在"镜头校正"对话框中可以应用相机自带的配置文件进行图像的校正处理，也可以通过手动调整选区，来修复图像，单击"镜头校正"对话框右侧的"自定"标签，切换到"自定"选项卡，在此选项卡下包括了几何扭曲、色差、晕影、变换四个选项组，其中"几何扭曲"选项组功能与"移动扭曲工具"作用一样，通过拖曳"移去扭曲"滑块来校正照片的桶形或枕形失真；"色差"选项组用于消除画面中出现的色差有红/青彩边、蓝/黄彩边等色差现象；"晕影"选项组用于镜头晕影的设置，主要通过拖曳"数量"选项滑块控制图像四角角落变亮或变暗；"变换"选项组则用于调整照片的透视角度，"垂直透视"选项用于修改垂直透视角度，"水平透视"选项用于修改水平透视角度。

3. 液化滤镜

"液化"滤镜可以用于推、拉、旋转、反射、折叠和膨胀图像的任意区域，还可以模拟旋转怕波浪式效果，制作旋转或流动的液体效果。执行"滤镜>液化"菜单命令，可打开右图所示的"液化"对话框，在对话框中的在工具栏内罗列了相应的液化工具，其中包括如左图所示的向前变形工具、重建工具、冻结蒙版工具等。

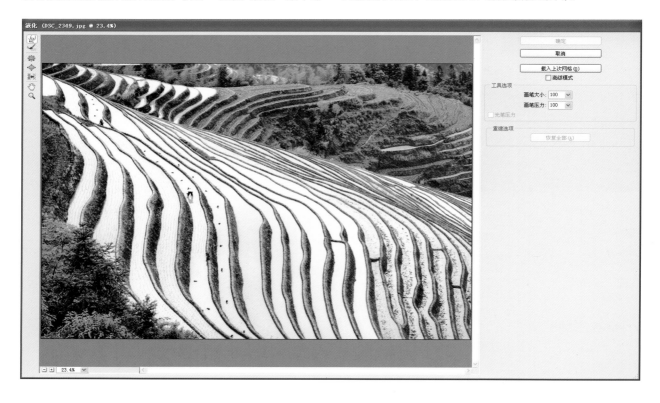

在"液化"对话框中选择工具后，将会通过对话框右侧的工具选项对所选工具的选项进行设置，包括画笔大小、画笔压力等，也可以勾选上方的"高级模式"复选框，展开如右图所示的高级选项设置，在下方的重建选项组、蒙版选项组中对图像进行还原或蒙版的添加。

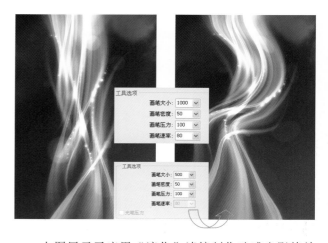

上图展示了应用"液化"滤镜制作动感光影特效果，对图像执行"滤镜>液化"菜单命令，在"液化"对话框中先选择"顺时针旋转扭曲工具"，在工具选项下对参数进行调整，运用画笔在图像上涂抹，旋转扭曲图像，再选择"向前变形工具"，调整工具选项后，继续在图像上单击并拖曳鼠标，让画面表现出韵律感。

4. 油画滤镜

在Photoshop中使用"油画"滤镜可为图像创建经典油墨绘画效果。执行"滤镜>油画"菜单命令，即可打开如右图所示的"油画"对话框，在对话框中通过调整"画笔"和"光照"选项组中的各参数值，来控制油画应用效果。

"油画"对话框中利用"画笔"选项组可以调整画笔的应用程度，其中"样式化"选项用于画笔描边的样式化；"清洁度"用于设置画笔描边的清洁度；"缩放"选项用于设置画笔描边的缩放比例；"硬毛刷细节"选项用于设置画笔硬毛刷细节的数量。

光照是影响油画质感的关键，利用"油画"对话框下的"光照"选项组，可以调节油画的成像效果，"角方向"用于指定光源照射的方向；"闪亮"用于指定光照的闪亮程度。

上图中展示油画滤镜的应用，将图像复制，在复制的图层上执行"滤镜>油画"菜单命令，打开"油画"对话框，利用对话框中的"画笔"和"光照"设置，对照片进行特殊滤镜的应用，为图像添加上逼真的油画纹理，将其转换为印象派艺术绘画效果。

5. 常规滤镜组

Photoshop中滤镜的应用不仅仅表现于滤镜库、镜头校正等一些具有特殊功能的滤镜的应用，同时它还在这些比较特殊的独立滤镜外添加了更多的常规滤镜组，包括风格化、像素化、扭曲、杂色、模糊、渲染、视频、锐化、风格化和其他滤镜组，其中每个滤镜组中都包含了同种类别的多种滤镜，运用不同的滤镜所产生的效果也风格迥异。

"风格化"滤镜组可在图像上应用质感或亮度，使图像在样式上发生变化，执行"滤镜>风格化"菜单命令，在其子菜单中可设置"查找边缘"、"浮雕效果"、"风"、"扩散"等滤镜。

查找边缘
等高线…
风…
浮雕效果…
扩散…
拼贴…
曝光过度
凸出…

"扭曲"滤镜主要用于对图像进行扭曲和3D变换，以创建变形效果。在"扭曲"滤镜组中包括"波浪"、"波纹"、"玻璃"、"海洋波纹"、"极坐标"、"挤压"、"扩散亮光"、"切变"、"球面化"、"水波"、"旋转扭曲"等滤镜。

波浪…
波纹…
极坐标…
挤压…
切变…
球面化…
水波…
旋转扭曲…
置换…

"锐化"滤镜组中的命令可以将图像制作得更加清晰、画面更加鲜明，用于提高主要像素、颜色的对比值，使画面更加细腻。"锐化"滤镜组中包括"USM锐化"、"进一步锐化"、"锐化"、"锐化边缘"和"智能锐化"滤镜。

USM 锐化
进一步锐化
锐化
锐化边缘
智能锐化…

"模糊"滤镜组可以对图像进行柔和处理，可以将图像像素的边线设置为模糊状态，在图5上表现出速度或晃动的感觉，"模糊"滤镜种类繁多，主要包括"固定模糊"、"光圈模糊"、"Tilt-Shift"、"高斯模糊"和"表面模糊"等10个滤镜模糊。

场景模糊…
光圈模糊…
倾斜偏移…
表面模糊…
动感模糊…
方框模糊…
高斯模糊…
进一步模糊
径向模糊…
镜头模糊…
模糊
平均
特殊模糊…
形状模糊…

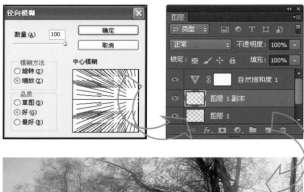

上图中展示了在图像中使用模糊滤镜加强画面的中的光照效果，利用"通道"面板将画面中的高光部分载入选区中，并将载入的选区复制，执行"滤镜>模糊>径向模糊"菜单命令，在打开的对话框中对模糊的数量、中心模糊方式进行调整，再对模糊的图像进行复制后，增强光线强度，表现更有意境的画面。

创意案例应用：老照片

Photoshop中提供了功能繁多的滤镜，使用滤镜可以让单一的画面变得更有艺术性，本实例中将应用滤镜为图像添加上质感纹理滤镜，再通过利用滤镜为图像绘制上边框，并通过滤镜的扭曲置换，为图像添加上老旧、破损的边框，得到具有复古气息的老照片效果。

素　材	随书光盘\素材\02\20.jpg、21.jpg
源文件	随书光盘\源文件\02\老照片.psd

↘ 制作流程

01 在Photoshop中打开随书光盘\素材\02\01.jpg文件,可查看到黑白色的人物图像,打开"图层"面板,在"背景"图层上单击并拖曳到"创建新图层"按钮 上,复制该图层得到"背景副本"图层。

02 执行"滤镜>滤镜库"菜单命令,打开"滤镜库"对话框,单击"胶片颗粒"滤镜,在对话框右侧输入"颗粒"为3,"强度"为3,单击"确定"按钮,应用滤镜效果。

■■ 高手点拨

当需要复制当前选中的图层时,还可以通过执行"图层>复制图层"菜单命令,将选中图层复制。

03 执行"编辑>渐隐滤镜"菜单命令,打开"渐隐"对话框,设置"不透明度"为72%,模式为"叠加",单击"确定"按钮,对滤镜执行渐隐效果。

04 执行"滤镜>滤镜库"菜单命令,打开"滤镜库"对话框,单击"纹理化"滤镜,选择"画布"纹理,设置"缩放"为88%,"凸现"为3,单击"确定"按钮,为图像添加画布纹理。

05 执行"滤镜>杂色>添加杂色"菜单命令,打开"添加杂色"对话框,输入"数量"为28.33%,选择"平均分布",单击"确定"按钮,为图像添加上杂色,表现画面质感。

06 执行"文件>新建"菜单命令，打开"新建"对话框，在对话框中输入名称为"边框纹理"，调整新建文档大小，单击"确定"按钮，新建文档。

07 切换至"通道"面板，单击"创建新通道"按钮，新建"Alpha1"通道，并将通道填充为黑色。

08 执行"滤镜>渲染>云彩"菜单命令，对Alpha1通道中的图像应用滤镜，渲染上云彩效果。

09 执行"滤镜>滤镜库"菜单命令，打开"滤镜库"对话框，单击"艺术效果"滤镜组下的"调色刀"滤镜，为图像添加滤镜效果。

10 单击"滤镜库"对话框右下角的"新建效果图层"按钮，新建效果图层，单击"艺术效果"滤镜组下的"海报边缘"滤镜，再单击"确定"按钮，应用滤镜效果。

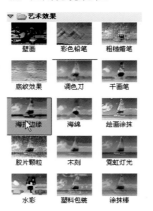

11 执行"滤镜>滤镜库"菜单命令，打开"滤镜库"对话框，单击"扭曲"滤镜组下的"玻璃"滤镜，单击"确定"按钮，为图像添加玻璃滤镜效果。

12 执行"编辑>渐隐"菜单命令，打开"渐隐"对话框，设置"不透明度"为90%，模式为"叠加"，单击"确定"按钮，渐隐滤镜。

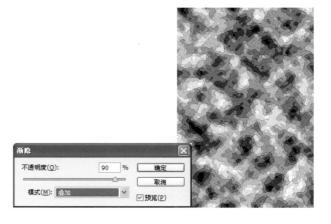

13 按快捷键Ctrl+A，全选通道中的图像，按快捷键Ctrl+C，复制图像，切换至"图层"面板中，按快捷键Ctrl+V，粘贴图像，执行"文件>保存"菜单命令，将图像以PSD格式存储。

14 返回到人物图像上，选择"矩形选框工具"，沿图像边缘绘制选区，创建新图层，设置前景色为白色，按快捷键Alt+Delete，将选区填充为白色，得到画框效果。

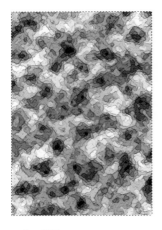
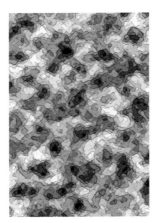

15 执行"滤镜>扭曲>置换"菜单命令，打开"置换"对话框，设置"水平比例"和"垂直比例"为20，单击"确定"按钮，打开"选取一个置换图"对话框，选择存储的边框纹理，单击"打开"按钮。

16 返回至图像窗口中，应用"置换"滤镜扭曲图像，为图像添加上具有质感的边框效果。

17 选择"图层1"图层，按快捷键Ctrl+J，复制图层，执行"滤镜>模糊>动感模糊"菜单命令，打开"动感模糊"对话框，设置选项，模糊图像。

18 打开素材，将打开的图像复制到人物图像上，设置图层混合模式为"柔光"，将纸张纹理叠加于人物图像上，添加图层蒙版，设置前景色为黑色，运用"画笔工具"在蒙版上涂抹，编辑蒙版效果。

19 新建"色相/饱和度"调整图层，在"属性"面板中勾选"着色"复选框，设置"色相"为38，"饱和度"为38，为图像着色，得到复古的色调效果。

20 执行"选择>色彩范围"菜单命令，打开"色彩范围"对话框，单击"选择"按钮，在打开的列表中选择"中间调"选项，单击"确定"按钮，选中中间调区域。

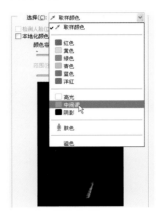

21 单击"图层"面板底部的"创建新的填充或调整图层"按钮，在打开的快捷菜单下执行"纯色"命令，打开"拾色器（纯色）"对话框，输入颜色值R172、G156、B127，单击"确定"按钮。

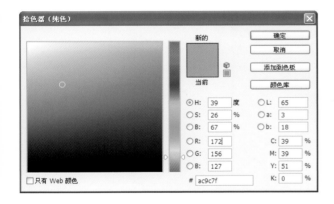

22 选择"颜色填充1"图层，将此图层的"不透明度"设置为30%，降低饱和度。

23 新建"色彩平衡"调整图层，在打开的"属性"面板中输入颜色值为-3、-1、+1，选择"阴影"选项，输入颜色值为-10、-6、+7。

■■ **高手点拨**

更改图层混合可以单击的方式选取，也可以按下键盘中的上、下、左、右方向箭头来快速切换。

24 继续在"属性"面板中对"色彩平衡"进行设置，选择"高光"选项，输入颜色值为-6、0、-1。

25 应用设置的"色彩平衡"选项，调整照片颜色，使画面呈现老照片质感。

26 新建"曲线"调整图层，打开"属性"面板，在面板中拖曳曲线，变换曲线形状，增强画面的对比度。

？你知道吗 用"动感模糊"滤镜下的选项设置

"动感模糊"滤镜所产生的模糊是模拟拍摄运动物体的运动效果，执行"滤镜>模糊>动感模糊"菜单命令，即可打开"动感模糊"对话框，在对话框中通过"角度"和"距离"的调整来控制运动程度，其中"角度"选项用于设置图动感模糊的方向；"距离"选项用于控制图像动感模糊的强度，设置的"距离"值越大，所得到的模糊效果就越强，图像就越模糊。

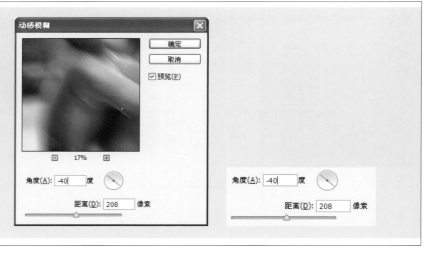

03 第3章
文字的艺术加工

3.1 层叠的文字效果

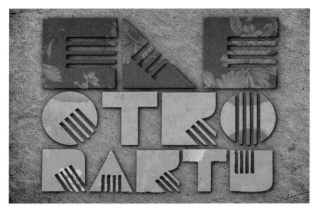

素 材	随书光盘\素材\03\01.jpg、02.jpg、03.jpg、04.jpg、05.jpg、06.jpg
源文件	随书光盘\源文件\03\层叠的文字效果.psd

↘ 创意密码

　　层叠的文字效果可以让画面更加紧凑，通过将不同的文字以堆叠的方式组合在一起，能够让文字设计更有层次感。本案例就是从文字设计的角度出发，利用各种不同造型的文字进行组合，呈现风格独特的层叠文字效果。

　　案例的具体制作首先将对叠加文字的背景进行处理，通过调整色调，增强背景的纹理质感，然后使用"钢笔工具"绘制文字路径，再结合路径编辑工具，将绘制的路径转换为选区并填充颜色，最后为绘制好的文字添加上图像和纹理，表现文字的立体感，呈现出更有艺术性的文字效果。

↘ 制作流程

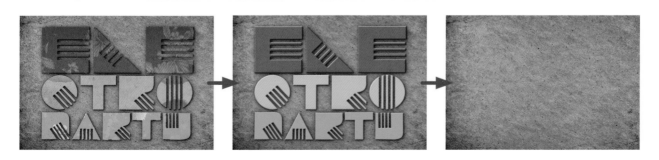

3.1.1　调整背景纹理

　　在本实例的操作中首先新建一个文件，然后将纸张素材复制到新建的文件中，通过调整色阶、曲线，修饰画面的明暗影调，再通过"色彩平衡"和"色相/饱和度"的设置，调整画面的颜色，突出纸张的老旧质感。

01 执行"文件>新建"菜单命令，打开"新建"对话框，在对话框中设置新建文档名称、大小，单击"确定"按钮，新建文档。打开随书光盘\素材\03\01.jpg文件，然后将打开的图像复制到新建文档中。

02 单击"调整"面板中的"色阶"按钮，新建"色阶"调整图层，在打开的"属性"面板中依次设置色阶值为92、0.69、250，根据设置的色阶选项，调整画面影调，增强对比。

03 新建"中间调"调整图层，打开"属性"面板，然后在面板中设置颜色值为-15、+13、-1，调整中间调颜色，再创建"自然饱和度"调整图层，设置"自然饱和度"为-21、"饱和度"为-34。

04 单击"调整"面板中的"曲线"按钮，在"图层"面板中得到"曲线"调整图层，打开"属性"面板，使用鼠标在曲线上单击添加锚点并向下拖曳，调整曲线。

高手点拨

在使用"色彩平衡"调整图像颜色时，可以单击"色调"下拉按钮，在打开的列表中选择阴影、中间调或高光选项来调整不同区域的图像颜色，平衡画面色彩。

05 根据上一步设置的"曲线"选项，降低画面的亮度，增强背景图像的质感。

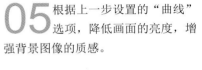

3.1.2 在图像中绘制文字造型

编辑背景图像后，接下来需要添加文字了。使用"钢笔工具"在画面中绘制工作路径，然后将路径转换为选区，并进行颜色的填充，创建出文字形状，再将绘制的文字盖印，添加文字选区，对选区填充颜色，通过对图像进行模糊，制作成投影。

01 单击"图层"面板底部的"创建新组"按钮，新建图层组，命名为"红色文字"，然后选择"钢笔工具"，在画面中绘制路径。

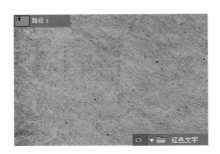

02 打开"颜色"面板，在面板中设置前景色为R236、G0、B101，然后按快捷键Ctrl+Enter将路径转换为选区，再创建新图层并为选区填充颜色。

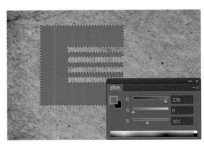

03 选择新建的"图层2"图层，执行"图层>复制图层"菜单命令，将"图层2"图层复制，得到"图层2副本"图层，将副本的图层移至画面的另一位置。

04 单击"钢笔工具"按钮，在两个图形中间绘制路径，然后按快捷键Ctrl+Enter将绘制的路径转换为选区。

05 单击"图层"面板中的"创建新图层"按钮，新建"图层3"图层，然后按快捷键Alt+Delete填充选区。

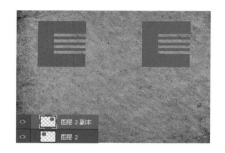

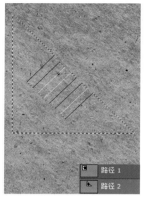

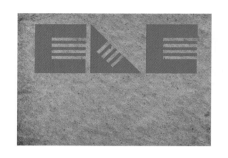

06 按住Ctrl键单击"图层2"、"图层2副本"和"图层3"图层，然后按快捷键Ctrl+Alt+E盖印选定图层，得到"图层3（合并）"图层。

07 执行"图层>图层样式>斜面和浮雕"菜单命令，打开"图层样式"对话框，选择"斜面和浮雕"样式，再选择"内斜面"样式，设置"深度"为419%、"大小"为5像素、"软化"为4像素。

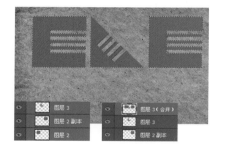

■■ **高手点拨**

在"图层"面板中要复制图层，可以选中图层，单击"图层"面板右上角的扩展按钮，在展开的面板菜单中执行"复制图层"命令复制选定的图层。

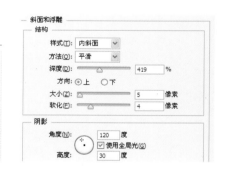

08 继续在"图层样式"对话框中设置样式，勾选"投影"复选框，在右侧设置"不透明度"为75%、"距离"为5像素、"大小"为21像素，单击"确定"按钮，应用样式。

09 单击"图层"面板底部的"创建新图层"按钮，新建"图层4"图层，然后设置前景色为黑色，按住Ctrl键单击"图层3（合并）"图层，载入文字选区，并将选区填充为黑色。

10 执行"滤镜>模糊>高斯模糊"菜单命令，打开"高斯模糊"对话框，设置"半径"为14.0像素，单击"确定"按钮，模糊图像。

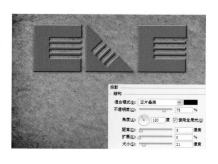

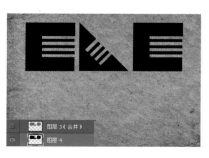

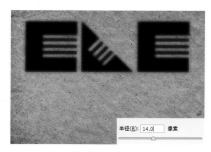

11 按快捷键Ctrl+F应用"高斯模糊"滤镜模糊图像，加强模糊效果，然后选择"图层4"图层，设置"不透明度"为68%，降低不透明度。

12 单击"图层3（合并）"图层前的"指示图层可见性"按钮 👁 ，显示隐藏的"图层3（合并）"图层，查看图像效果。

13 使用相同的操作方法绘制更多不同颜色的文字，绘制完成后，选中绘制的文字图层，复制并盖印图层。

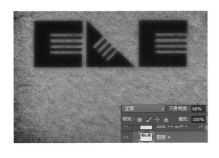

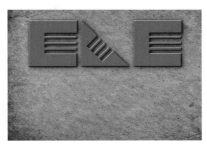

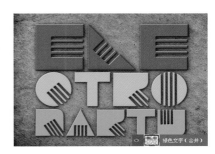

3.1.3 为文字添加纹理

为了表现叠加文字质感，需要根据画面为文字添加上纹理。使用抠图工具将花纹、墨迹等图像抠出叠加于文字上方，然后使用图层混合模式将图像叠加于文字上，再将废旧纸张纹理叠加到文字上，完成叠加文字效果的设计。

01 打开随书光盘\素材\03\02.jpg文件，然后执行"选择>色彩范围"菜单命令，打开"色彩范围"对话框，再设置"颜色容差"为200，勾选"反相"复选框，单击"确定"按钮。

? 你知道吗　**颜色容差对图像的影响**

在"色彩范围"对话框中，通过"颜色容差"可以控制选择图像的范围，设置"颜色容差"值越大，选择的范围就越广。

02 应用设置的"色彩范围"选项选取图像，再按快捷键Ctrl+J复制选区内的图像，得到"图层1"图层。

03 将抠出的花朵图像复制到文字图像上，然后设置图层混合模式为"变亮"、"不透明度"为53%，并将花朵叠加于文字上方。

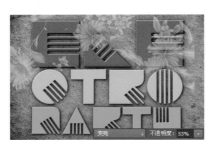

■■ 高手点拨

在Photoshp中按快捷键Ctrl+Shift+Alt+E可以盖印所有可见图层；按快捷键Ctrl+Alt+E可以盖印所有选定图层。

04 按住Ctrl键不放单击"图层3（合并）"图层缩览图，载入选区，然后选择"图层16"图层，再单击"图层"面板底部的"添加图层蒙版"按钮，添加蒙版，将多余的花纹图像隐藏起来。

05 按住Ctrl键单击"图层3（合并）"图层，载入选区，然后打开"调整"面板，单击面板中的"色阶"按钮，新建"色阶"调整图层，并在"属性"面板中设置色阶值为0、0.67、255。

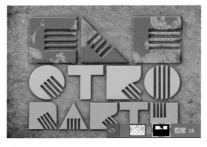

06 单击"色阶3"图层缩览图，然后选择"画笔工具"，在选项栏中降低"不透明度"和"流量"，在图像上涂抹，编辑蒙版，调整色阶调整范围。

07 打开随书光盘\素材\03\03.jpg文件，然后执行"选择>色彩范围"菜单命令，打开"色彩范围"对话框，再单击白色的背景区域，设置后单击"确定"按钮，创建选区。

08 选择"移动工具"，将选区中的墨迹图像复制到文字图像上，得到"图层17"图层，然后设置图层混合模式为"正片叠底"、"不透明度"为42%。

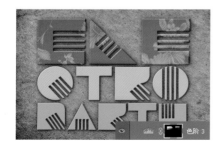

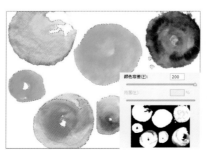

09 按住Ctrl键单击"图层8（合并）"图层，载入选区，然后选择"图层17"图层，再单击"图层"面板底部的"添加图层蒙版"按钮，添加图层蒙版。

10 打开随书光盘\素材\03\04.jpg文件，然后执行"选择>色彩范围"菜单命令，打开"色彩范围"对话框，再单击白色的背景区域，设置后单击"确定"按钮，创建选区。

11 选择"移动工具"，将选区中的墨迹图像复制到文字图像上，得到"图层18"图层，然后设置图层混合模式为"划分"。

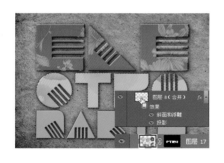

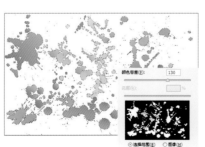

12 按住Ctrl键单击"图层14（合并）"图层，载入图像选区。

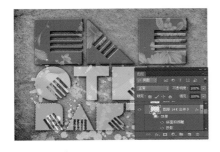

13 选择"图层18"图层，然后单击"图层"面板底部的"添加图层蒙版"按钮 ，为"图层18"添加图层蒙版。

14 选择盖印的"绿色文字（合并）"图层，将该图层混合模式设置为"变暗"。根据设置的图层混合模式，增强文字立体感。

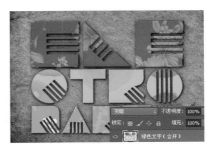

15 打开随书光盘\素材\03\05.jpg文件，然后选择"移动工具"，将打开的文件复制到文字图像上，再更改图层混合模式为"正片叠底"。

? 你知道吗　　**"正片叠底"图层样式**

"正片叠底"混合模式是将基色与混合色复合，结果色总是较暗的颜色，与黑色复合产生黑色，与白色复合保持不变。

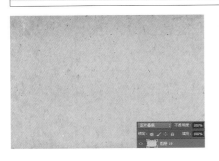

16 按住Ctrl键单击"绿色文字（合并）"图层缩览图，载入文字选区，然后选择"图层19"图层，再单击"图层"面板底部的"添加图层蒙版"按钮 ，为"图层19"图层添加蒙版。

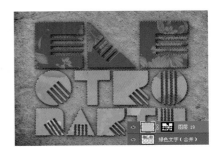

17 打开随书光盘\素材\03\06.jpg文件，然后将打开的文件复制到文字图层上，得到"图层20"图层，再设置图层混合模式为"正片叠底"，"不透明度"为19%，将纹理素材叠加到文字上。

18 按住Ctrl键单击"绿色文字（合并）"图层缩览图，载入文字选区，然后选择"图层20"图层，再单击"图层"面板底部的"添加图层蒙版"按钮 ，为"图层20"图层添加蒙版。

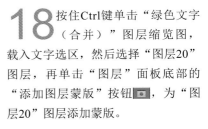

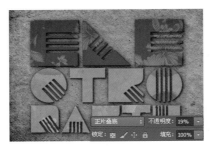

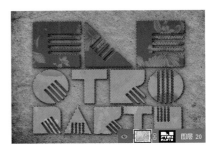

19 按住Ctrl键单击"图层20"蒙版缩览图，新建"色彩平衡"调整图层，设置颜色值为+15、+8、+36，再选择"阴影"选项，设置颜色值为+11、0、0。

20 返回图像窗口，应用设置的"色彩平衡"选项调整文字颜色。

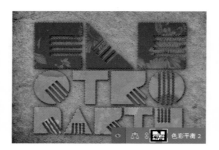

21 再次载入文字选区，然后创建"亮度/对比度"调整图层，设置"亮度"为42、"对比度"为25，提亮画面，增强对比。

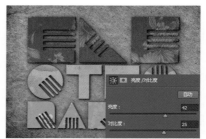

22 按快捷键Ctrl+Shift+Alt+E盖印图层，然后执行"滤镜>其他>高反差保留"菜单命令，打开"高反差保留"对话框，再设置"半径"为2.5像素，单击"确定"按钮。

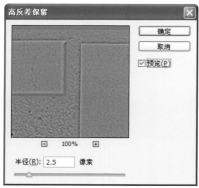

23 在"图层"面板中选中盖印的"图层21"图层，再设置图层混合模式为"叠加"，将图层叠加，增强纹理。

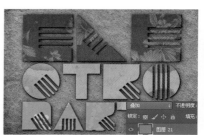

知识提炼

使用"色彩范围"命令可以根据图像中的某一颜色区域进行选择创建选区，并且根据该颜色的深浅，抠取出更为精细的图像。

选择图像后，执行"选择>色彩范围"菜单命令，打开"色彩范围"对话框，如下图所示。在"色彩范围"对话框中可使用"吸管工具"来选择颜色，并通过预览框中的黑、白、灰三色来显示选择范围，白色为选中区域，灰色为半透明区域，黑色为未选中区域。

① 选择：在其下拉列表中可选择需要在图像中选择的某种色彩，包括"红色"、"黄色"、"绿色"、"蓝色"、"黑色"、"白色"和"取样颜色"等。

② 颜色容差：在选择"取样颜色"模式后启用此选项，可以柔和选区边缘，主要用于在选定的颜色范围内再次调整，参数越大，选择相似的颜色越多，选区就越大；反之，参数越小，选区也会同样变小。

③ 吸管工具：用于取样颜色，单击"吸管工具"设置取样颜色；单击"添加到吸管工具"将在选区中添加取样颜色；单击"从取样中减去工具"将在选区中减去取样颜色。

④ 反相：将选择的区域与未被选择的区域互换。

⑤ 查看方式：用于设置查看选区的方式，选择"选择范围"可以以蒙版的方式查看选区；选择"图像"用于查看原图像效果。

应用展示

上两图展示了层叠文字在宣传画册中的具体应用，文字别致醒目给人留下深刻印象，达到良好的宣传作用。

3.2 组合的色彩文字

素 材	随书光盘\素材\03\07.jpg、08.jpg、09.jpg、10.jpg
源文件	随书光盘\源文件\03\组合的色彩文字.psd

↘ 创意密码

　　组合的色彩文字可以让画面既不失整体美感，还能将文字的创意性理念表现得淋漓尽致。本案例的文字设计就是根据文字自身的造型特点，对文字进行创意性修饰，呈现出具有强烈立体感的文字。

　　案例的具体制作首先在新建文档中绘制文字形状的路径，将多个路径的组合完成各字母的拼接，然后通过将路径转换为选区，并填充颜色和设置图层样式，为文字添加立体的浮雕感，再在文字中绘制椭圆，表现出文字穿透的视觉效果，最后将飞鸟图像添加至文字上方，赋予文字生动感。

↘ 制作流程

3.2.1 用钢笔绘制文字

在本实例的操作中首先使用"钢笔工具"来绘制文字形状路径，将绘制的路径转换为选区后，为选区填充颜色，再打开"图层样式"对话框，为填充的图像添上斜面和浮雕样式，使文字表现立体效果，最后结合"渐变工具"为文字叠加上渐变颜色，呈现出渐变文字的透视感。

01 执行"文件>新建"菜单命令，打开"新建"对话框，然后设置文件名为"组合的色彩文字"、"宽度"为22.25厘米、高度"为15.62厘米，单击"确定"按钮，新建文件。

■■ 高手点拨

要在Photoshop中创建新图层组，可以执行"图层>新建>组"菜单命令，打开"新建组"对话框，在对话框中设置组名等选项，单击"确定"按钮即可创建新的图层组。

02 单击工具箱中的"设置前景色"按钮，然后打开"拾色器（前景色）"对话框，设置颜色值为R4、G8、B9，再新建"图层1"图层，按快捷键Alt+Delete填充颜色。

03 单击"图层"面板底部的"创建新组"按钮 ，新建图层，命名为P，然后选择"钢笔工具"，在画面中绘制路径。

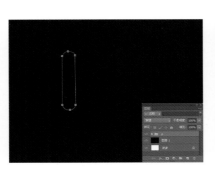

04 执行"窗口>路径"菜单命令，打开"路径"面板，然后单击面板底部的"将路径转换为选区"按钮 ，将绘制的路径转为选区。

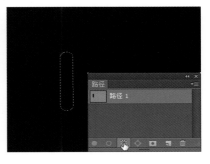

05 单击工具箱中的"设置前景色"按钮，打开"拾色器（前景色）"对话框，设置颜色值为R60、G197、B243，然后新建"图层2"图层，按快捷键Alt+Delete填充颜色。

06 执行"图层>图层样式>内阴影"菜单命令，打开"图层样式"对话框，然后选中"内阴影"样式，设置"不透明度"为14%、"距离"为7像素、"大小"为7像素。

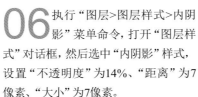

07 勾选"斜面和浮雕"复选框，设置样式为"内斜面"、"深度"为32%、"大小"为36像素、"软化"为13像素。

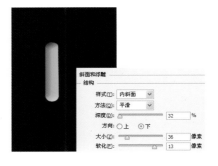

08 继续对"斜面和浮雕"样式进行设置，勾选"等高线"复选框，再单击"等高线"下拉按钮，在打开的列表中单击"画圈步骤"，单击"确定"按钮，应用样式。

09 选择工具箱中的"矩形选框工具"，然后按快捷键Ctrl+J复制选区内的图像，得到"图层3"图层。

10 按住Ctrl键单击"图层3"图层，载入选区，然后设置前景色为R38、G114、B179，再选择"渐变工具"，单击"从前景色到透明渐变"，从图像上方向下拖曳，为选区填充渐变颜色。

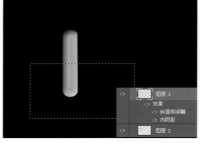
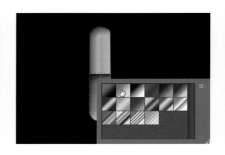

11 执行"滤镜>模糊>高斯模糊"菜单命令，打开"高斯模糊"对话框，设置"半径"为1.0像素，单击"确定"按钮，模糊图像。

12 选择"钢笔工具"，在画面中绘制路径，然后切换至"路径"面板，单击面板底部的"将路径作为选区载入"按钮，将绘制的路径载入选区。

13 在"图层2"图层下方新建"图层4"图层，然后设置前景色为R51、G199、B246，再按快捷键Alt+Delete将选区填充为前景色。

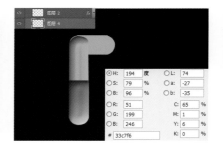

14 右击"图层2"图层下方的图层样式，在打开的快捷菜单中执行"拷贝图层样式"菜单命令，拷贝样式，然后选择"图层4"图层，右击此图层，在打开的菜单中执行"粘贴图层样式"命令，将拷贝的图层样式粘贴到新图层中。

15 复制图层样式后，为图像添加丰富的样式效果，增加文字的立体感。

■■ **高手点拨**

在图层中添加图层样式后，右击图层下方的图层样式列表，在打开的菜单中选择"删除图层样式"命令，可以删除图层中已添加的图层样式。

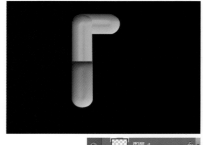

16 单击工具箱中的"钢笔工具"按钮 ✎，选中"钢笔工具"，绘制路径，再按快捷键Ctrl+Enter将路径转换为选区。

17 设置前景色为R37、G178、B230，然后单击"创建新图层"按钮 ▣，新建"图层5"图层，再按快捷键Alt+Delete应用设置的前景色填充选区。

18 右击"图层4"图层下方的图层样式，在打开的快捷菜单中执行"拷贝图层样式"菜单命令，拷贝样式，再选择"图层5"图层，右击此图层，在打开的快捷菜单中执行"粘贴图层样式"命令，粘贴图层样式。

19 选中"图层5"图层，然后选择工具箱中的"矩形选框工具"，再按快捷键Ctrl+J复制选区内的图像，得到"图层6"图层。

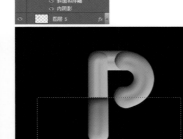

20 按住Ctrl键单击"图层6"图层，载入选区，然后设置前景色为R72、G150、B206，再单击"从前景色到透明渐变"，从选区上方向下拖曳鼠标，为选区填充颜色。

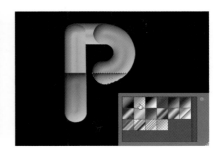

21 在"图层"面板中将"图层6"图层选中，然后按快捷键Ctrl+F应用前面设置的"高斯模糊"滤镜模糊图像。

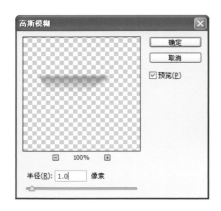

22 继续使用相同的方法，在画面中绘制颜色丰富的文字效果。

3.2.2 添加飞鸟元素丰富画面

　　绘制文字主体对象后，接下来就可以在文字上方添加装饰元素。使用"魔棒工具"把画面中的飞鸟抠取出来，并复制到文字上，调整至合适大小后，再对色彩和明暗进行处理，使鸟儿与绘制的文字融合在一起，丰富文字效果。

01 打开随书光盘\素材\03\07.jpg文件，然后选择"魔棒工具"，单击选项栏中的"添加到选区"按钮，在画面中的天空区域单击，创建选区效果，再按快捷键Ctrl+Shift+I反选图像，并将其复制，得到"图层1"图层。

你知道吗 选区的添加与删除

　　单击"魔棒工具"选项栏中的"添加到选区"按钮，可添加新的选区；单击"从选区减去"按钮，则可在已有选区中减去新的选区。

02 选择"移动工具"，将抠出的飞鸟图像复制到文字图像上，再按快捷键Ctrl+T打开自由变换编辑框，调整飞鸟的大小。

03 将飞鸟图像载入选区中，然后新建"色相/饱和度"调整图层，再设置"色相"为-37、"饱和度"为-4，调整飞鸟的颜色。

04 按住Ctrl键单击"图层20"和"色相/饱和度"图层，然后按快捷键Ctrl+Alt+E盖印选定图层，得到"色相/饱和度1（合并）"图层，再按快捷键Ctrl+T调整盖印图像的大小和位置。

05 按住Ctrl键单击"色相/饱和度1（合并）"图层，载入选区，然后新建"色相/饱和度"调整图层，再设置"色相"为+180、"饱和度"为+44，调整选区内的图像颜色。

06 打开随书光盘\素材\03\08.jpg文件，然后单击"钢笔工具"按钮，沿画面中的鹦鹉图像绘制选区，再按快捷键Ctrl+Enter将路径转换为选区。

■■ **高手点拨**

　　直接选择工具可以选中图像中绘制的工作路径。单击工具箱中的"直接选择工具"按钮，在路径上方单击即可选中路径，并显示路径中所有的路径锚点。

07 将选区中的鹦鹉图像复制到文字图像中，然后载入图像选区，再新建"亮度/对比度"调整图层，设置"亮度"为-6、"对比度"为64。

08 打开随书光盘\素材\03\09、10.jpg文件，继续使用相同的方法为绘制的文字添加不同造型的飞鸟，使画面更加丰富。

09 按快捷键Shift+Ctrl+Alt+E盖印图层，得到"X（合并）"图层，按住Ctrl键单击"X（合并）"图层，载入图层选区，再新建"自然饱和度"调整图层，设置"自然饱和度"为+89、"饱和度"为+50。

10 选中"X（合并）"图层，然后执行"编辑>变换>垂直翻转"菜单命令，垂直翻转图像，再选择"移动工具"，将图像移至原文字下方。

11 执行"滤镜>模糊>高斯模糊"菜单命令，打开"高斯模糊"对话框，然后设置"半径"为6.6像素，单击"确定"按钮，应用"高斯模糊"滤镜模糊图像。

12 为"X（合并）"图层添加图层蒙版，然后设置前景色为黑色，再选择"渐变工具"，从图像下方向上拖曳鼠标，填充渐变，得到渐变的投影效果。

13 创建"高光"图层组，然后选择"钢笔工具"，在字母P上绘制工作路径，再按快捷键Ctrl+Enter将绘制的工作路径转换为选区。

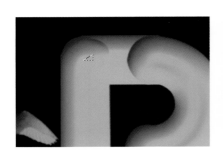

14 单击"图层"面板中的"创建新图层"按钮，新建"图层20"图层，然后设置前景色为白色，再按快捷键Alt+Delete将选区填充为白色。

15 执行"滤镜>模糊>高斯模糊"菜单命令，打开"高斯模糊"对话框，设置"半径"为3.5像素，单击"确定"按钮，模糊图像。

16 选择"图层20"图层，然后连续按快捷键Ctrl+J复制多个副本图层，再选择"移动工具"，将复制的图像移至文字中需要添加高光的位置。

17 设置前景色为R12、G17、B5，然后创建新图层，再选择"椭圆工具"，设置"像素"模式，在画面中单击并向下拖曳鼠标，绘制黑色小圆形。

18 继续使用"椭圆工具"在图像中绘制更多黑色小圆，绘制完成后选中所有小圆形图层，再按快捷键成Ctrl+E合并图层。

19 使用文字工具在画面左下方设置需要表达的广告主体文字，并调整字体与字符大小，在"图层"面板中得到文字图层。

20 选择"横排文字工具"，然后打开"字符"面板，在面板中调整文字属性，再使用"横排文字工具"在右下角设置文字。

知识提炼

认识【渐变工具】

使用"渐变工具"可以根据需要对图像进行各种形式的渐变颜色的填充，即在图像中绘制具有颜色变化的色带效果，在图像中单击按下鼠标左键拖动，即可在拖曳区域填充设置的渐变颜色。

在工具箱中提供了色彩填充工具组，单击工具箱中的"油漆桶工具"按钮 ，打开隐藏工具，如右图所示，在打开的面板中可选择"渐变工具"，选择工具后结合更多的填充选项，让图像的色彩填充更加丰富，表现更具视觉震撼的画面。

选择"渐变工具"后可在工具选项栏中设置填充方式、不透明度等选项，通过调整选项设置，让图像呈现丰富的渐变颜色效果，"渐变工具"选项栏如左下图所示。

①渐变条：单击"渐变条"后面的下拉按钮，在打开的下拉列表中显示Photoshop提供了预设渐变，也可以单击渐变条，打开"渐变编辑器"对话框，通过对话框可以设置任意的颜色渐变效果。

②类型：选择绘制渐变的类型，包括线性渐变、径向渐变、角度渐变、对称渐变和菱形渐变。

③反向：勾选"反向"复选框后，可以将设置的渐变颜色进行翻转。

④仿色：勾选"仿色"复选框后，可以柔和地表现渐变的颜色阶段。

⑤透明区域：勾选"透明区域"复选框，则打开渐变图案的透明度设置。

① ② ③ ④ ⑤

应用展示

个性网页

上图展示了组合的色彩文字在网站页面中的具体应用，色彩绚丽的文字为整个页面增色不少，别具一格的创意文字设计，更好地表现了网站的设计美感。

3.3　炫酷的3D立体文字

　　炫酷的3D立体文字是通过在文字中添加具有立体感的投影来表现文字的立体感的，通过为文字进行立体效果的设计，让画面中的字体更富有表现力。本案例的3D文字设计就是根据3D文字的特点，将文字与绚丽的光感背景相融合，呈现出具有动感的文字效果。

　　案例的具体制作中首先将不同的素材进行复制，添加在一个文件中，通过图层混合模式的设置，使图像自然地融合在一起，使用画笔工具，在合成的背景上绘制出烟雾和闪光，增强画面的神秘气息，再应用文字工具在画面中心输入文字，通过对文字进行变形让文字的形象更加突出，最后通过为文字绘制上投影，得到炫酷的3D立体文字效果。

素　材	随书光盘\素材\03\11.jpg、12.jpg、13.jpg、14.jpg
源文件	随书光盘\源文件\03\炫酷的3D立体文字.psd

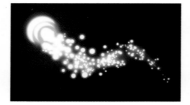

↘ 制作流程

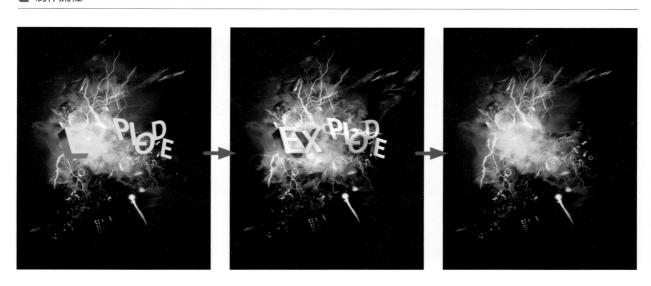

3.3.1 绚丽背景的处理

　　在本实例的操作中首先是对背景图像的处理，通过将图像复制到新建文件中，在"图层"面板中调整复制图像的图层混合模式，使图像自然的混合在一起，载入合适的笔刷，使用"画笔工具"在画面中绘制烟雾和闪电元素，得到更有意境的背景。

01 执行"文件>新建"菜单命令，打开"新建"对话框，设置新文件名，设置"宽度"为15厘米、"高度"为20厘米，单击"确定"按钮。

02 新建文件，选择"渐变工具"，打开"渐变编辑器"对话框，设置从R40、G71、B169到黑色的渐变，新建图层，从图像中心向外拖曳鼠标，填充渐变。

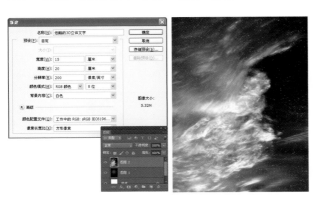

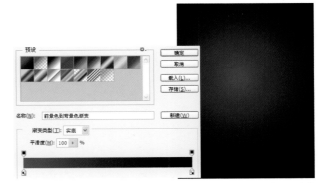

03 打开随书光盘\素材\03\11.jpg文件，将打开的图像复制到新建文件上方，按快捷键Ctrl+T，打开自由变换编辑框，调整图像至合适大小。

04 选中"图层2"图层，单击"图层"面板底部的"添加图层蒙版"按钮，为"图层2"图层添加图层蒙版，选择"画笔工具"，设置前景色为黑色，运用画笔涂抹，编辑图层蒙版。

■■ 高手点拨

　　在使用变换编辑框变换图像时，可以单击鼠标右键，在打开菜单中显示了缩放、旋转、斜切、扭曲、透视、变形等多个命令，选择其中一个命令，即可使用变换编辑框进行相应的变换操作。

05 将"图层2"图层混合模式设置为"强光"，按快捷键Ctrl+J，复制"图层2"图层，得到"图层2副本"图层，执行"编辑>变换>水平翻转"菜单命令，翻转图像，结合画笔调整蒙版范围。

06 打开随书光盘\素材\03\12.jpg文件，将打开的图像复制到背景图像中，得到"图层3"图层，按快捷键Ctrl+T，使用变换编辑框调整图像大小并将图层混合模式设置为"变亮"。

07 打开随书光盘\素材\03\13.jpg文件，将打开的图像复制到背景图像中，得到"图层3"图层，按快捷键Ctrl+T，使用变换编辑框调整图像大小并将图层混合模式设置为"强光"。

08 为"图层4"图层添加一个图层蒙版，使用黑色"画笔工具"在画面中边缘位置进行涂抹，遮盖多余区域，让新背景与原文件融合在一起。

09 选择"画笔工具"，单击打开"画笔预设"选取器，选择合适的烟雾笔刷，执行"窗口>画笔"菜单命令，打开"画笔"面板，设置"大小"为490像素、"角度"为-29度。

10 单击"创建新图层"按钮，新建"图层5"图层，设置前景色为R198、G78、B167，运用"画笔工具"在画面中的合适位置单击，绘制烟雾图像。

11 打开"画笔"面板，在面板中选择另一烟雾笔刷，然后调整画笔选项，设置"大小"为490像素、"角度"为-55度，勾选"翻转X"复选框，变换画笔属性。

12 单击"创建新图层"按钮，新建"图层6"图层，设置前景色为R197、G116、B214，使用"画笔工具"在图像中绘制烟雾图像。

13 继续使用"画笔工具"在画面中的合适位置绘制更多的烟雾图案。

14 选择"画笔工具"，单击打开"画笔预设"选取器，选择合适的闪电笔刷，执行"窗口>画笔"菜单命令，打开"字符"面板，设置"大小"为430像素、"角度"为-33度。

15 单击"创建新图层"按钮，新建"图层10"图层，设置前景色为白色，使用"画笔工具"在画面中的合适位置单击，绘制闪电图像。

16 执行"图像>图层样式>外发光"菜单命令，打开"图层样式"对话框，勾选"外发光"复选框，设置"不透明度"为75%、"大小"为5像素，单击"确定"按钮。

17 设置完成后单击"确定"按钮，应用上一步设置的"外发光"样式为闪电添加闪亮的发光效果。

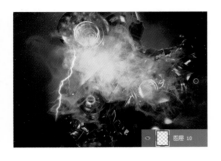

18 继续使用画笔工具在画面中绘制更多闪电图像，表现更具神秘色彩的画面。

■■ 高手点拨

借助"画笔预设"选取器可以将下载的画笔载入"画笔预设"选取器中，单击"画笔预设"选取器右上角的扩展按钮，在打开的菜单下执行"载入画笔"命令即可载入新画笔。

3.3.2 文字的错落排列

对背景进行设置后，可以在图像中添加文字了，选择"横排文字工具"，在图像中间位置设置文字，打开"字符"面板，调整文字属性，使其适合于画面需要，再应用"斜切"命令调整文字透视效果，展现错落的文字。

01 选择"横排文字工具"，执行"窗口>字符"菜单命令，打开"字符"面板，在面板中调整文字属性，根据设置的文字属性在图像中设置文字。

02 按快捷键Ctrl+T，打开自由变换编辑框，右击编辑框中的文字对象，在打开的快捷菜单中选择"斜切"命令，将鼠标移至编辑框左上角并移动控制点位置。

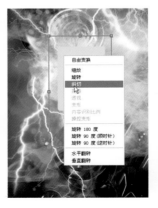

? 你知道吗 快速还原文字

若在文本图层上操作时出现错误或在操作后需要修改，则可以使用"编辑"菜单中的"还原"命令或按快捷键Ctrl+Z，还原最后一次设置的文字效果。

03 继续使用鼠标移动编辑框中控制点，确认变换的位置后，按Enter键，应用变换效果。

04 打开"字符"面板，在面板中调整文字属性，使用"横排文字工具"在画面中单击，然后在字母E后方设置字母X。

05 按快捷键Ctrl+T打开自由变换编辑框，右击编辑框中的文字对象，再选择快捷菜单中的"斜切"命令。

06 继续使用鼠标移动编辑框中控制点，确认变换的位置后，按Enter键，应用变换效果。

07 继续使用"横排文字工具"在画面中设置更多的文字效果，选中设置的文字，按快捷键Ctrl+Alt+E盖印图层。

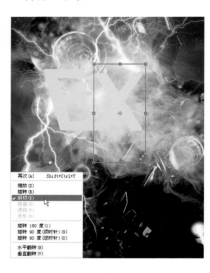

3.3.3 添加立体感

在文字中添加投影等可以增加立体感，下面的操作步骤中，介绍立体感的投影的绘制，选用"钢笔工具"绘制路径，并将其转换为选区后，填充上丰富的渐变颜色，为文字添加上立体感。

01 单击工具箱中的"钢笔工具"按钮，选中"钢笔工具"，在字母E后单击并拖曳鼠标，绘制工作路径。

02 打开"路径"面板，单击面板底部的"将路径作为选区载入"按钮，将绘制的路径载入选区中。

03 选择"渐变工具"，单击"点按可编辑渐变"按钮，打开"渐变编辑器"对话框，依次设置渐变颜色为R35、G29、B59，R89、G94、B184，R110、G89、B169，R114、G93、B167的颜色渐变。

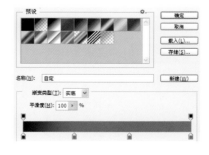

04 创建新图层，单击"线性渐变"按钮，从选区上方向下拖曳鼠标，为选区填充上一步所设置的渐变颜色。

05 选择"钢笔工具"，在字母X左侧单击添加路径锚点，再继续单击绘制路径锚点，完成工作路径的绘制。

■■ 高手点拨

使用"钢笔工具"绘制路径后，选择工具箱中的"转换点工具"，然后在路径上的锚点上单击，可以转换路径锚点，即在平滑点和方向角点之间转换。

06 按快捷键Ctrl+Enter将绘制的工作路径转换为选区，单击"创建新图层"按钮，新建"图层15"图层。

07 选择"渐变工具"，打开"渐变编辑器"对话框，依次设置渐变颜色为R82、G57、B127，R146、G79、B169，R79、G54、B126，R114、G93、B167，从选区上方向下拖曳鼠标，填充渐变颜色。

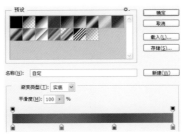

08 继续"钢笔工具"和"渐变工具"在文字后方绘制路径并将其转换为选区，再为选区填充渐变颜色，得到富有立体感的文字效果。

09 选择"渐变工具"，单击"点按可编辑渐变"按钮，打开"渐变编辑器"对话框，添加多个渐变滑块，再调整各滑块的颜色，得到丰富的渐变颜色。

10 按住Ctrl键单击"E（合并）"图层缩览图，载入选区，再单击"图层"面板中的"创建新图层"按钮，新建"图层22"图层，设置混合模式为"变暗"，从选区左侧向右侧拖曳鼠标，填充渐变颜色。

11 执行"图层>图层样式>斜面和浮雕"菜单命令，打开"图层样式"对话框，设置"深度"为42%、"大小"为6像素、"软化"为5像素，再勾选"纹理"复选框，选择合适的纹理。

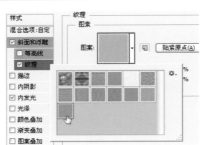

12 继续在"图层样式"复选框对图层样式进行设置，勾选"内发光"复选框，设置"不透明度"为34%、"大小"为54像素，再勾选"投影"复选框，调整"距离"和"大小"，为图像添加丰富的样式。

13 复制"图层22"图层，得到"图层22副本"图层，将此图层混合模式更改为"深色"，添加图层蒙版，再选择"渐变工具"，从图像中心向外侧拖曳径向渐变效果。

14 选择"画笔工具"，在"画笔预设"选取器单击选择合适的画笔笔刷，创建新图层，设置前景色为白色，在图像上单击，绘制烟雾。

15 选择"橡皮擦工具"，在选项栏中设置"不透明度"为23%、"流量"为24%，使用"橡皮擦工具"在烟雾上涂抹，擦除多余烟雾图像。

16 复制"图层17"图层，执行"图层>排列>置为顶层"菜单命令，将"图层17副本"图层移至最上方，再添加图层蒙版，编辑蒙版，隐藏图像。

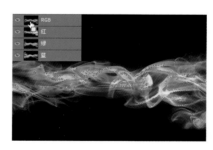

17 打开随书光盘\素材\03\14.jpg文件，切换至"通道"面板，按住Ctrl键单击RGB通道缩览图，将此通道中的图像载入到选区中。

18 按快捷键Ctrl+J将抠出选区图像复制到文字图像上并更改图层混合模式，添加图层蒙版，用黑色"画笔工具"在图像上涂抹，将图像隐藏起来。

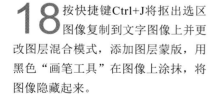

19 创建"色阶"调整图层，在"属性"面板中设置色阶值为23、1.10、232，再新建"自然饱和度"调整图层，设置"自然饱和度"为+69、"饱和度"为+37。

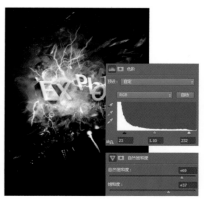

20 按住Ctrl键单击"E（合并）"图层缩览图，载入文字选区。

?你知道吗 选区的载入

若需要单击对其个图层中的对象进行调整，可以将其载入选区，要载入图层选区，可以按住Ctrl键的同时单击该图层缩览图，就可以将图层作为选区载入。

21 创建"色相/饱和度"调整图层，在"属性"面板中设置"色相"为+12、"饱和度"为+73，调整选区图像的色彩饱和度。

22 在"图层"面板中将"色相/饱和度1"调整图层选中，设置混合模式为"强光"、"不透明度"为73%。

↙ 知识提炼

认识【画笔工具】

应用"画笔工具"可以绘制出各种形态的图形。要绘制图形，首先选择工具箱中的"画笔工具"或按快捷键B，然后在需要绘制图形的位置单击并拖曳鼠标，即可绘制图像。

在工具箱中提供了钢笔工具组，单击"钢笔工具"按钮 ，打开隐藏工具，如右图所示，可选择更多的路径绘制或编辑工具，让绘制的路径形态更准确。

在工具箱中选择"画笔工具"后，即可在工具选项栏中设置选项，让图形的绘制更加轻松和准确。"画笔工具"选项栏如右图所示。

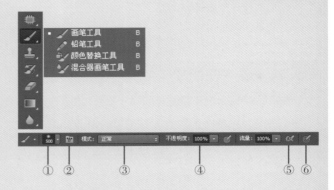

① 画笔预设：用于设置画笔的大小、硬度和样式等参数。

② 切换画笔面板：用于显示或隐藏"画笔"面板。

③ 模式：用于设置选中画笔的混合模式。

④ 不透明度：用于设置画笔的不透明度，数值越小，则画笔笔触越透明。

⑤ 流量：用于设置画笔的流动速率和涂抹速度，设置的数值越大，则绘制图像的颜色就越深。

⑥ 启用喷枪模式：单击"经过设置可以启用喷枪功能"按钮，则将画笔用做喷枪。

⑦ 绘图板压力控制大小：单击该按钮可以通过钢笔压力、角度、旋转或光笔轮来控制绘画工具。

↙ 应用展示

炫酷壁纸

上图所示展示了炫酷的3D立体文字应用在壁纸中的效果，具有立体感的文字在桌面中极具震撼力。

3.4 梦幻般的花纹文字

创意密码

造型独特、样式新颖的花纹文字能够让整个文字的设计更有柔美。本案例的文字设计为了表现具有浪漫气息的梦幻花纹文字，充分地利用了各种不同形态的花纹加以修饰，让设计出的文字更有表现力。

案例的具体制作首先在画面中填充渐变颜色，选择文字工具在填充的背景上输入文字，载入文字选区后为其添加上彩色的边框，再通过为文字进行渐变颜色的叠加，让文字的色彩变得丰富起来，通过在文字周围绘制上简单的花纹图案，融合于整个画面，最后通过图案的叠加，让图像色彩更加绚丽。

素 材	随书光盘\素材\03\15.jpg、16.jpg、17.jpg
源文件	随书光盘\源文件\03\梦幻般的花纹文字.psd

制作流程

3.4.1 绘制丰富色彩的渐变文字

梦幻般的花纹文字的设置，首先需要对文字进行设置，利用"横排文字工具"在图像中间设置文字，再载入文字选区，对文字进行简单的描边设置，再结合"渐变工具"的使用，在设置的文字上方叠加丰富色彩的渐变文字。

01 执行"文件>新建"菜单命令，打开"新建"对话框，设置文件名为"梦幻般的花纹文字"，调整文件大小，单击"确定"按钮，新建文档。

02 选择"渐变工具",单击"点按可编辑渐变"按钮,打开"渐变编辑器"对话框,设置从R226、G107、B144,R163、G116、B114,R138、G134、B123到R143、G154、B142的颜色渐变,单击选项栏中的"径向渐变"按钮,从图像中心向外侧拖曳渐变。

03 选择"横排文字工具",执行"窗口>字符"菜单命令,打开"字符"面板,在面板中调整文字属性,选择"横排文字工具"在画面中间设置文字。

？你知道吗   "字符"面板与"段落"面板

在图像中输入文字时,可以结合"字符"和"段落"面板更改文字排列效果,单击文字工具选项栏中的"切换字符和段落面板"按钮,可以调出"字符"和"段落"面板组,单击标签可以显示不同的面板选项。

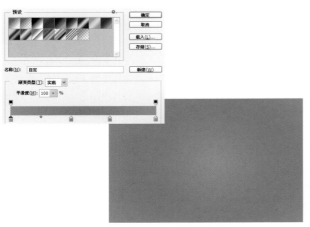

04 执行"图层>图层样式>内发光"菜单命令,打开"图层样式"对话框,设置"不透明度"为63%、"大小"为6像素、颜色为白色,单击"确定"按钮。

05 按住Ctrl键单击fullspectrudm文字图层,将文字图层作为选区载入。

06 执行"选择>修改>收缩"菜单命令,打开"收缩"对话框,设置"收缩量"为3像素,单击"确定"按钮,收缩选区。

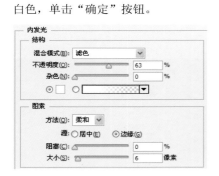

07 选择"渐变工具",单击"点按可编辑渐变"按钮,打开"渐变编辑器"对话框,在对话框中添加颜色滑块,更改各滑块颜色,单击"确定"按钮。

08 单击"图层"面板中的"创建新图层"按钮,新建图层,单击渐变工具选项栏中的"线性渐变"按钮,从选区左侧向右侧拖曳鼠标,填充渐变。

09 执行"图层>图层样式>斜面和浮雕"菜单命令,打开"图层样式"对话框,设置"大小"为5像素、"软化"为4像素,单击"确定"按钮,添加浮雕样式。

10 选择"横排文字工具",执行"窗口>字符"菜单命令,打开"字符"面板,调整文字属性,在已设置文字下进行新文字的添加。

11 按住Ctrl键单击文字图层缩览图,载入选区,执行"选择>修改>收缩"菜单命令,打开"收缩选区"对话框,设置"收缩量"为3像素,单击"确定"按钮,收缩选区。

12 单击"调整"面板中的"创建新图层"按钮 ,新建图层,选择"渐变工具",从选区左侧向右侧拖曳鼠标,填充渐变。

13 执行"图层>图层样式>斜面和浮雕"菜单命令,打开"图层样式"对话框,设置"大小"为5像素、"软化"为4像素,单击"确定"按钮。

14 返回图像窗口,根据上一步设置的"斜面和浮雕"样式,为文字添加上浮雕效果,增强文字立体感。

15 选中"dominance"和"图层3"图层,按快捷键Ctrl+Alt+E盖印图层,得到"图层3(合并)"图层。

16 按快捷键Ctrl+T打开变换编辑框,右击编辑框中的图像,在打开的快捷菜单中执行"垂直翻转"菜单命令,翻转图像。

17 执行"滤镜>模糊>高斯模糊"菜单命令,打开"高斯模糊"对话框,设置"半径"为2.0像素,单击"确定"按钮,模糊图像并将其移至合适位置。

18 为"图层3(合并)"图层添加图层蒙版,选择"渐变工具",单击"从前景色到透明渐变",从图像上向下拖曳渐变,渐变投影效果。

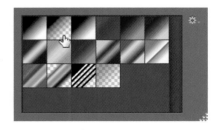

■■ 高手点拨

　　用户通过单击工具箱中的前景色或背景色色块来设置前景色与背景色,也可以单击"切换前景色和背景色"按钮 ,切换前景色与背景色。

3.4.2 用钢笔给文字绘制花纹

完成文字的设置后，接下来就是在设计好的文字上进行花纹的添加了。使用"钢笔工具"在文字上方绘制文字，再将路径转换为选区，使用"渐变工具"在选区上拖曳鼠标，填充渐变颜色后，完成梦幻般的花纹的绘制。

01 选择"钢笔工具"，在文字上方绘制一个封闭的工作路径，按快捷键Ctrl+Enter将绘制的路径载入选区。

？ 你知道吗 将路径转换为选区的方式

用户可以通过多种方法将绘制的路径转换为选区，方法一是单击"路径"面板中"将路径作为选区载入"按钮；方法二是按住Ctrl键单击"路径"面板中的路径缩览图，将路径作为选区载入。

02 选择"渐变工具"，单击"点按可编辑渐变"按钮，打开"渐变编辑器"对话框，设置从R225、G241、B230到R229、G198、B187的颜色渐变，单击"确定"按钮。

03 单击"图层"面板中的"创建新图层"按钮，新建"图层3"图层，使用"渐变工具"从选区右下角向左上角拖曳渐变效果。

04 单击工具箱中的"钢笔工具"按钮，切换到"路径"面板，在面板中显示绘制的路径缩览图。

05 选择"渐变工具"，单击"点按可编辑渐变"按钮，打开"渐变编辑器"对话框，依次设置从R205、G88、B116，R254、G250、B223到R250、G128、B174的颜色渐变，单击"确定"按钮。

06 单击"图层"面板中的"创建新图层"按钮，新建"图层4"图层，使用"渐变工具"从选区右下角向左上角拖曳渐变效果。

■■ 高手点拨

在"路径"面板中单击选中路径缩览图，单击面板底部的"删除当前路径"按钮，或将选中路径拖曳至"删除当前路径"按钮上，释放鼠标，删除选中的路径。

07 选择"图层5"图层，执行"图层>复制图层"菜单命令，或按快捷键Ctrl+J复制图层，得到"图层5副本"图层，设置图层混合模式为"变暗"。

08 为"图层5"添加图层蒙版，选择"渐变工具"，设置前景色为黑色，单击"从前景色到透明渐变"，从图像上方向下拖曳鼠标，填充渐变，遮盖图像。

09 选中"图层5"和"图层5副本"图层，将其拖曳至"创建新图层"按钮上，得到"图层5副本2"和"图层5副本3"图层。

10 单击工具箱中的"钢笔工具"按钮，选中"钢笔工具"，在图像中绘制路径，切换至"路径"面板，查看绘制的路径。

11 选择"渐变工具"，单击选项栏中的"点按可编辑渐变"按钮，打开"渐变编辑器"对话框，在对话框中设置渐变颜色为R250、G128、B174，R252、G248、B221到R206、G92、B119，再创建新图层，从选区左侧向下拖曳鼠标，填充渐变。

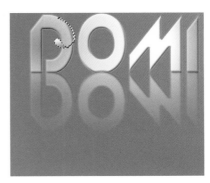

12 为"图层6"图层添加图层蒙版，设置前景色为黑色，选择"渐变工具"，单击"从前景色到透明渐变"，从图像上拖曳渐变，创建渐变的颜色效果。

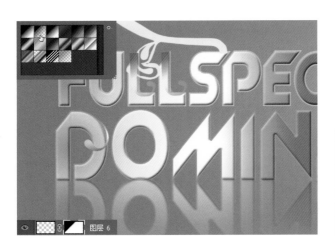

13 使合"钢笔工具"和"渐变工具"在图像中绘制更多的花纹图案。

■■ 高手点拨

打开"渐变编辑器"对话框，单击在对话框中的渐变条上可以添加一个或多个颜色滑块，双击滑块，可以打开"拾色器（色标颜色）"对话框，通过设置颜色值，变换色块颜色。

14 按住Ctrl键依次单击"图层19"至"图层24"图层，执行"图层>排列>置为顶层"菜单命令，将选中的图层移至最上层。

15 调整图层顺序后，在图像窗口可以查看到调整了花纹图层顺序后的画面效果，使绘制的花纹融合于文字。

3.4.3 添加绚彩背景

在绘制好的花纹图案上添加上绚丽的背景可以突出文字的梦幻色彩。将背景图像复制到文字图层上，通过调整图层混合模式，将颜色鲜艳的图像叠加于文字上，完成本实例的制作。

01 打开随书光盘\素材\03\15.jpg文件，将打开的图像复制到文字图像中，得到新图层并将图像移至文字下方。

? 你知道吗 通过拖曳方式复制图像

在复制图像时，为了方便于图像的复制，可以选择"移动工具"，然后通过拖曳的方式，就可以将当前图像复制到另一图像中。

02 选择"图层25"图层，设置图层混合模式为"变暗"、"不透明度"为77%，设置图层混合模式后，将图像融合于渐变背景中。

03 打开随书光盘\素材\03\16.jpg文件，将打开的图像复制到文字图像中，然后按快捷键Ctrl+T，打开变换编辑框，调整图像的大小。

04 选中"图层26"图层，设置图层混合模式为"柔光"、"不透明度"为81%，将图像叠加于背景中。

05 打开随书光盘\素材\03\17.jpg文件，将打开的图像复制到文字图像中，然后按快捷键Ctrl+T，调整复制图像的大小。

06 在"图层"面板中选中添加的"图层27"图层，将此图层的混合模式更改为"明度"，使图案叠加于文字上方。

07 单击"调整"面板中的"曲线"按钮，创建"曲线"调整图层，在"属性"面板中单击并向下拖曳曲线，调整亮度。

知识提炼

认识【文字工具】

文字能够增加图像的可读性，Photoshop中利用文字工具可以在画面中添加特定的点文字或段落效果。单击工具箱中的"文字工具"按钮，在画面中需要添加文字的位置单击，确认光标输入点，在输入点位置就可以开始输入文字了，输入完成后单击工具箱中的其他按钮，就可以完成文字的录入了。

在工具箱中提供了文字工具组，单击"横排文字工具"按钮，打开隐藏工具，如下图所示，可选择更多文字输入工具进行不同文字的添加。

选择"横排文字工具"后可以在工具选项栏中设置文字字体、大小、对齐方式以及对文字的变形设置等，完成文字的添加。"横排文字工具"选项栏如下图所示。

① 切换文字方向：用于设置文本的方向，系统提供了"水平"和"垂直"两个选项，单击按钮可自由快捷地将输入的文字切换为横排或直排状态。

② 设置字体系列：用于设置文本的字体类型。

③ 设置字体大小：用于设置选中文本的大小。

④ 对齐方式：用于设置文字对齐的方式，包括"左对齐文本"、"居中对齐文本"和"右对齐文本"三个对齐按钮。

⑤ 设置文本颜色：用于设置不同工具箱中前景色的文字颜色。

⑥ 创建文字变形：此选项用于为选中文本添加各种变形效果。

⑦ 切换字符和段落面板：用于显示或隐藏字符/段落面板。

应用展示

女性用品广告

上面两图所示展示了梦幻般的花纹字体在产品广告中的具体应用，造型独特的花纹字体更能体现女性之柔美。

3.5 体现纹理质感的文字

↘ 创意密码

　　在输入的文字上添加不同材质的纹理，让文字看上去更有质感，不仅将文字的特点突显出来，也加强了纹理的表现。本案例的设计就是设计具有铁锈质感的文字效果，利用斑驳的铁锈图案，呈现出文字的复古气息，也充公突出了文字的纹理质感。

　　案例的具体制作首先利用文字工具在画面中输入文字，将其转换为形状，然后对文字形状进行变形设置，再使用钢笔工具为文字绘制底纹，表现透视效果，最后将纹理叠加于处理好的文字上，得到具有纹理质感的文字。

素　材	随书光盘\素材\03\18.jpg、19.jpg、20.jpg、21.jpg、22.jpg
源文件	随书光盘\源文件\03\体现纹理质感的文字.psd

↘ 制作流程

 →  →

3.5.1　变形文字

　　在本实例的操作中首先使用"移动工具"把两张纹理图像融合一起，使用"横排文字工具"在图像设置合适的文字，然后执行"转换为形状"命令，将设置的文字转换为路径形状，通过调整文字形状，变形文字效果。

01 执行"文件>新建"菜单命令，打开"新建"对话框，设置名称为"体现纹理质感的文字"，调整文件大小，单击"确定"按钮，新建文件，打开随书光盘\素材\03\18.jpg文件，将打开的图像复制到新建文档中。

02 对复制的背景图像执行"滤镜>锐化>锐化"菜单命令，应用"锐化"滤镜锐化图像，得到更加清晰的岩石纹理。

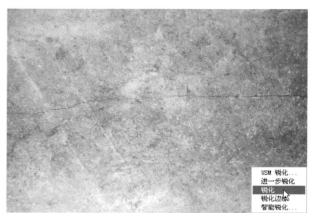

03 随书光盘\素材\03\19.jpg文件，将打开的图像复制到新建文档上，得到"图层2"图层，再按快捷键Ctrl+F应用"锐化"滤镜锐化图像。

■■ **高手点拨**

在图像中设置滤镜后，按快捷键Ctrl+F可以再次应用上一次所设置的滤镜；若按快捷键Ctrl+Alt+F，则会打开滤镜对话框，通过更改滤镜选项，应用滤镜效果。

04 在"图层"面板中将"图层2"图层的颜色混合模式设置为"叠加"，设置后加深了纹理颜色，表现出更有质感的纹理背景。

05 选择"横排文字工具"，执行"窗口>字符"菜单命令，打开"字符"面板，设置文字大小、字体等属性，使用"横排文字工具"在画面中设置字母L。

06 选择文字图层，执行"文字>转换为形状"菜单命令，将设置的文字转换为形状，选择"直接选择工具"，单击字母L，将文字路径选中。

07 单击选中字母左上角路径锚点，将其选中并向左拖曳至合适位置，释放鼠标后移动锚点所在位置，在图像中更改文字形状。

08 继续单击选中其他路径锚点，拖曳锚点位置，更改文字形状，右击路径上的锚点，在打开的快捷菜单下选择"删除锚点"命令。

09 执行命令后，将选中的路径锚点删除，再使用"直接选择工具"选中路径上的锚点，进一步对路径形状进行修整。

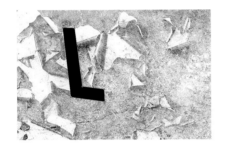

10 选择"横排文字工具"在图像中设置更多的文字，再将绘制文字转换为形状，结合路径绘制工具调整路径形状，得到造型独特的文字形状，选中文字形状图层，按快捷键Ctrl+Alt+E盖印选定图层。

■■ 高手点拨

　　将文字图层转换为"形状"后，会在"图层"面板中添加矢量蒙版，并在"路径"面板中生成工作路径。

11 按住Ctrl键单击盖印的Y图层，将此图层作为选区载入，执行"选择>修改>边界"菜单命令，打开"边界选区"对话框，设置"宽度"为8像素，单击"确定"按钮，添加选区边界。

12 单击"创建新图层"按钮 🔲，在"图层"面板中创建一个新的图层，选择"渐变工具"，单击选项栏中的"点按可编辑渐变"按钮，打开"渐变编辑器"对话框，在对话框中设置渐变颜色，从选区左侧向右侧拖曳鼠标，填充渐变颜色。

13 执行"图层>图层样式>斜面和浮雕"菜单命令，打开"图层样式"对话框，勾选"斜面和浮雕"复选框，设置浮雕样式。

斜面和浮雕
　结构
　样式(T)：内斜面
　方法(Q)：平滑
　深度(D)：　　　　　　100　%
　方向：⊙上　○下
　大小(Z)：　　　　　　5　像素
　软化(F)：　　　　　　0　像素

　阴影
　角度(N)：67　度
　☑ 使用全局光(G)
　高度：30　度
　光泽等高线：　　　　□ 消除锯齿(L)
　高光模式(H)：滤色
　不透明度(O)：　　　　75　%

14 勾选"纹理"复选框，单击"图案"下拉按钮，打开"图案"列表，单击选择"水平排列"图案，设置"缩放"值为87%、"深度"为-83%。

15 勾选"渐变叠加"复选框，设置"混合模式"为深色、"不透明度"为86%，单击"渐变"下拉按钮，选择"黄，紫，橙，蓝渐变"，设置完成后单击"确定"按钮，应用图层样式。

16 返回图层窗口中，应用设置的图层样式，为文字边框添加上斜面和浮雕、渐变叠加样式。

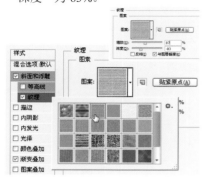
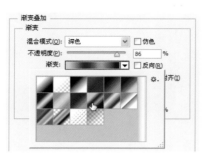

3.5.2 绘制3D立体效果

对文字进行变形后，需要在文字上表现出3D立体效果，使用"钢笔工具"在文字中绘制路径，然后将路径转换为选区，为选区填充颜色后，使用"高斯模糊"滤镜，模糊图像，使绘制出的投影更有立体感。

01 单击工具箱中的"钢笔工具"按钮，在图像中绘制工作路径，按快捷键Ctrl+Enter将绘制的工作路径转换为选区。

02 选择"渐变工具"，单击选项栏中的"点按可编辑渐变"按钮，打开"渐变编辑器"对话框，在对话框中依次设置从R240、G197、B147，R165、G194、B128到R99、G151、B90的颜色渐变。

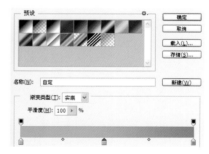

03 单击"图层"面板底部的"创建新图层"按钮，新建"图层4"图层，从选区左侧往右侧拖曳鼠标，为选区填充渐变颜色。

? 你知道吗 调整路径的大小和位置

在图像中绘制路径后，在"路径"面板中选中要更改大小工作路径，按快捷键Ctrl+T打开变换编辑框，拖曳编辑框即可快速更改路径的大小和位置。

04 选择"钢笔工具",在文字下方绘制工作路径,按快捷键Ctrl+Enter将绘制的工作路径载入到选区。

■■ 高手点拨

　　选择工具箱中的"添加锚点工具"和"删除锚点工具",选择工作路径,然后在路径上单击,就可以在鼠标单击位置添加或删除锚点。

05 单击"图层"面板中的"创建新图层"按钮，新建"图层5"图层,单击"设置前景色"按钮,打开"拾色器(前景色)"对话框,设置颜色值为R60、G29、B26,按快捷键Alt+Delete填充颜色。

06 执行"滤镜>模糊>高斯模糊"菜单命令,打开"高斯模糊"对话框,设置"半径"为5.0像素,单击"确定"按钮,模糊图像。

07 使用"钢笔工具"在图像中绘制更多路径,将路径转换为选区,并为选区填充合适的颜色,增强文字立体感,再将文字图层图层盖印。

08 执行"图层>图层样式>内阴影"菜单命令,打开"图层样式"对话框,设置"不透明度"为30%、"距离"为5像素、"大小"为21像素,单击"确定"按钮,为图像添加内阴影。

3.5.3 叠加上材质突出纹理

编辑文字投影后，需要为文字添加材质，突出纹理效果。将材质素材复制到文字后，载入文字选区后，添加图层蒙版，隐藏多余图像，再通过更改图层混合模式，将设置的材质叠加于文字上方，最后将图像盖印后渲染光照效果，突出文字的纹理特质。

01 打开随书光盘\素材\03\02.jpg文件，将打开的图像复制到文字图层上，得到新的图层并将该图层的混合模式设置为"划分"。

02 按住Alt键不放，将鼠标移至"图层22"和"图层23"中间，单击鼠标，为"图层22"和"图层23"创建剪贴蒙版。

03 打开随书光盘\素材\03\02.jpg文件，将打开的图像复制到文字图层上，得到新的图层后将该图层混合模式设置为"正片叠底"。

04 快捷键Ctrl+Alt+G创建剪贴蒙版，将文字外的纹理图像隐藏起来。

05 打开随书光盘\素材\03\20.jpg文件，将打开的图像复制到文字图层上，得到新的"图层25"图层。

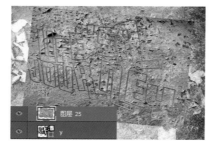

? 你知道吗　用"打开"命令快速打开文件

在Photoshop中，可以按快捷键Ctrl+O打开文件，也可以执行"文件>打开"菜单命令，打开"打开"对话框，选择文件单击"打开"按钮将其打开。

06 按住Ctrl键不放，单击"图层"面板中的Y图层缩览图，将此图层中的对象载入选区，得到文字选区。

07 选中"图层25"图层，单击"图层"面板底部的"添加图层蒙版"按钮，为"图层25"添加图层蒙版。

08 打开随书光盘\素材\03\21.jpg文件，将打开的图像复制到文字图层上，得到新的图层后载入文字选区，添加图层蒙版效果。

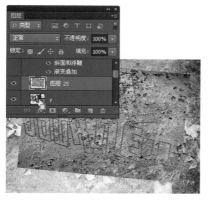

09 在"图层"面板中选中"图层26"图层，将此图层的混合模式更改为"叠加"，将新的纹理图像叠加于文字上方。

10 按住Ctrl键单击Y图层，将此图层中的对象载入选区，然后新建"色阶"调整图层，在"属性"面板中输入色阶值为0、0.68、194。

11 打开随书光盘\素材\03\22.jpg文件，切换至"通道"面板，按住Ctrl键单击RGB颜色通道，将此通道中的图像载入选区。

12 按快捷键Ctrl+J复制图层，抠出火焰图像，将抠出的图像复制到文字下方，得到"图层27"图层，然后按快捷键Ctrl+T，调整图像的大小。

13 选中"图层27"图层，连续按快捷键Ctrl+J复制图层，得到"图层27副本"和"图层27副本2"图层，将复制的火焰移至合适位置。

14 将"图层27"和上方的副本图层合并，为"图层27"图层添加图层蒙版，再选择"渐变工具"，单击"从前景色到透明渐变"，从图像左下角向右上角拖曳鼠标，填充渐变。

15 按住Ctrl键单击"图层27"图层，载入火焰选区，新建"亮度/对比度"调整图层，设置"亮度"为150、"对比度"为60，提亮画面，增强对比，使火焰自然的与文字融合于文字上。

16 选择"椭圆选框工具"，在选项栏中设置"羽化"为150像素，使用"椭圆选框工具"绘制椭圆选区，在"图层2"上方新建"图层28"，设置前景色为白色，按快捷键Alt+Delete填充选区。

17 按快捷键Ctrl+Shift+Alt+E盖印图层，执行"滤镜>渲染>镜头光晕"菜单命令，打开"镜头光晕"对话框，设置"亮度"为75%、镜头类型为"35毫米聚焦"，单击"确定"按钮，渲染光照效果。

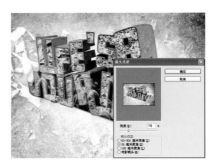

知识提炼

认识【字符】面板

使用文字工具输入文本后，需要对输入的文字大小、颜色、行距、字距、基线偏移等进行设置。在Photoshop中"字符"面板可以对字符微距、字距和基线偏移等进行设置，还可以逐个设置其他文本参数。执行"窗口>字符"菜单命令，即可打开如右图所示的"字符"面板，在面板中可以对文本的各项参数进行详细设置。

① 设置字体系列：与文字工具选项栏中的"设置字体系列"选项相同，用于设置选中文本的字体。

② 设置字符大小：与文字工具选项栏中的"设置字体大小"选项相同，用于设置选中文本的字号。

③ 垂直缩放：用于设置文本字体的高度缩放比例，用户可输入0%～1000%的任意一个数值。

④ 设置基线偏移：用于控制文字与其基线的距离。

⑤ 设置字体样式：用于设置文字字体的各种样式，单击按钮即可应用样式。

⑥ 设置行距：用于设置文本的行间距，设置的数值越大，则文字的行距就越大。

⑦ 设置所选字符的字距调整：用于设置字符间的间距，用户可以根据需要直接在文本框中输入数值，也可以单击下拉按钮，选择预设的字距调整值。

⑧ 水平缩放：此选项用于设置文本字体的高度缩放比例，用户可输入0%～1000%的任意一个数值。

⑨ 设置文本颜色：用于设置选中文本的颜色，单击选项后的颜色色块，打开"选择文本颜色"对话框，在对话框中可重新定义文本的颜色。

应用展示

电影海报

上图展示了纹理质感文字在电影海报中的具体应用，超有质感的立体文字设计，让海报更具有穿透力。

04 | 第4章
数码图像的艺术设计

4.1 另类动植物

⤵ 创意密码

　　在观看国外大型科幻电影的时候，总会在画面中看见一些奇异的外星植物，其怪异的外形让人感觉惊悚的同时也很可爱。在本实例中，以外星植物的一些基本形状为参考，使用一些基本的植物进行完美的融合，制作出另类植物，展现出植物可爱的一面。

　　在本案例的具体制作中，首先制作出渐变色的背景图像，然后添加主体植物并对其进行调整，再添加上其他植物素材，并对其形态进行调整，使画面更加和谐，接着为画面中的植物添加上眼睛和牙齿，用拟人的手法展现科幻效果，最后对图像进行细致的调整，打造出另类的植物效果。

素 材	随书光盘\素材\04\01.jpg、02.jpg、03.jpg、04.jpg、05.jpg、06.jpg、07.jpg、08.jpg
源文件	随书光盘\源文件\04\另类动植物.psd

⤵ 制作流程

4.1.1 制作出背景图像并添加上主体植物

　　在本实例的操作中首先使用"渐变工具"制作出绚丽的黄绿色主调背景图像，然后添加上主体植物，并使用"钢笔工具"在植物的上下花蕾上分别绘制路径并进行复制，将整个花蕾拆开，再使用"曲线"等调整图层对植物、背景的影调进行调整。

01 打开Photoshop CS6软件后，执行"文件>新建"菜单命令，在打开的对话框中设置宽度、高度和分辨率的参数。

02 选择"渐变工具"并单击其选项栏中的"点按可编辑渐变"选项，在打开的"渐变编辑器"对话框中选择"色谱"，再从左至右设置颜色参数依次为R63、G72、B30，R68、G83、B34，R86、G104、B44，R133、G143、B66，R160、G158、B87，R190、G177、B110，设置完成后，在对话框中可以看到设置后的效果。

03 设置好渐变颜色后在"渐变工具"选项栏中设置参数，再使用该工具在图像上由右至左拖曳，在图像窗口可以看到应用渐变后的效果。

04 拖曳渐变后，再创建"色阶"调整图层，在打开的"属性"面板中使用鼠标拖曳滑块设置参数依次为32、1.00、215，在图像窗口可以看到背景的颜色效果得到了加强。

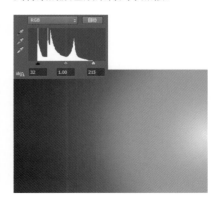

05 打开随书光盘\素材\04\01.jpg文件，然后将打开的图像复制到新建的文件中，得到"图层1"图层，再按快捷键Ctrl+T，使用变换编辑框调整图像大小和位置。

06 按住Ctrl键单击"图层1"，将图像载入选区，再创建色阶调整图层，并在打开的"属性"面板中设置参数。

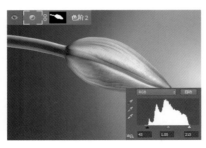

07 选择"图层1"至"色阶2"图层，然后按快捷键Ctrl+Alt+E合并图层，得到新图层，再隐藏"图层1"和"色阶2"，使用"钢笔工具"在上花蕾处绘制路径。

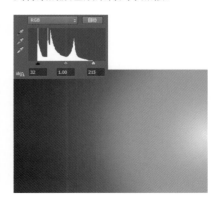

08 继续使用"钢笔工具"绘制路径，然后按快捷键Ctrl+Enter将其转换为选区，在图像窗口可以看到转换后的效果。

09 按快捷键Ctrl+J复制选区内的图像，得到"图层2"图层，隐藏其他图像，在图像窗口可以看到复制所得的图像。

10 对"图层2"执行"滤镜>液化"菜单命令，在打开的对话框中选择"向前变形工具"，并设置参数，然后使用该工具在花蕾顶端涂抹。

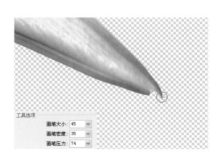

11 确定应用"液化"滤镜后，为该图层添加白色的蒙版，再使用黑色的"画笔工具"编辑蒙版，让复制所得的图像看上去更加自然。

12 双击"图层2"图层，在打开的"图层样式"对话框中设置"投影"选项的参数，确定设置后，在图像窗口可以看到应用"图层样式"后的效果。

13 再使用"钢笔工具"在下花蕾处绘制路径，将其全部选中，在图像窗口可以看到图像效果。

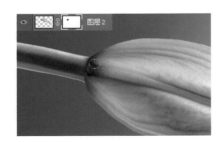

14 将路径转换为选区后，按快捷键Ctrl+J进行复制，得到"图层3"图层，隐藏其他图层可以看到复制所得的效果。

15 选中"图层3"图层，按快捷键Ctrl+T打开自由变换框，再按住Alt+Shift的同时，使用鼠标拖曳编辑框的任意一点，将图像等比倒缩小。

16 选中"色阶2（合并）"图层，然后选择"渐变工具"，并在其选项栏中设置参数，再使用该工具在图像的花蕾上单击拖曳，隐藏图像。

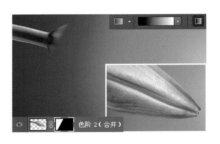

17 选中"色阶2（合并）"至"图层2"图层，按快捷键Ctrl+Alt+E合并图层，得到"图层2（合并）"图层，在图像窗口可以看到隐藏选中的图层后的图像效果。

18 按住Ctrl键单击"图层2（合并）"图层，将图像载入选区，再创建"色阶"调整图层，在打开的"属性"面板中拖曳滑块设置参数，调整花蕾的影调效果。

19 按住Ctrl键单击"图层2（合并）"图层，将图像载入选区，再创建"曲线"调整图层，在打开的"属性"面板中拖曳曲线设置参数，增加花蕾的影调对比。

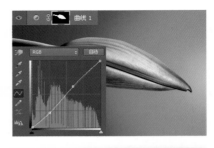

20 选择"图层2（合并）"图层至"曲线1"图层，按快捷键Ctrl+Alt+E合并图层，得到"曲线1（合并）"图层，隐藏选中的图层后，再单击"图层"面板中的"创建新的调整图层"按钮，在打开的快捷菜单中选择"纯色"选项，再在打开的对话框中设置颜色参数为R0、G0、B0，设置后，在图像窗口可以看到应用设置后的效果。

21 设置前景色为黑色,然后将"颜色填充1"图层的蒙版填充为黑色,设置前景色为白色,再选择"画笔工具",并在其选项栏中设置参数,最后使用该工具再编辑该图层的蒙版,加深画面中的暗调。

 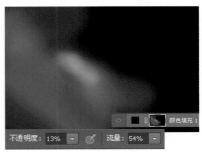

4.1.2 用花卉组合成基本图像

添加主体对象后,即可为画面添加其他植物素材完整画面。打开蒲公英素材照片,对其大小和位置进行调整后,然后对其色调进行调整,再添加蒲公英花素材,并对其形状等进行调整修饰,最后添加小白花,并改变其形态,打造出奇异的花卉组合。

01 打开随书光盘\素材\04\02.jpg文件,然后将打开的文件复制到新建的文档中,得到"图层4"图层,再使用自由变换工具调整素材的位置和大小。

02 使用"矩形选框工具"选中蒲公英的梗,并按快捷键Ctrl+J进行复制,得到"图层5"图层,隐藏其他图层可以看到复制所得的效果。

03 按快捷键Ctrl+T打开自由变换工具,在打开的编辑框中单击鼠标右键,在打开的快捷菜单中选择"变形",再使用鼠标拖曳编辑框的手柄,调整其形状。

  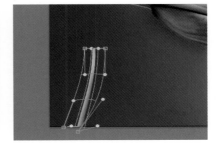

04 隐藏"图层5"图层,选择"图层4"图层,并为其添加白色的蒙版,再使用黑色的"画笔工具"编辑蒙版,擦除蒲公英花的梗。

05 显示"图层5"图层,并为其添加白色的蒙版,然后设置前景色为黑色,再选择工具箱中的"画笔工具",编辑图层蒙版,擦除蒲公英中多余的部分。

06 选中"图层4"图层,再选择工具箱中的"套索工具",并设置"羽化"为3像素,在蒲公英中绘制选区。

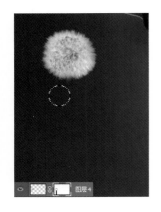  

07 按快捷键Ctrl+J复制图层，得到"图层6"图层，然后按快捷键Ctrl+T打开自由变换工具，再使用鼠标旋转编辑框，调整复制所得素材的位置。

08 设置"图层6"图层的混合模式为"浅色"，然后为该图层添加白色的蒙版，并使用黑色的"画笔工具"编辑该蒙版，修饰图像，使其看上去更加干净。

09 选中"图层4"图层，然后使用"矩形选框工具"复制蒲公英花的梗，得到"图层7"图层，隐藏其他图层，可以看到复制所得的效果。

10 选中"图层7"图层，然后按快捷键Ctrl+T打开自由变换框，再使用鼠标将复制所得的图像旋转至合适的角度。

11 在自由变换框中，单击鼠标右键，在打开的快捷菜单中选中"变形"选项，再使用鼠标拖曳编辑框中的手柄调整图像的形状。

12 确定变形后，对"图层7"图层执行"滤镜>液化"菜单命令，在打开的对话框中选择"向前变形工具"，并设置其参数，然后使用该工具编辑图像，修整其形状。

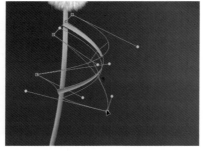
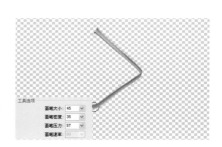

13 确定并应用"液化"滤镜后，在图像窗口可以看到调整后的效果，蒲公英展现出比较人性化的一面。

14 为"图层7"添加白色的蒙版，然后设置前景色为黑色，再使用"画笔工具"编辑蒙版，将复制所得图像的多余部分去掉，使其看上去更加完整。

15 使用同样的方法复制花梗，得到"图层8"图层，然后执行"滤镜>液化"菜单命令，在打开的对话框中选择"向前变形工具"并设置其参数，再使用该工具编辑图像，调整其形状。

16 为"图层7"添加白色的蒙版，再使用黑色的"画笔工具"编辑蒙版，将复制所得图像的多余部分去掉，让其看上去更加完整。

17 选中"图层4"至"图层8"图层，然后按快捷键Ctrl+Alt+E合并图层，得到"图层8（合并）"图层，隐藏选中的背景后，将合并得到的图层载入选区。

18 创建"色阶"调整图层，在打开的"属性"面板中拖曳滑块设置参数为21、0.63、248，调整蒲公英的影调。

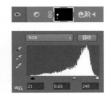

19 按住Ctrl键单击"图层8（合并）"图层，将其载入选区，然后创建"色彩平衡"调整图层，在打开的"属性"面板中设置"中间调"和"阴影"的参数。

20 继续在打开的"色彩平衡"属性面板中设置"高光"参数，在图像窗口可以看到调整后的效果，蒲公英的色调和背景颜色更加匹配。

21 选中"图层8（合并）"至"色彩平衡1"图层，然后按快捷键Ctrl+Alt+E合并图层，得到"色彩平衡1（合并）"图层，隐藏选中的图层，再双击合并得到的图层，在打开的"图层样式"对话框中设置参数。

22 应用"图层样式"后，在图像窗口可以看到蒲公英素材看上去和背景更加的贴切。

23 打开随书光盘\素材\04\03.jpg文件，然后将打开的图像复制到新建的文档中，得到新图层"图层9"，再使用自由变换工具调整素材的位置和大小并对其进行旋转。

24 确定后，使用矩形选框工具选择花梗部分，并按快捷键Ctrl+J进行复制，得到"图层10"图层，再使用自由变换工具旋转复制所得的图像。

25 确定旋转后，执行"滤镜>液化"菜单命令，在打开的对话框中选择"向前变形工具"，并设置其参数，再使用该工具调整图像的形状。

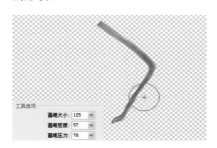

26 应用"液化"滤镜后，为该图层添加白色的蒙版，然后设置前景色为黑色，再使用"画笔工具"编辑蒙版，去除图像多余的部分。

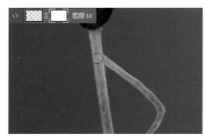

27 复制"图层10副本"图层，并将其调整至"图层9"图层的下面，然后使用自由变换工具将复制所得的图像进行水平翻转，并调整其大小和位置。

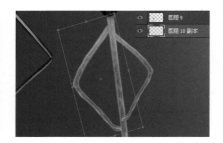

28 选中"图层10副本"至"图层10"图层，然后按快捷键Ctrl+Alt+E将其合并，得到"图层10（合并）"图层，隐藏选中的图层后，再双击合并得到的图层，在打开的"图层样式"对话框中设置"投影"参数。

29 应用"图层样式"后，在图像窗口可以看到添加的花卉和背景更加的贴合。

30 按住Ctrl键单击"图层10（合并）"图层，将图像载入选区，然后创建"曲线"调整图层，在打开的"属性"面板中设置参数，调整花卉的影调。

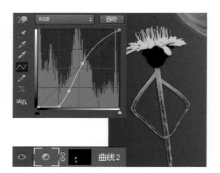

31 按住Ctrl键单击"图层10（合并）"图层，将图像载入选区，然后创建"色彩平衡"调整图层，在打开的"属性"面板中设置"中间调"的参数，调整花卉的颜色。

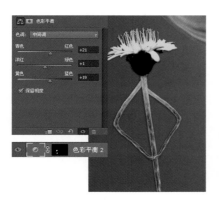

32 打开随书光盘\素材\04\04.jpg文件，然后将打开的文件图像复制到新建的文档中，得到新图层"图层11"，再使用自由变换工具调整素材的位置和大小。

33 对"图层11"执行"滤镜>液化"菜单命令，在打开的对话框中选择"向前变形工具"并设置其参数，再使用该工具调整花卉的形状。

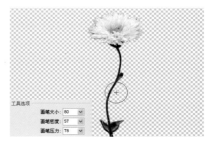

34 选择并复制花梗，得到"图层12"图层，再使用自由变换工具调整其位置和大小。

35 选择"图层12"，并执行"滤镜>液化"菜单命令，在打开的对话框中选择"向前变形工具"并设置其参数，再使用该工具调整花梗的形状。

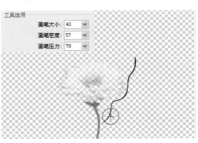

36 隐藏其他图层，再复制"图层12"得到"图层12副本"图层，并调整其位置到另一边。

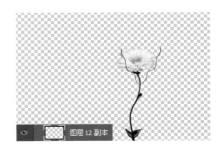

37 隐藏其他图层，再选择"图层12"图层，使用自由变换工具调整该图层图像的形状。

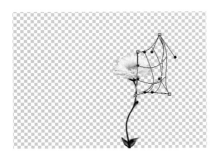

38 使用同样的方法，对"图层12副本"使用自由变换工具调整图像的形状，使其形象看上去更加逼真。

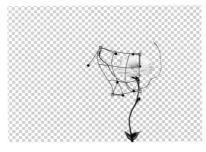

39 选择"图层11"图层，然后选择"套索工具"，并设置其参数，再使用该工具将图像中的花朵选取出来，并进行复制，得到"图层13"图层，隐藏其他图层可以看到复制所得图像的效果。

40 对"图层13"图层执行"滤镜>液化"菜单命令，在打开的的对话框中选择"向前变形工具"，并设置其参数，再使用该工具调整花朵的形状。

41 确定应用后，为该图层添加白色的蒙版，然后选择"画笔工具"，并设置其参数，再使用该工具在图像上涂抹调整出来的形状。

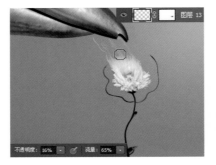

42 选择"图层11"图层，并按"图层"面板中的"添加图层蒙版"按钮，为该图层添加白色的蒙版，然后选择工具箱中的"画笔工具"，并设置前景色为黑色，再使用该工具编辑图层蒙版，将该图层图像中的多余部分去除，让花朵看上去更加真实。

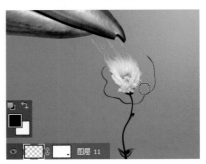

4.1.3 添加眼睛、牙齿

将图像的大致形状调整出来以后，就可以对画面的细节进行一些处理了。打开各眼睛素材，将不同的眼睛素材添加到合适的植物身上，使其看上去更加拟人化，再对画面的整体色调和影调进行调整，完成另类植物效果的制作。

01 打开随书光盘\素材\04\05.jpg 文件，然后将打开的图像复制到新建的文档中，得到新图层"图层14"，再使用自由变换工具调整素材的位置和大小，并为该图层添加白色的蒙版，最后使用黑色的"画笔工具"编辑蒙版，让添加的眼睛和花朵更加切合。

02 打开随书光盘\素材\04\06.jpg文件，然后将打开的图像复制到新建的文档中，得到新图层"图层15"，再使用自由变换工具调整素材的位置和大小。

03 为"图层15"添加白色的蒙版，再使用黑色的"画笔工具"编辑该蒙版，调整眼睛素材。

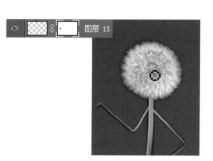

04 选择"椭圆选框工具"，并设置其参数，然后使用该工具在白色花朵上绘制两个选区，再新建一个"图层16"图层，将前景色设置为白色，最后按快捷键Alt+Delete将其填充，添加上眼睛效果。

05 打开随书光盘\素材\04\07.jpg文件，然后将打开的图像复制到新建的文档中，得到新图层"图层17"，再使用自由变换工具调整素材的位置和大小。

06 双击"图层18"图层，在打开的"图层样式"对话框中设置"投影"参数，在图像窗口可以看到动物的眼睛更加贴合。

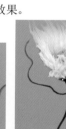

07 使用"矩形选框工具"在"曲线1（合并）"图层中创建合适的选区，然后按快捷键Ctrl+J进行复制，得到"图层18"图层，并将其置顶，再使用自由变换工具对其形状进行调整。

08 确定应用自由变换调整后，双击"图层18"图层，在打开的"图层样式"对话框中设置"斜面和浮雕"和"内阴影"参数。

09 设置后，在图像窗口可以看到应用该样式后的图像效果，复制所得的图像更加的有质感。

10 设置"图层样式"后，为该图层添加白色的蒙版，然后使用黑色的"画笔工具"编辑该蒙版，涂抹复制的图像，使其和眼睛更加吻合。

11 创建一个"纯色"调整图层，得到"颜色填充2"图层，并将其填充为黑色，再使用白色的"画笔工具"编辑该蒙版，为眼睛添加上阴影，使其更具立体感。

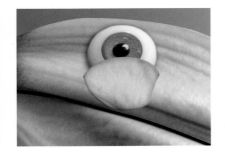

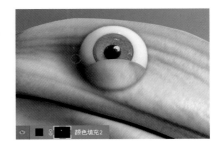

12 打开随书光盘\素材\04\08.jpg文件，然后将打开的图像复制到新建的文档中，得到新图层"图层19"，再使用自由变换工具调整素材的位置和大小。

13 双击该图层，在打开的"图层样式"对话框中设置"投影"参数，为牙齿添加上投影，使其更加立体真实。

14 复制"图层19"，得到"图层19副本"图层，使用自由变换工具调整其位置和大小，在图像窗口可以看到应用调整后的效果。

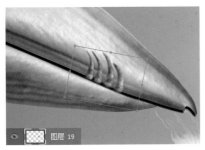

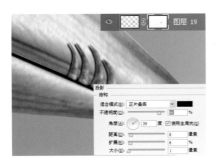

15 复制"图层19副本"得到"图层19副本2"图层，然后使用自由变换工具调整其位置和大小，再为该图层添加蒙版，调整图像，最后为其添加"投影"效果，在图像窗口可以看到应用调整后的效果。

16 复制"图层19副本2"得到"图层19副本3"图层，然后使用自由变换工具调整其位置和大小，再为其添加"投影"效果，在图像窗口可以看到应用调整后的效果。

17 复制"图层19副本3"得到"图层19副本4"，然后使用自由变换工具调整其位置和大小，再为其添加"投影"效果，在图像窗口可以看到应用调整后的效果。

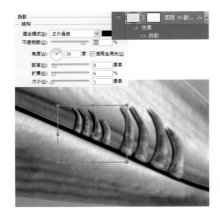

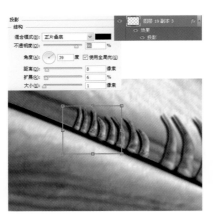

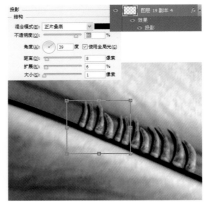

18 复制"图层19副本4"得到"图层19副本5"图层，然后使用自由变换工具调整其位置和大小，再为其添加"投影"效果，在图像窗口可以看到应用调整后的效果。

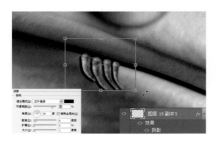

19 复制两个"图层19副本5"，得到"图层19副本6"和"图层19副本7"图层，再对其位置和大小进行调整。

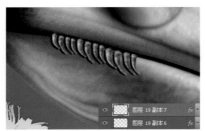

20 选中"图层20"至"图层20副本7"图层，然后按快捷键Ctrl+Alt+E合并图像，得到"图层20副本7（合并）"图层，隐藏选中的图层后，按住Ctrl键将合并得到的图层载入选区。

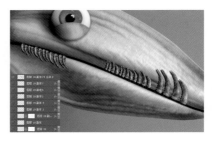

21 创建"可选颜色"调整图层，在打开的"属性"面板中选择颜色为"红色"，并设置其参数依次为+34、-23、+15、+9，调整牙齿的颜色。

22 按住Ctrl键单击"图层20副本7（合并）"图层，将其载入选区，再创建"亮度/对比度"调整图层，在打开的"属性"面板中设置参数依次为17、56，调整牙齿的对比度。

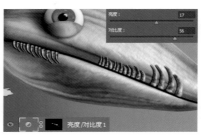

23 在"调整"面板中创建"通道混合器"调整图层，在打开的"属性"面板中设置"输出通道"为蓝，再设置其参数依次为-13、+4、+96，调整画面的整体色调。

24 在"调整"面板中创建"亮度/对比度"调整图层，在打开的"属性"面板中设置"亮度"为4、"对比度"为14，调整画面的影调对比。

25 选择"矩形选框工具"，并在其选项栏中设置"羽化"为500像素，然后使用该工具沿着图像边缘绘制选区，再按快捷键Ctrl+Shift+I将其反向。

26 设置前景色为黑色，然后新建一个"图层21"图层，再按快捷键Alt+Delete填充选区，在图像窗口可以看到为图像添加上了暗角效果。

27 为"图层21"添加上白色的蒙版，再选择"渐变工具"，并在其选项栏中设置参数，接着使用该工具从图像的右边向左边拖曳，让画面的亮部区域还是亮调。

↘ 知识提炼

"色彩平衡"可以对图像的阴影、中间调和高光区域的色彩进行调整，使用该调整图层不仅可以改变数码照片整体的颜色混合、调整照片普遍的偏色现象、快速纠正数码照片常出现的偏色情况，还可以对照片的整体色调进行调整，更改色调展现出照片不同颜色时的异样风格。

在"调整"面板中单击"色彩平衡"按钮，在打开的"属性"面板中设置参数，即可对数码照片的色调进行调整，打开的面板如下图所示。

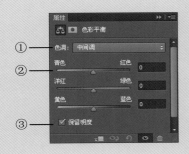

在打开的"属性"面板中选择"色调"并对其选项下的选项进行调整。

① 色调：单击该选项后的倒三角按钮，在打开的下拉列表中可以看到阴影、高光和中间调，再选择需要进行调整的色调区域并对其进行调整。

② 颜色滑块：拖曳该区域中的3个滑块可以调整照片颜色，使用鼠标单击并向某颜色拖曳，就可以增加该颜色的分量。打开一张偏色的照片，如下面左图所示，使用"色彩平衡"对照片进行调整，可以看到画面的颜色得到校正，如下面右图所示。

③ 保留明度：勾选"保留明度"复选框，可以防止图像的明亮度数值随着颜色的更改而改变。下图所示分别为勾选"保留明度"复选框设置的效果和未勾选"保留明度"复选框设置的效果。

4.2 夕阳下的蘑菇屋

素 材	随书光盘\素材\04\09.jpg、10.jpg、11.jpg、12.jpg、13.jpg、14.jpg、15.jpg、16.jpg、17.jpg、18.jpg、19.jpg、20.jpg
源文件	随书光盘\源文件\04\夕阳下的蘑菇屋.psd

↘ 创意密码

　　蘑菇的外形从远处看就像是一座城堡，蘑菇的顶部就是屋顶，粗壮圆滑的梗是住人的空间，在空旷的地方搭配上日落的晚霞，使其看上去更加的迷人。本案例就是以蘑菇的特性为题材，将蘑菇素材放大至合适比例，再将添加的门窗和烟囱素材等比例缩小，呈现出一般房屋建筑的基本模型，展现如童话世界中的奇妙城堡。

　　案例的具体制作首先将拍摄的风景照片进行合成，制作出晚霞的背景，然后添加蘑菇素材并对其进行调整，再添加门窗等素材，最后添加其他元素完善画面效果，制作出美丽夕阳下的蘑菇屋。

↘ 制作流程

4.2.1　制作背景并添加蘑菇素材

　　在本实例的操作中首先使用风景照片制作出背景图像，然后添加蘑菇素材，并使用自由变换工具对其形状进行调整，再使用图层样式为其添加内阴影，均匀其影调效果，最后使用"纯色"调整图层对画面的影调进行调整，修整画面的明暗对比。

01

打开Photoshop CS6软件，执行"文件>打开"菜单命令，在打开的对话框中打开随书光盘\素材\04\09.jpg草原素材文件，得到"背景"图层。

02

在Photoshop中打开随书光盘\素材\04\10.jpg天空素材文件，然后将其复制到"背景"图层，得到"图层1"图层，再使用自由变换工具对照片的大小和位置进行调整。

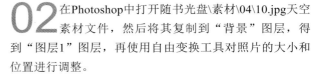

03

为"图层1"添加白色的蒙版，然后选择"渐变工具"，并在其选项栏中设置参数，再使用该工具在图层上合适的地方单击拖曳。应用该设置后，在图像窗口可以看到草原和天空的衔接更加自然。

04

按住Ctrl键单击"图层1"图层的蒙版，将图像载入选区，然后创建"色相/饱和度"调整图层，在打开的"属性"面板中设置"黄色"的饱和度为+66，降低天空的黄色调。

05

打开随书光盘\素材\04\11.jpg素材文件，然后将其复制到"图层1"图层得到"图层2"图层，再按快捷键Ctrl+T打开自由变换编辑框，调整蘑菇素材的位置和大小。

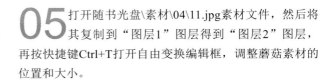

06 在自由变换编辑框中单击鼠标右键，在打开的快捷菜单中选择"变形"选项，再使用鼠标拖曳编辑框的手柄，调整蘑菇的形状。

07 为"图层2"图层添加白色的蒙版，然后设置前景色为黑色，再使用"画笔工具"编辑蒙版，调整蘑菇的边缘，使其看上去更加干净。

08 双击"图层2"图层，在打开的"图层样式"对话框中设置"内阴影"中"混合模式"的颜色为R253、G192、B94，再设置其他参数，确定设置后，在图像窗口可以看到应用样式后的效果。

09 使用"矩形选框工具"在"背景"图层中创建合适的选区，然后按快捷键Ctrl+J进行复制，得到"图层3"图层，再将该图层置顶。

10 为"图层3"图层添加白色的蒙版，然后设置前景色为黑色，再选择"画笔工具"，并设置该工具，编辑蒙版，让添加的蘑菇素材看上去更加自然。

11 创建"纯色"调整图层，在打开的对话框中设置颜色为R0、G0、B0，确定后，将该调整图层的蒙版填充为黑色，然后选择"画笔工具"，并在其选项栏中设置参数，再使用该工具编辑蒙版。

12 继续使用"画笔工具"编辑图层蒙版，完成后，在图像窗口可以看到应用后的画面效果，画面的影调效果增加了。

13 按住Ctrl键单击"图层2"图层，将图像载入选区，然后创建"曲线"调整图层，在打开的"属性"面板中拖曳曲线设置参数，调整蘑菇的影调。

4.2.2 添加人物素材

制作出背景并添加主体对象后，根据图像效果，添加上人物，并使用"曲线"调整人物的影调，再使用"色相/饱和度"等调整图层对其色调进行修整，让添加的人物和画面更加融合，增加画面的灵动性。

01 打开随书光盘\素材\04\12.jpg文件，然后将打开的图像复制到背景图像中，得到"图层4"图层，再按快捷键Ctrl+T，使用变换编辑框水平翻转照片，并调整图像的位置和大小。

02 为"图层4"图层添加白色的图层蒙版，并设置前景色为黑色，然后选择工具箱中的"画笔工具"，再使用该工具编辑图层蒙版，去除图像多余的部分。

？ 你知道吗 使用鼠标拖曳文件到背景图像中

　　在添加素材文件的时候，可以使用鼠标将新打开的图像拖曳到背景图像中，快速添加素材。

03 双击"图层4"图层,在打开的"图层样式"对话框中设置"内阴影"中"混合模式"的颜色为R253、G192、B94,再设置其他参数,确定后可以看到调整后的效果。

04 使用"矩形选框工具"在"背景"图层中合适的位置创建选区,复制选区内图像,得到"图层5"图层,并将其置顶。

05 为"图层5"图层添加白色的蒙版,然后设置前景色为黑色,再使用"画笔工具"编辑蒙版,使添加的人物看上去更加真实。

06 在"调整"面板中单击"曲线"按钮,创建新的"曲线"调整图层,再在打开的"属性"面板中使用鼠标拖曳曲线设置参数。

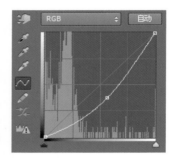

07 设置前景色为黑色,然后按快捷键Alt+Delete填充"曲线2"的蒙版,再设置前景色为白色,最后使用"画笔工具"编辑蒙版,为人物添加阴影效果。

08 创建"色相/饱和度"调整图层,在打开的"属性"面板中设置"全图"和"红色"的参数,然后将该调整图层的蒙版填充为黑色,再使用白色的"画笔工具"编辑蒙版,降低人物的色彩饱和度。

09 创建"亮度/对比度"调整图层,在打开的"属性"面板中设置参数依次为-29、77,然后将该调整图层的蒙版填充为黑色,再使用白色的"画笔工具"编辑蒙版,增加人物的对比度。

10 打开随书光盘\素材\04\13.jpg文件,然后将打开的图像复制到背景图像中,得到新的"图层6"图层,再按快捷键Ctrl+T,使用变换编辑框调整图像的位置和大小。

11 双击"图层6"图层,在打开的"图层样式"对话框中设置"内阴影"中"混合模式"的颜色为R253、G192、B94,再设置其他参数,确定后,可以看到调整后的效果。

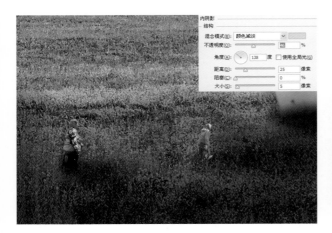

12 创建"亮度/对比度"调整图层,在打开的"属性"面板中设置参数,然后将该调整图层的蒙版填充为黑色,再使用白色的"画笔工具"编辑蒙版,增加人物的对比度。

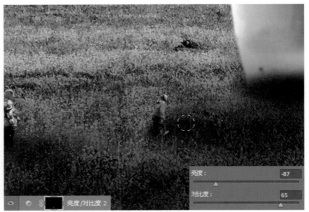

13 创建"色相/饱和度"调整图层,在打开的"属性"面板中设置"全图"的参数,然后将该调整图层的蒙版填充为黑色,再使用白色的"画笔工具"编辑蒙版,降低人物的色彩饱和度。

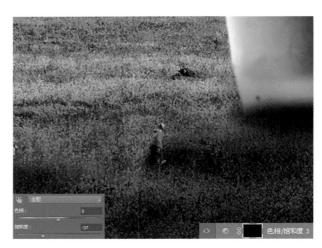

4.2.3 添加其他素材完善画面

在图像中添加完主要元素后，即可添加其他元素完善画面效果。为蘑菇添加上门窗等，使其房屋的形象更加真实，再添加上藤蔓等装饰性元素，让画面更加完整，打造出夕阳下美丽的蘑菇屋，最后锐化图像，让画面看上去更加精致。

01 新建一个"图层7"图层，然后设置前景色为R252、G181、B132，再按快捷键Alt+Delete进行填充，最后设置该图层的图层混合模式为"柔光"。

02 为"图层7"添加黑色的蒙版，再使用白色的"画笔工具"在图像中天空和草原的衔接处涂抹，增加画面的暖色调。

03 打开随书光盘\素材\04\14.jpg文件，然后将打开的图像复制到背景文件中，得到"图层8"图层，再按快捷键Ctrl+T，使用变换编辑框调整图像的大小和位置，最后按Enter键确定。

04 设置"图层8"的图层混合模式为"叠加"，然后为该图层添加上白色的蒙版，设置前景色为黑色，再使用"画笔工具"编辑该蒙版，将素材的多余部分去除。

05 创建"曲线"调整图层，在打开的"属性"面板中设置参数，确定设置后，将该调整图层的蒙版填充为黑色，再使用白色的"画笔工具"编辑蒙版，将门的影调调暗。

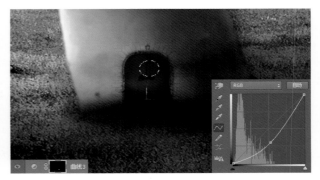

06 打开随书光盘\素材\04\15.jpg文件，然后将打开的图像复制到背景文件中，得到"图层9"图层，使用自由变换工具调整其位置和大小，再设置该图层的图层属性，并添加白色的蒙版进行编辑。

07 打开随书光盘\素材\04\16.jpg文件，然后将打开的图像复制到背景文件中，得到"图层10"图层，再使用自由变换工具对图像进行垂直翻转、水平翻转和变形等处理。

08 调整好素材形状后，设置该图层的图层混合模式为"深色"，再为其添加白色的蒙版，并进行编辑，让素材更加干净。

09 复制"图层10"得到副本图层，然后按快捷键Ctrl+T，使用变换编辑框对图像进行旋转变换，并调整藤蔓到适当位置。

10 复制"图层10副本"得到副本2图层，然后使用变换编辑框对图像进行水平、垂直翻转，再设置该图层的图层属性，最后编辑该图层的蒙版。

11 复制"图层10副本2"得到副本3图层，然后使用变换编辑框对图像进行旋转变换，并调整至合适的位置，再设置该图层的属性。

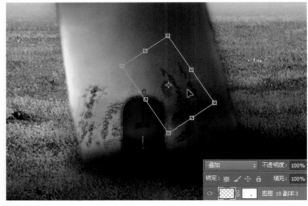

12 复制"图层10副本3"得到副本4图层，将其调整至合适的位置，然后使用变换编辑框对图像进行变形处理，再设置该图层的图层属性。

13 打开随书光盘\素材\04\17.jpg文件，然后将打开的图像复制到背景文件中，得到"图层11"图层，调整其位置和大小后，再设置该图层的图层属性。

14 打开随书光盘\素材\04\18.jpg文件，然后将打开的图像复制到背景文件中，得到"图层12"图层，再使用自由变换工具调整其位置和大小。

15 打开随书光盘\素材\04\19.jpg文件，然后将打开的图像复制到背景文件中，得到"图层13"图层，再使用自由变换工具调整其位置和大小。

16 为"图层13"添加白色的蒙版，再使用"渐变工具"和"画笔工具"对蒙版进行编辑，使添加的烟囱素材更加自然。

17 创建"色彩平衡"调整图层，在打开的"属性"面板中设置"中间调"参数，然后将该图层的蒙版填充为黑色，再使用白色的"画笔工具"编辑蒙版。

18 打开随书光盘\素材\04\20.jpg文件，然后将打开的图像复制到背景文件中，得到"图层14"图层，再使用自由变换工具调整其位置和大小，并对其进行变形处理，最后设置该图层的图层属性。

19 为"图层14"添加白色的图层蒙版，然后使用"渐变工具"和"画笔工具"对烟进行调整，使其看上去更加自然和谐。

20 按快捷键Ctrl+Shift+Alt+3在图像中创建选区，再创建"曲线"调整图层，在打开的"属性"面板中拖曳曲线设置参数，调整画面影调。

21 盖印图层，得到"图层15"图层，然后执行"滤镜>杂色>减少杂色"菜单命令，在打开的对话框中设置参数，确定后在图像窗口可以看到应用的效果。

22 盖印图层，得到"图层16"图层，然后执行"滤镜>其他>高反差保留"菜单命令，在打开的对话框中设置参数，确定后设置其图层属性，锐化图像。

23 创建"自然饱和度"调整图层，在打开的"属性"面板中设置参数，应用设置后，使用"渐变工具"编辑该调整图层的蒙版，增加草地颜色的饱和度。

知识提炼

用【亮度/对比度】调整图像明暗

在拍摄照片的时候，光线往往会决定照片的明暗显示，使用一些调整图层可以对画面的明暗关系进行调整，让照片恢复到正常的效果。对于一些光线不足、比较昏暗的照片，可以使用"亮度/对比度"进行调整，让照片变得清晰、明亮，更好地展现出风光的魅力。

在"调整"面板中创建"亮度/对比度"调整图层，即可打开"属性"面板，如下图所示，可使用"亮度"与"对比度"两个选项进行设置。

在打开的"属性"面板中可以看到各选项，在面板中使用鼠标即可设置参数，对照片进行调整。

① 亮度：该选项表示图像的明亮度，使用鼠标拖曳滑块设置参数，越往右拖曳数值越大，照片就越亮；反之，越往左拖曳数值越小，照片就越暗。打开一张画面偏暗的照片，使用"亮度"对其进行调整后，画面变亮了，也更加清晰了。

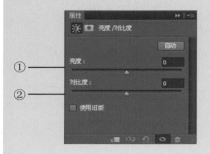

② 对比度：该选项是指图像中高光和阴影之间的对比程度，将滑块越往右拖曳数值越大，照片的明暗对比就越大，图像就越清晰；反之，越往左拖曳滑块，照片的对比度就越弱，图像就越模糊。

4.3 绘画的手

↘ 创意密码

使用三维坐标可以将世界的任意位置确定下来，让人们的视觉更有立体感，让画面更有趣味。本实例就是以三维效果为标准，将人像的底部与桌面连接起来，而人物的上半部则是立体感的，再添加上绘画的手，展现出逼真的三维画效果。

案例中的具体制作可以先绘制出背景图像，然后添加人物素材，并使用图层混合模式和色阶等调整图层使人物和桌面更加贴合，再添加上绘画的手，最后对画面的整体色调和影调进行调整，得到完整的三维画效果。

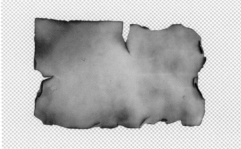

素　材	随书光盘\素材\04\21.jpg、22.jpg、23.jpg
源文件	随书光盘\源文件\04\绘画的手.psd

↘ 制作流程

4.3.1 制作背景并将人物转换为素描线条

在本实例的操作中，首先新建一个图层，制作出背景图像，并对其进行修饰调整，然后添加上纸并对其位置和大小进行调整，再添加上人物素材，使其和桌面贴合，最后使用曲线等调整图层，对画面的影调进行调整，统一画面。

01 在打开的Photoshop CS6软件中，执行"文件>新建"菜单命令，在打开的对话框中设置宽度、高度和分辨率的参数。

02 复制背景图层，得到"背景副本"图层，然后设置前景色为R123、G94、B60，使用前景色填充复制的图层。

03 对"背景副本"图层执行"滤镜>滤镜库"菜单命令，在打开的对话框中选择"纹理"选项中的"纹理化"，并对其进行参数设置。

04 确定后，在图像窗口可以看到应用该滤镜后，图像添加上了纹理效果。

05 在"调整"面板中创建"曲线"调整图层，在打开的"属性"面板中使用鼠标拖曳曲线形状，设置参数，在图像窗口可以看到应用该调整后，图像的亮度得到提高。

06 选择工具箱中的"渐变工具"，并在其选项栏中设置渐变颜色和渐变模式，确定后，使用该工具编辑蒙版，调整画面的影调。

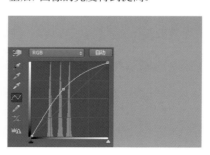

07 新建一个"图层1"图层，然后使用"钢笔工具"在图像上绘制路径，再按快捷键Ctrl+Enter将其转换为选区，并将其填充为黑色。

08 按住Ctrl键单击"图层1"图层，然后按快捷键Ctrl+Shift+I将其反向，再创建"曲线"调整图层，在打开的面板中设置参数。

09 设置前景色为黑色，然后选择工具箱中的"画笔工具"，并在其选项栏中设置参数，再使用该工具编辑"曲线2"的图层蒙版，对图像进行调整。

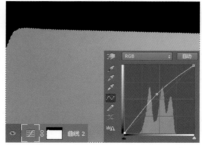

10 打开随书光盘\素材\04\21.jpg文件，然后将打开的文件复制到绘制的背景图像中，得到"图层2"图层，再使用自由变换将图像进行水平旋转，最后调整其大小和位置。

11 双击"图层2"图层，在打开的"图层样式"对话框中勾选"投影"复选框，在打开的选项卡中设置投影参数，确定后在图像窗口可以看到应用设置后的效果，纸张与桌面更加贴合。

12 打开随书光盘\素材\04\22.jpg文件，然后将其复制到背景图像中，得到"图层3"图层，再利用自由变换将图像水平旋转，并调整其大小和位置，最后使用"钢笔工具"沿人物绘制路径。

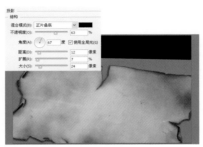

13 绘制完路径后，按快捷键Ctrl+ Enter将其转换为选区，并将其反向，然后按Delete键将其删除，得到干净的人物效果。

14 复制"图层3"图层，得到"图层3副本"图层，并对其执行"图像>调整>去色"菜单命令，将照片进行去色处理。

15 复制"图层3副本"，得到"图层3副本2"图层，然后按快捷键Ctrl+I将其进行反相处理，在图像窗口可以看到效果。

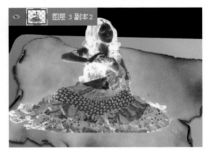

16 对"图层3副本2"图层执行"滤镜>杂色>中间值"菜单命令，在打开的对话框中设置参数为2像素，确定后再执行"滤镜> 其他>最小值"菜单命令，在打开的对话框中设置参数为1像素，确定后设置该图层的图层属性。

17 选择"图层3"至"图层3副本2"的图层，然后按快捷键Ctrl+Alt+E进行合并处理，得到"图层3副本2（合并）"图层，再按住Ctrl键单击该图层，将图像载入选区。

18 保持选中选区，然后单击"图层"面板中的"添加图层蒙版"按钮，为"图层3副本2（合并）"图层添加黑色的蒙版，并将人物载入蒙版，再选择"画笔工具"，并在其选项栏中设置参数，最后使用该工具编辑图层蒙版。

19 继续使用"画笔工具"编辑该图层的蒙版，在图像窗口可以看到调整后的效果，人物底部边缘看上去更加自然。

20 按住Ctrl键单击"图层3副本2（合并）"图层的蒙版，将其载入选区，再创建"色阶"调整图层，在打开的"属性"面板中设置参数，调整人物的影调。

21 使用黑色的"画笔工具"编辑"色阶1"的蒙版，然后选择"图层3副本2（合并）"至"色阶1"图层，将其合并，得到"色阶1（合并）"图层，再为其添加白色的蒙版，对其进行编辑，修饰图像效果。

22 继续在"色阶1（合并）"图层的蒙版上进行编辑，让画面效果看上去更加真实。调整后，在图像窗口可以看到调整后的效果。

23 复制"色阶1（合并）"图层，得到副本图层，然后设置该图层的图层混合模式为"正片叠底"，加深图像效果。

24 为复制所得的图层添加白色的蒙版，并使用"渐变工具"和"画笔工具"对其进行调整，再设置该图层的"不透明度"为44%。

25 创建"色阶"调整图层，并在打开的"属性"面板中设置参数，再将该图层填充为黑色，并使用白色的"画笔工具"对该蒙版进行编辑，调整部分区域的影调效果。

26 创建"亮度/对比度"调整图层，在打开的"属性"面板中设置参数依次为-9、100，增加图像亮度的同时加强画面的对比度，然后使用"渐变工具"编辑该蒙版，对图像进行修饰。

27 打开随书光盘\素材\04\22.jpg文件，并将其复制到背景图像中，得到"图层4"图层，然后按快捷键Ctrl+T打开自由变换编辑框，调整图像的大小和位置。

28 按住Ctrl键单击"色阶1（合并）副本"图层，将图像载入选区，然后单击"图层"面板中的"添加图层蒙版"按钮 ◻ ，为该图层添加黑色的蒙版，并去除多余的素材部分，再使用"画笔工具"进行编辑。

29 按住Ctrl键单击"图层4"的蒙版，再创建"色相/饱和度"和"曲线"调整图层，并在打开的"属性"面板中设置参数，调整图像的色调和影调。

30 创建"曲线"调整图层，在打开的"属性"面板中使用鼠标拖曳曲线设置参数，再使用"渐变工具"编辑该蒙版，调整图像区域的影调效果。

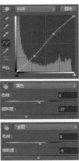

4.3.2 添加手素材并调整画面影调

编辑主体对象后，就需要添加上辅助性的素材文件，完善画面效果。添加绘画的手，并使用色阶等调整图层对其影调和色调进行调整，使其和人物、背景的色调更加接近，再使用纯色等调整图层对画面的整体影调进行调整，让画面更加完美。

01 打开随书光盘\素材\04\23.jpg文件，将打开的文件复制到背景图像中，得到"图层5"图层，再使用自由变换工具调整其位置和大小。

02 双击"图层5"图层，在打开的"图层样式"对话框中设置"投影"的参数，让手和画面更加贴合。

03 按住Ctrl键单击"图层5"图层，将图像载入选区，然后在"调整"面板中创建"色阶"调整图层，再在打开的"属性"面板中设置"蓝"通道的参数依次为32、0.72、226，设置"红"通道的参数依次为25、1.00、255。

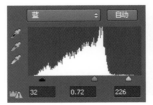
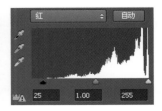

04 继续在"色阶"面板中设置RGB参数依次为8、0.89、255，确定后，在图像窗口可以看到手的颜色得到改变。

05 按住Ctrl键单击"图层5"图层，将其载入选区，然后创建"色相/饱和度"调整图层，并在打开的"属性"面板中设置参数，再使用"画笔工具"编辑蒙版，将铅笔涂抹出来。

06 按住Ctrl键单击"图层5"图层，将其载入选区，然后创建"曲线"调整图层，并在打开的"属性"面板中拖曳曲线设置参数，将其压暗。

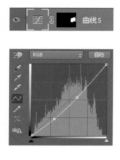

07 新建"纯色"填充图层，并将其蒙版填充为黑色，再选择"画笔工具"并设置其参数，编辑该调整图层的蒙版。

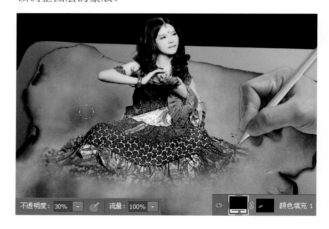

08 继续使用"画笔工具"编辑"颜色填充1"图层的蒙版，调整画面的影调效果。此时画面的暗调更加突出，画面的层次更加明显。

09 按住Ctrl键单击"颜色填充1"蒙版，将其载入选区，然后创建"曲线"调整图层，并在打开的"属性"面板中设置参数，调整图像区域的影调。

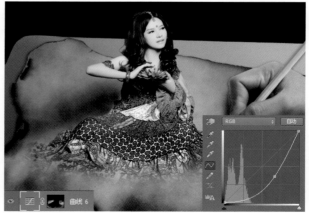

10 创建"曲线"调整图层，在打开的"属性"面板中使用鼠标拖曳曲线形状设置参数，应用该调整后，在图像窗口可以看到画面的暗调更加强烈。

11 将该调整图层的蒙版填充为黑色，再使用白色的"画笔工具"进行编辑，调整画面明暗的对比。

12 单击"调整"面板中的"色阶"按钮，在打开的"属性"面板中输入参数依次为10、0.88、244。

13 为"图层4"图层添加白色的蒙版，再使用黑色的"画笔工具"进行编辑，调整画面的明暗影调。

14 执行"图层>新建>图层"菜单命令，在打开的对话框中设置颜色和模式，确定后，得到"图层6"图层，然后设置前景色为白色，再使用"画笔工具"在图像上涂抹。

15 继续使用白色的"画笔工具"在图像上涂抹，增加画面的亮调，使画面更加真实，更具立体感。

▶ 知识提炼

认识【"其他"滤镜组】

滤镜是遵循一定的程序算法，对图像中像素的颜色、亮度、饱和度、对比度、色调等属性进行计算和变换处理，使图像产色号那个特殊效果。在滤镜菜单下有多个滤镜命令，通过设置不同的参数，可以更加直观地看到滤镜效果。多个滤镜的组合使用，可以得到不一样的特殊图像效果。

在多种滤镜中，"其他"滤镜组主要用于改变构成图像的像素排列。执行"滤镜>其他"菜单命令，可以打开该滤镜组，其中包括"高反差保留"、"位移"、"自定"、"最大值"和"最小值"5个滤镜命令。

在打开的"其他"滤镜组中，选择不同的滤镜，并将其应用到图像中，可以得到不同的画面效果。

① 高反差保留：该滤镜可以调整图像的亮度，降低阴影部分的饱和度，柔和画面，而结合图层混合模式，可以锐化图像。

② 位移：该滤镜可通过输入水平和垂直方向值来移动图像，调整出别样的图像效果。

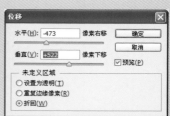

③ 自定：该滤镜可以通过数学运算使图像颜色发生变换，可以在25个区域上应用多种效果，而该滤镜比较常用于锐化图像。

④ 最大值：该滤镜可以使用高光颜色的像素代替图像的边缘部分，打造出柔和的色调。

⑤ 最小值：该滤镜可用阴影颜色的像素来代替图像的边缘部分，增加画面色彩的暗调部分。

4.4 玄幻树屋

↘ 创意密码

　　玄幻的树屋会让画面看上去更有异空间的感觉；奇幻的色彩和背景，让画面更加完美。本实例就是使用"画笔工具"绘制玄幻的树，再添加上房屋等素材，呈现出一幅另类全新的视觉感受，也突出了玄幻树屋的特殊质感，展现出神秘、奇幻的艺术氛围。

　　案例的具体制作首先使用参数不同的"画笔工具"结合"钢笔工具"将主要的树绘制出来，然后添加上奇妙的星空背景，制作出玄幻的背景，再添加上房屋等素材，丰富画面内容，最后对画面的色调进行调整，得到完整的玄幻感比较强烈的树屋。

 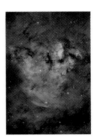

素　材	随书光盘\素材\04\24.jpg、25.jpg、26.jpg
源文件	随书光盘\源文件\04\玄幻树屋.psd

↘ 制作流程

4.4.1　制作大树

　　在本实例的操作中首先新建一个文档，使用画笔面板中不同参数的设置，结合"钢笔工具"绘制不同的树枝、树干效果，然后将绘制出的图形组合在一起，形成树的形状，再复制树的不同区域进行组合，完善树的形状，最后对树的大小和色调进行调整。

01 在Photoshop中执行"文件>新建"菜单命令，然后在打开的对话框中设置宽度、高度和分辨率的参数，单击"确定"按钮，得到"背景"图层。

02 选择"画笔工具"，并单击其选项栏中的"切换画笔面板"按钮🖌，在打开的"画笔"面板中选择画笔，并设置"形状动态"的参数。

03 继续在"画笔"面板中设置"散布"的参数，设置"散布"为20%、"数量"为3、"数量抖动"为0%，确定设置后，在面板底部的画笔预览中可以看到效果。

04 接续在"画笔"面板中设置"颜色动态"的参数，设置"前景/背景抖动"为18%、"色相抖动"为3%、"亮度"抖动为68%。

05 单击前景色按钮，在打开的对话框中设置颜色参数为R250、G188、B34，再单击背景色按钮，在打开的对话框中设置颜色参数为R53、G39、B3，确定后，在画笔面板中设置画笔大小为80。

06 新建"图层1"图层，然后使用"钢笔工具"在画面创建路径，再单击鼠标右键，在打开的快捷菜单中选择"描边路径"选项，并在打开的对话框中设置参数。

07 确定设置后，在图像窗口可以看到描边路径后的效果，绘制出一条以前景色和背景色为渐变叠加的图像。

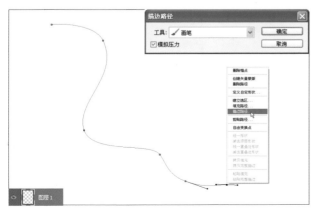

08 新建一个"图层2"图层，再使用"钢笔工具"创建路径，确定后进行描边处理，在图像窗口可以看到效果。

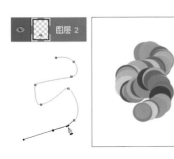

09 新建一个"图层3"图层，再使用"钢笔工具"创建路径，确定后进行描边处理，在图像窗口可以看到效果。

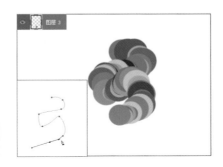

10 新建一个"图层4"图层，再使用"钢笔工具"创建路径，确定后进行描边处理，在图像窗口可以看到效果。

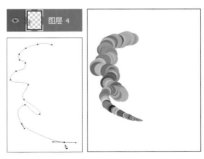

11 新建一个"图层5"图层，再使用"钢笔工具"创建路径，确定后进行描边处理，在图像窗口可以看到效果。

12 新建一个"图层6"图层，再使用"钢笔工具"创建路径，确定后进行描边处理，在图像窗口可以看到效果。

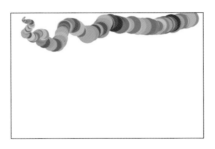

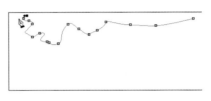

13 新建一个"图层7"图层，再使用"钢笔工具"创建路径，确定后进行描边处理，在图像窗口可以看到效果。

15 新建一个"图层9"图层，再使用"钢笔工具"创建路径，确定后进行描边处理，在图像窗口可以看到效果。

14 新建一个"图层8"图层，再使用"钢笔工具"创建路径，确定后进行描边处理，在图像窗口可以看到效果。

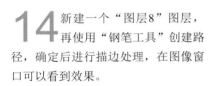

16 绘制好树的枝干后，对图层的顺序进行调整，让其组合成树的基本形状，并使用快捷键Ctrl+J复制"图层5"和"图层7"图层，将其放置到合适的地方，对树的形状进行完善。

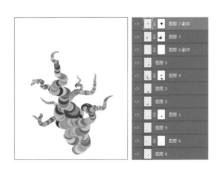

17 选中"图层8"至"图层7副本"的图层，然后按快捷键Ctrl+Alt+E合并图层，得到"图层7副本"图层，再使用自由变换工具对其大小进行调整，最后创建"渐变映射"调整图层，并在打开的"属性"面板中设置参数。

18 选择"套索工具"，并在其选项栏中设置"羽化"参数，然后使用该工具在画面上合适的地方创建选区，并进行复制，得到"图层10"图层，再使用自由变换工具调整其位置和大小。

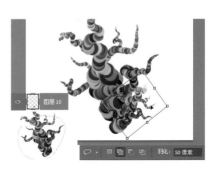

19 将"图层10"图层调至"渐变映射1（合并）"图层下，并为其添加白色的蒙版，再使用黑色的"画笔工具"编辑蒙版，并对复制的图像进行调整修饰，让画面看上去更自然。

20 使用"套索工具"在画面上合适的地方创建选区，并进行复制，得到"图层11"图层，再使用自由变换工具将其水平翻转，并调整其位置和大小。

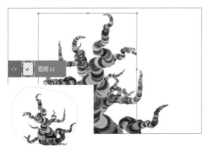

21 将复制的图像置顶，并为其添加白色的蒙版，再使用黑色的"画笔工具"编辑蒙版，对复制的图像进行调整修饰，让画面看上去更自然。

22 复制"渐变映射1（合并）"图层，得到"图层12"图层，并将其置顶，再使用自由变换工具调整其位置和大小。

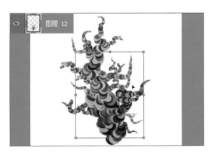

23 为"图层12"添加白色的蒙版，再使用黑色的"画笔工具"编辑蒙版，对复制的图像进行调整修饰，让画面看上去更自然。

24 选中"渐变映射1"至"图层12"图层，然后按快捷键Crl+Alt+E合并图层，得到"图层12（合并）"图层，再使用自由变换工具将图像等比例放大。

25 双击"图层12（合并）"图层，在打开的"图层样式"对话框中分别勾选"投影"和"斜面和浮雕"的复选框，并在其各自的选项中设置参数。

26 继续在打开的"图层样式"对话框中设置"内阴影"参数，确定设置后，在图像窗口可以看到应用设置后的图像效果，绘制的树更有立体感了。

27 按住Ctrl键单击"图层12（合并）"图层，将其载入选区，然后创建"色阶"调整图层，在打开的"属性"面板中拖曳滑块设置参数，调整树的影调效果。

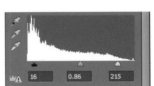

28 按住Ctrl键单击"色阶1"调整图层将图像载入选区，然后创建"自然饱和度"调整图层，在打开的"属性"面板中拖曳滑块设置参数，降低树的色彩饱和度。

29 按住Ctrl键单击"自然饱和度1"调整图层，将图像载入选区，然后创建"照片滤镜"调整图层，在打开的"属性"面板中设置参数，改变树的色调倾向。

4.4.2 添加合适元素丰富画面内容

制作出树的主体后，根据画面效果添加上其他素材。首先为树添加杂色，增加其纹理，然后为画面添加星空背景图像，让画面看上去比较饱满，再添加房屋素材，并对其进行调整修饰，最后添加植物素材，丰富画面内容。

01
选中"图层12（合并）"至"照片滤镜1"调整图层，并对其进行合并处理，得到"照片滤镜1（合并）"图层，再执行"滤镜>杂色>添加杂色"菜单命令，在打开的对话框中设置参数。

02
打开随书光盘\素材\04\24.jpg文件，然后将打开的文件图像复制到背景图像中，得到"图层13"图层，再将其拖曳至"照片滤镜1（合并）"图层下。

▓■ 高手点拨

在选中多个图像进行合并处理时，可以选中最底部的图层，再按住Shift键单击最上面的图层，即可快速选中需要合并的图层。

03
打开随书光盘\素材\04\25.jpg文件，然后将打开的图像复制到背景图像中，得到"图层14"图层，再使用自由变换工具调整其大小和位置。

04
复制"图层14"图层，得到副本图层，将其拖曳至"图层14"图层下，再使用自由变换工具调整其位置和大小。

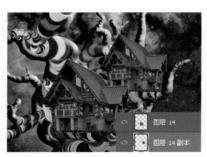

05
复制"图层14副本"图层，得到副本2图层，将其拖曳到"图层14"图层上，再使用自由变换工具调整其位置和大小。

06
复制"图层14副本2"图层，得到副本3图层，再使用自由变换工具调整其位置和大小。

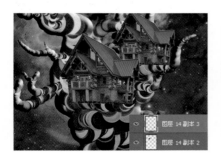

07
打开随书光盘\素材\04\26.jpg文件，然后将打开的图像复制到背景图像中，得到"图层15"图层，再使用自由变换工具调整其位置和大小。

08
设置前景色为黑色，然后为该图层添加白色的蒙版，再使用"画笔工具"编辑蒙版，去除多余的素材文件，让画面看上去更加和谐。

09 复制"图层15"得到副本图层，并将其置顶，然后使用自由变换工具调整其位置和大小，再添加白色的蒙版，编辑图像。

10 复制"图层15副本"得到副本2图层，然后为其添加白色的蒙版，再使用黑色的"画笔工具"进行编辑，确定后，将"图层15"至"图层15副本2"图层进行合并处理，得到"图层15副本2（合并）"图层。

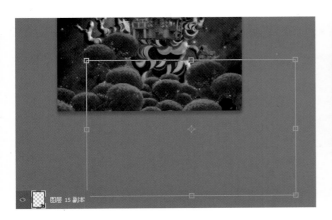

11 复制"照片滤镜1（合并）"图层，得到副本图层，然后按住Alt键单击"图层"面板中的"添加图层蒙版"按钮，为其添加黑色的蒙版，设置前景色为白色，再使用"画笔工具"编辑该图层的蒙版，在房屋素材的底部进行涂抹，让添加的房屋素材更加自然。

4.4.3 调整画面的影调和色调

添加完画面中的所有素材文件后，即可对画面的影调和色调进行调整。首先使用"照片滤镜"等调整图层更改画面的色调，然后使用"色阶"等调整图层对画面部分区域的明暗对比进行调整，再使用"纯色"等调整图层结合蒙版，对画面中局部色调和影调进行调整，最后使用"亮度/对比度"等调整图层对画面进行调整修饰，得到完整的玄幻树屋。

01 在"调整"面板中创建"照片滤镜"调整图层，然后在打开的"属性"面板中设置"滤镜"为绿，"浓度"为60%，调整后在图像窗口可以看到画面色调得到改变，色调统一为绿色。

？你知道吗 设置"颜色"调整画面色调

在"照片滤镜"面板中，单击"颜色"色块，可以在打开的拾色器中选择合适的颜色，对画面的色调进行调整。

02 创建"可选颜色"调整图层，在打开的"属性"面板中设置"红色"的参数，在图像窗口可以看到画面的红色得到了调整。

03 新建一个"图层16"图层，然后选择工具箱中的"矩形选框工具"，并在其选项栏中设置参数，再使用该工具沿着图像边缘绘制选区，并将其反向。

04 设置前景色为黑色，将"图层16"填充为黑色，然后选择工具箱中的"渐变工具"，并在其选项栏中设置参数，再为该图层添加白色的蒙版，并使用该工具编辑蒙版，在图像窗口可以看到应用设置后的效果。

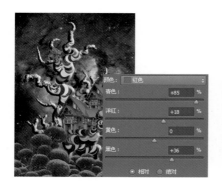
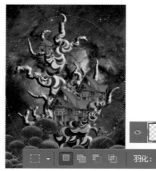

05 按快捷键Ctrl+Alt+2选取画面的高光区域，再创建"色阶"调整图层，在打开的"属性"面板中使用鼠标拖曳滑块设置参数为63、0.93、245，确定后可以看到画面的影调效果增强了。

06 在"调整"面板中创建"可选颜色"调整图层，在打开的"属性"面板中设置"黄色"和"红色"的参数。

07 将该调整图层的蒙版填充为黑色的，然后设置前景色为白色，再使用"画笔工具"编辑蒙版，调整画面区域的色调。

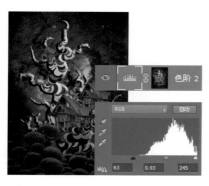
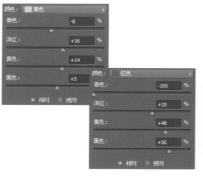

08 选择"椭圆选框工具"，并设置其参数，然后使用该工具在图像上绘制选区，再创建"曲线"调整图层，并在打开的面板中设置参数。

09 设置前景色为黑色，然后选择工具箱中的"画笔工具"并使用该工具编辑调整图层的蒙版，修饰画面中调整过度的区域。

10 设置前景色为R249、G239、B156，然后新建一个"图层17"图层，再设置该图像的图层混合模式为"柔光"。

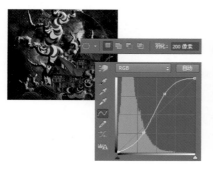

11 按住Alt键单击"图层"面板中的"添加图层蒙版"按钮，为"图层17"添加黑色的蒙版，再使用画笔编辑蒙版，调整画面局部的色调。

12 按住Ctrl键单击"图层17"图层的蒙版，将图像载入选区，再创建"曲线"调整图层，在打开的面板中设置参数，提高选取区域的亮度。

13 执行"图层>新建>图层"菜单命令，在打开的对话框中设置参数，确定后，使用白色的"画笔工具"编辑该图层，增加画面局部的亮度。

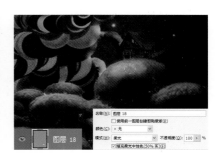

14 继续使用白色的"画笔工具"编辑"图层18"图层，在图像窗口可以看到应用该设置后的图像效果，树木的高光显示出来了。

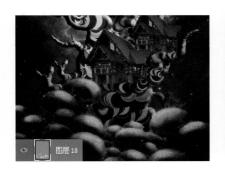

15 创建"亮度/对比度"调整图层，在打开的"属性"面板中设置参数依次为-65、5，再使用"画笔工具"编辑该图层蒙版，修饰局部图像。

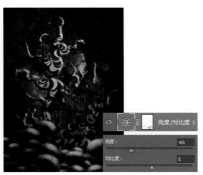

16 使用"椭圆选框工具"在图像上绘制选区，再创建"色阶"调整图层，在打开的"属性"面板中设置参数。

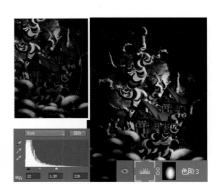

17 按住Ctrl键单击"色阶3"的蒙版，然后创建"亮度/对比度"调整图层，在打开的"属性"面板中设置参数，再使用黑色的"画笔工具"编辑蒙版。

18 执行"图层>新建>图层"菜单命令，在打开的对话框中设置参数，确定后使用黑色的"画笔工具"在图像上涂抹，调整画面的暗部。

19 创建"色相/饱和度"调整图层，在打开的"属性"面板中设置"全图"和"红色"的参数，调整画面的颜色饱和度。

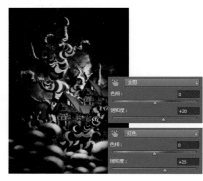

↘ 知识提炼

认识【矩形选框工具】选项栏

　　"矩形选框工具"主要是用于创建矩形或正方形的选区。通过使用鼠标在图像上合适的地方单击拖曳，即可绘制出矩形或正方形的选区。

　　在工具箱中提供了矩形选框工具组，单击"矩形选框工具"按钮 ▢，打开隐藏工具，如右图所示，可选择更多的选框工具对画面进行编辑和修饰调整。

　　选择"矩形选框工具"后可在工具选项栏中设置各选项参数，更好地展现出选框工具的优势。

　　① 选取方式：在对图像进行编辑的时候，可以通过选取方式中的按钮进行添加或减去选区，一般默认的是"新选区"按钮 ▢，可以使用该按钮绘制出新的选区；单击"添加到选区"按钮 ▢，如下面左图所示，可以将后绘制的选区与前一个选区相加；单击"从选区中减去"按钮 ▢，如下面中图所示，可以在源选区上减去新选区；单击"与选区交叉"按钮 ▢，可以保留新选区和源选区相交的部分，如下面右图所示。

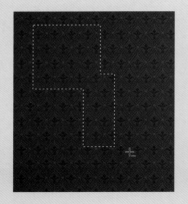
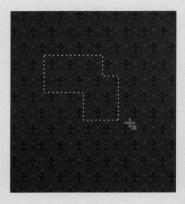

　　② 羽化：通过建立选区和选区周围像素之间的转换来模糊边缘，可通过在文本框中输入羽化值来控制羽化范围。

　　③ 消除锯齿：该选项通过软化边缘像素与背景像素之间的颜色转换，使锯齿形状的选区边缘平滑。

　　④ 样式：用于设置选区的形状，在下拉列表中有"正常"、"固定比例"和"固定大小"3个选项。

　　⑤ 调整边缘：创建一个选区后，单击该按钮，即可打开"调整边缘"对话框，在对话框中可对选区边缘的半径、对比度、平滑、羽化等进行设置。

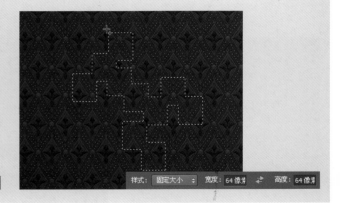

4.5 树上的星球

↘ 创意密码

　　树木不仅代表着生机，且具有比较大的可塑性，使用树木可以制作出很多不同的造型。而本案例就是使用树木的柔软性，将树木与圆形的星球融合在一起，结合树木繁茂的枝丫，呈现出保护者的姿态，更好地展现出自然生态的完美相依，让画面展现的意境更加强烈。

　　案例的具体制作可以先使用不同的风光照片制作出背景，然后使用树木素材打造出大致的形状，并对其进行调整，再添加上星球素材，制作出树枝托起星球的特殊画面，最后对画面的色调和影调进行整体调整，得到完美的画面效果。

素　材	随书光盘\素材\04\27.jpg、28.jpg、29.jpg、30.jpg、31.jpg、32.jpg、33.jpg、34.jpg、35.jpg、36.jpg
源文件	随书光盘\源文件\04\树上的星球.psd

↘ 制作流程

4.5.1　制作创意背景

在本实例的操作中首先使用不同的风景素材结合图层蒙版制作出背景图像，然后使用树木素材制作树干，并对其形状和颜色进行统一，再使用树枝素材制作出枝丫效果，完成所有元素的制作后，最后对画面的影调效果进行调整。

01 打开Photoshop软件，执行"文件>新建"菜单命令，在打开的"新建"对话框中设置宽度、高度和分辨率的参数。

02 单击"确定"按钮，得到"背景"图层，然后设置前景色为R209、G217、B221，再按Alt+Delete填充背景图层。

03 打开随书光盘\素材\04\27.jpg文件，并将其拖曳至新建的文档中，得到"图层1"图层，然后按快捷键Ctrl+T打开自由变换编辑框，调整素材照片的位置和大小。

04 为"图层1"添加白色的蒙版，然后选择"渐变工具"，并在其选项栏中设置参数，再使用该工具在图像上合适的地方单击拖曳，制作出天空效果。

05 打开随书光盘\素材\04\28.jpg文件，然后将打开的图像复制到新建的文档中，得到"图层2"图层，再使用自由变换工具调整其位置和大小，最后为该图层添加白色蒙版，并使用"渐变工具"编辑该蒙版，让画面看上去更自然。

06 打开随书光盘\素材\04\29.jpg文件，然后将打开的图像复制到新建的文档中，得到"图层3"图层，再使用自由变换工具调整其位置和大小。

07 为"图层3"添加白色的蒙版，然后选择工具箱中的"画笔工具"，并设置前景色为黑色，再使用该工具编辑蒙版，去除多余的素材图像。

08 创建"色相/饱和度"调整图层，并在打开的"属性"面板中设置"全图"的饱和度为-72、"蓝色"的饱和度参数为-69，统一画面色调。

09 在"调整"面板中创建"色阶"调整图层，在打开的"属性"面板中使用鼠标拖曳滑块设置参数依次为34、1.00、222，调整画面的影调效果。

10 在"调整"面板中创建"曲线"调整图层，在打开的"属性"面板中拖曳"蓝"和"红"通道的曲线设置参数。

11 继续在打开的"曲线"属性面板中使用鼠标拖曳RGB的曲线设置参数，调整好以后，在图像窗口可以看到应用设置后的效果。

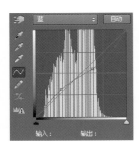
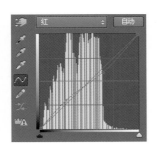

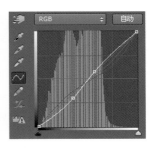

12 打开随书光盘\素材\04\30.jpg文件，然后将打开的图像复制到新建的文档中，得到"图层4"图层，再使用自由变换工具调整其位置和大小。

13 为"图层4"添加白色的蒙版，设置前景色为黑色，然后选择工具箱中的"画笔工具"，使用该工具编辑蒙版，去除素材多余的部分，在图像窗口可以看到调整后的图像效果。

14 按快捷键Ctrl+J复制"图层4"图层，得到"图层4副本"图层，再按快捷键Ctrl+T打开自由变换编辑框，单击鼠标右键，在打开的快捷菜单中选择"水平翻转"，最后将该图层拖曳至合适的位置。

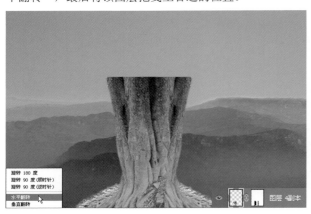

15 打开随书光盘\素材\04\31.jpg文件，然后将打开的图像复制到新建的文档中，得到"图层5"图层，再使用自由变换工具调整素材的形状。

16 为"图层5"添加白色的蒙版，设置前景色为黑色，然后选择工具箱中的"画笔工具"，再使用该工具编辑蒙版。

17 继续使用"画笔工具"在图像中涂抹，涂抹完成后，在图像窗口可以看到调整后的画面效果，树干素材更好地融合在一起了。

18 打开随书光盘\素材\04\32.jpg文件，然后将打开的图像复制到新建的文档中，得到"图层6"，再使用自由变换工具调整素材的位置和大小。

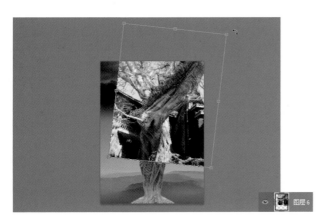

19 按住Alt键单击"图层"面板中的"添加图层蒙版"按钮，为"图层6"添加黑色的蒙版，然后使用白色的"画笔工具"将素材的主干涂抹出来，在图像窗口可以看到涂抹后的效果。

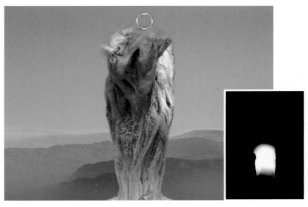

20 按住Ctrl键单击"图层6"的蒙版，将其载入选区，然后创建"色相/饱和度"调整图层，在打开的"属性"面板中设置"全图"和"绿色"的饱和度参数，统一树干的色彩。

21 选中"图层4"至"色相/饱和度2"的图层，然后按快捷键Ctrl+Alt+E合并图层，得到"色相/饱和度2（合并）"图层，再执行"滤镜>液化"菜单命令，在打开的对话框中选择"向前变形工具"并设置其参数，调整树干的形状。

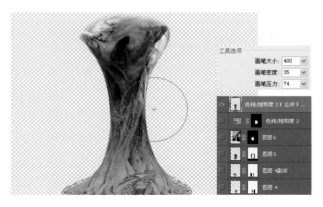

22 打开随书光盘\素材\04\33.jpg文件，然后将打开的图像复制到新建的文档中，得到"图层7"图层，使用自由变换工具调整素材的大小和位置，再为该图层添加黑色的蒙版，并使用白色的画笔工具编辑蒙版，让添加的素材和背景的衔接更加自然。

23 复制一个"图层7"图层，并将得到的图层更名为"图层8"，然后按快捷键Ctrl+T打开变换编辑框，单击鼠标右键，在弹出的菜单中选择"水平翻转"选项调整素材，再使用"画笔工具"编辑蒙版，让添加的素材看上去更加自然。

24 打开随书光盘\素材\04\34.jpg文件，然后将打开的图像复制到新建的文档中，得到"图层9"图层，再按快捷键Ctrl+T打开自由变换工具，调整素材的大小和位置。

25 为"图层9"图层添加白色的蒙版，再使用黑色的"画笔工具"编辑蒙版，在图像窗口可以看到调整后的画面效果，添加的素材看上去更加自然了。

26 复制"图层9"图层，得到副本图层，然后按快捷键Ctrl+T打开自由变换工具，单击鼠标右键，在弹出的菜单中选择"水平翻转"选项调整素材位置，再使用黑色的"画笔工具"编辑蒙版。

27 按快捷键Ctrl+J复制多个"图层9"图层，并使用自由变换工具调整其位置和大小，在图像窗口可以看到调整后的效果，为树干添加上了丰富的树枝。

28 单击"图层"面板中的"创建新组" 按钮，新建"组1"，然后将所有的树枝图层选中，并将其拖曳至新组中。

29 复制"组1"得到组副本，然后按快捷键Ctrl+T打开自由变换工具，使用变换编辑框中的"水平翻转"选项调整组的位置和大小。

30 为"组1副本"添加白色的蒙版，再使用黑色的"画笔工具"编辑蒙版，使复制所得的图层更加自然。

31 复制"组1副本"得到"组1副本2"，然后按快捷键Ctrl+T打开自由变换工具，使用变换编辑框中的"水平翻转"选项调整其位置。

32 按住Shift+Alt组合键的同时，单击拖曳编辑框的任意一角，调整"组1副本2"的大小，在图像窗口可以看到调整后的效果。

34 选择"组2"，单击鼠标右键，在打开的快捷菜单中选择"合并组"选项，得到"图层10"图层，然后隐藏其他图层，执行"滤镜>液化"菜单命令，在打开的对话框中选择"向前变形工具"，并设置其参数，再使用该工具调整树枝的形状。

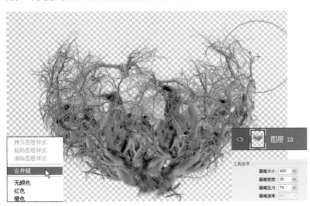

36 按住Ctrl键单击"图层10"图层，将其载入选区，然后创建"色彩平衡"调整图层，在打开的"属性"面板中设置"阴影"参数。

33 复制"组1副本"得到"组1副本3"，并使用自由变换工具调整其大小和位置，然后创建一个"组2"，再选中"组1"至"组1副本3"，并将其拖曳至"组2"中。

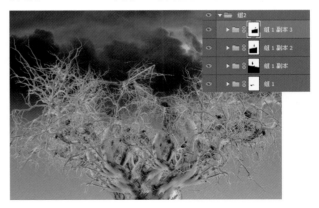

35 为"图层10"图层添加白色的蒙版，然后使用黑色的"画笔工具"编辑该蒙版，修饰多余的树枝，完善树枝形状。

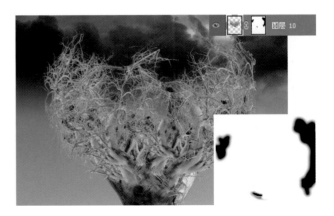

37 按住Ctrl键单击"色彩平衡1"图层的蒙版，将图像载入选区，然后创建"色相/饱和度"调整图层，在打开的"属性"面板中设置参数。

38 按住Ctrl键单击"色彩平衡1"图层，将图像载入选区，再创建"曲线"调整图层，在打开的"属性"面板中拖曳曲线设置参数。

39 创建"组3"，再选中"图层10"至"曲线2"图层和"色相/饱和度2（合并）"图层，并将选中的5个图层拖曳至组3中。

40 选中"组3"，按快捷键Ctrl+T打开自由变换编辑框，按住Alt+Shift组合键的同时，使用鼠标左键拖曳编辑框的任意一角，调整图像的大小。

41 为"组3"添加一个白色的蒙版，然后选择"渐变工具"，并在其选项栏中设置参数，再使用该工具在图像中合适的地方单击拖曳。

42 应用"渐变工具"后，设置前景色为黑色，然后选择工具箱中的"画笔工具"，再使用该工具编辑"组3"的蒙版，调整图像，使其看上去更加自然。

43 复制"组3"得到副本图层，然后按快捷键Ctrl+T打开自由变换工具，使用变换编辑框对图像的位置和大小进行调整，再设置该图层的图层属性。

44 打开随书光盘\素材\04\35.jpg文件，然后将打开的图像复制到新建的文档中，得到"图层11"，再按快捷键Ctrl+T打开自由变换工具，调整素材的大小和位置。

45 为"图层11"添加一个白色的蒙版，然后选择"渐变工具"，并在其选项栏中设置参数，再使用该工具在图像中合适的地方单击拖曳。

46 使用"渐变工具"编辑图像后，设置前景色为黑色，再使用"画笔工具"编辑"图层11"的蒙版，修饰图像，使其看上去更加逼真。

47 复制"图层11"得到副本图层，然后按快捷键Ctrl+T，使用变换编辑框对图像进行水平旋转和大小、位置的调整。

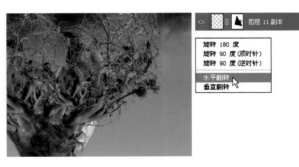

48 复制"图层11副本"图层得到"图层11副本2"图层，再使用自由变换工具调整图像的大小和位置，在图像窗口可以看到调整后的效果。

49 执行"图层>新建>图层"菜单命令，在打开的对话框中设置参数，确定后，选择"画笔工具"并设置其参数，然后使用该工具在图像上涂抹。

50 继续使用"画笔工具"在图像上涂抹，完成调整后，在图像窗口可以看到画面效果，图像的影调更加统一了。

4.5.2　添加星球图

制作出背景图像后，在树木上添加星球，并使用"色相/饱和度"等调整图层对星球进行调整，完善画面效果，最后使用"曲线"等调整图层对画面整体的色调和影调进行调整，制作出完美的树上星球效果图。

01 打开随书光盘\素材\04\36.jpg文件，然后将打开的图像复制到制作好的背景图像中，得到"图层13"图层，再使用自由变换工具调整素材的大小。

02 调整好素材的大小后，再调整其图层的位置，将该图层拖曳到"色相/饱和度2（合并）"图层下，在图像窗口可以看到调整图层顺序后的图像效果，星球被树枝包裹住。

03 按住Ctrl键单击"图层13"图层，将图像载入选区，再创建"色相/饱和度"调整图层，在打开的"属性"面板中设置"蓝色"的饱和度为-47，降低星球的色彩饱和度。

> **? 你知道吗　移动编辑框中点位置**
>
> 　　在使用自由变换调整图像的时候，按住Alt键的同时使用鼠标左键在编辑框中拖曳，可以将编辑框中心点移到任意位置。

04 复制"图层13"图层，得到一个副本图层，然后将复制的星球图层拖曳到"组3"图层之下，再使用自由变换工具调整其位置和大小，在图像窗口可以看到调整后的效果。

05 选中"组3"和"图层13副本"图层，然后按快捷键Alt+Shift+E合并图层，得到"组3（合并）"图层，再执行"滤镜>模糊>高斯模糊"菜单命令，在打开的对话框中设置参数，模糊图像，增加空间感。

06 复制"图层13副本"图层，得到"图层13副本2"图层，然后将其拖曳到"组3副本"图层下，再调整图像的大小和位置，最后设置该图层的图层属性。

07 按快捷键Ctrl+Shift+3在图像中创建选区，在图像窗口可以看到创建的选区效果。

08 创建选区后，创建一个"曲线"调整图层，在打开的"属性"面板中使用鼠标拖曳曲线设置参数，调整图像的影调。

09 在"调整"面板中创建"曲线"调整图层，并使用鼠标左键拖曳曲线形状设置参数。

10 使用"渐变工具"编辑"曲线"调整图层的蒙版，在图像窗口可以看到画面底部的影调加强了，看上去更加平衡。

11 创建"通道混合器"调整图层，在打开的"属性"面板中设置"蓝"输出通道的参数依次为-2、+12、+65，调整画面的色调。

12 在"调整"面板中创建"亮度/对比度"调整图层，然后打开"属性"面板，使用鼠标拖曳"对比度"的滑块，设置其参数为21，设置完成后，可以看到画面的对比加强了。

13 创建"照片滤镜"调整图层，在打开的"属性"面板中设置"滤镜"为深褐、"浓度"为61，在图像窗口可以看到画面的颜色更为统一，效果更加完整。

↘ 知识提炼

认识【"高斯模糊"】滤镜

"高斯模糊"滤镜可以对图像进行柔和处理，将图像的边缘线条调整为模糊的状态，在一定程度上强化画面效果，加强画面的艺术性和观赏性。使用高斯模糊可以对人物进行磨皮处理，让人物的肤质更加通透；而使用模糊滤镜对风光照片背景进行景深处理，可以增加画面的空间感，让画面主体更具吸引力。

执行"滤镜>模糊"菜单命令，即可打开隐藏的所有滤镜选项，选择高斯模糊滤镜，即可对图像进行模糊处理。

1. 用"高斯模糊"柔化皮肤：该滤镜通过设置"半径"选项的参数来调节像素的色值，控制模糊的效果，打造出难以辨认的雾化效果。在该对话框中设置的参数越大，画面越模糊。使用高斯模糊结合图层蒙版的使用，可以对人物的皮肤进行柔化处理，让肤质看上去更加白嫩，如下图所示。

2. 用"高斯模糊"增强景深：使用高斯模糊还可以对图像的背景进行模糊处理，设置合适的模糊参数，让画面的景深更加突出，增加画面的空间感，如下面中图所示。

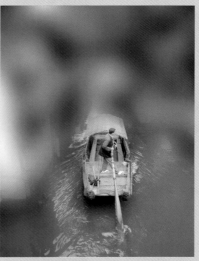

4.6 梦魇

素 材	随书光盘\素材\04\37.jpg、38.jpg、39.jpg、40.jpg、41.jpg、42.jpg、43.jpg、44.jpg
源文件	随书光盘\源文件\04\梦魇.psd

↘ 创意密码

　　作为一天的结束，夜晚是人们防备最低的时候，也是最容易做梦的时候，梦的内容会随着个人的意念而决定。而本实例中的梦境属于比较激烈的类型，不同的背景组合成梦魇的内容，结合凶猛的海水，展现出强烈的梦境内容，将虚化的梦境呈现在眼前。

　　案例的具体制作首先将画面左侧的背景制作出来，并对其色调和影调进行调整，然后添加上人物，并对其进行调整，再添加上海水、闪电等元素，丰富内容，最后对画面的整体色调进行调整，制作出完整的梦魇效果图。

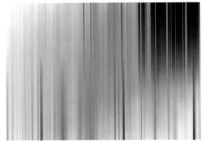

↘ 制作流程

 →  →

4.6.1　合成汹涌的海水

在本实例的操作中首先使用矢量素材制作出简单的背景，并使用"色相/饱和度"等调整图层对背景的颜色进行修正，然后将人物素材放置到画面中合适的地方，并对其进行一定的处理，再为图像添加上海水和天空，并对其色调进行调整，最后调整画面的整体色调，使其看上去更加统一。

01 打开Photoshop CS6软件，执行"文件>新建"菜单命令，在打开的"新建"对话框中设置参数，确定设置后，得到一个空白文件。

02 打开随书光盘\素材\04\37.jpg文件，然后将打开的图像复制到新建文件中，得到"图层1"图层，再按快捷键Ctrl+T，使用变换编辑框调整图像的大小和位置。

03 按住Ctrl键单击"图层1"图层，然后创建"色相/饱和度"调整图层，在打开的"属性"面板中设置"全图"的参数为-71，降低素材的色彩饱和度。

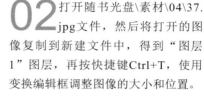

04 按住Ctrl键单击"图层1"图层，然后创建"亮度/对比度"调整图层，在打开的"属性"面板中设置参数，调整素材的明暗对比。

05 打开随书光盘\素材\04\38.jpg文件，然后将打开的图像复制到背景文件中，得到"图层2"图层，再按快捷键Ctrl+T，将图像水平翻转，并调整其大小和位置。

06 按住Ctrl键单击"图层2"图层，将其载入选区，再创建"色相/饱和度"调整图层，并在打开的"属性"面板中设置"全图"、"黄色"和"红色"的饱和度参数。

07 设置"色相/饱和度"的参数后，在图像窗口可以看到应用设置后的画面效果。

08 按住Ctrl键单击"图层2"图层，将其载入选区，再创建"亮度/对比度"调整图层，并在打开的"属性"面板中设置参数，调整图像对比度。

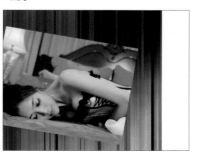

09 选中"图层2"至"亮度/对比度2"的图层，然后按快捷键Ctrl+Alt合并图层，得到"亮度/对比度2（合并）"图层，再使用"钢笔工具"在图像上绘制路径。

10 继续使用"钢笔工具"在图像上绘制路径，完成绘制后，按快捷键Ctrl+Enter将其转换为选区，在图像窗口可以看到转换后的效果。

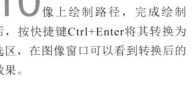

11 执行"选择>修改>收缩"菜单命令，在打开的对话中设置参数，缩小选区，再执行"选择>修改>羽化"菜单命令，在打开的对话中设置参数，羽化选区。

12 单击"图层"面板中的"添加图层蒙版"按钮，为"亮度/对比度2（合并）"图层添加蒙版，在图像窗口可以看到人物素材的背景被去除了。

13 双击"亮度/对比度2（合并）"图层，在打开的"图层样式"对话框中勾选"投影"选项，并在其选项中设置参数，为人物添加投影，使其与背景更好地融合。

14 按住Ctrl键单击"亮度/对比度2（合并）"图层，将图像载入选区，然后创建"曲线"调整图层，并在打开的"属性"面板中拖曳曲线设置参数。

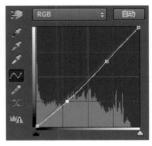

15 确认"曲线"的参数设置后，在图像窗口可以看到应用设置后的图像效果，人物的色调与背景的色调看上去更加统一了。

16 打开随书光盘\素材\04\39.jpg文件，然后将打开的图像复制到人物文件中，得到"图层3"，再按快捷键Ctrl+T，将图像水平翻转，并调整其大小和位置。

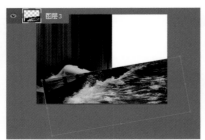

17 为"图层3"图层添加白色的蒙版，设置前景色为黑色，再使用"画笔工具"编辑图层蒙版。

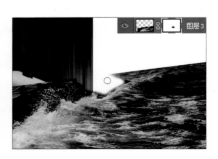

18 继续使用黑色的"画笔工具"编辑图层蒙版，将海水素材中的多余部分去除，让画面看上去更干净。

19 复制"图层3"图层，得到"图层3副本"图层，使用自由变换工具调整其大小和位置。

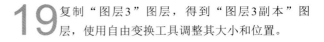

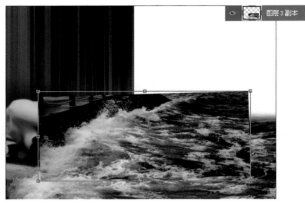

20 为"图层3副本"添加一个白色的图层蒙版，并使用"渐变工具"和"画笔工具"对蒙版进行编辑，使添加的素材和画面更好地融合。

21 复制"图层3"图层，得到"图层3副本2"图层，然后使用自由变换工具对素材的大小和位置进行调整，再使用黑色的"画笔工具"编辑图层蒙版。

22 继续使用黑色的"画笔工具"编辑"图层3副本2"图层的蒙版，让素材不仅和之前添加的素材一致，还让画面更加协调。

23 选中"图层3"至"图层3副本2"图层，然后按快捷键Ctrl+Alt+E合并图层，得到"图层3副本（合并）"图层，再按住Ctrl键单击"图层3副本2（合并）"，将图像载入选区。

24 在"调整"面板中创建"色相/饱和度"调整图层，然后在打开的"属性"面板中设置"全图"的饱和度为-47、"蓝色"的饱和度为-69、"青色"的饱和度为-24。

25 确定"色相/饱和度"参数的设置后，在图像窗口可以看到画面的效果，海水的色彩饱和度得到降低，画面看上去更加和谐，海水的颜色也不会很突兀。

26 将"图层3副本2（合并）"图层的图像载入选区，然后在"调整"面板中创建"亮度/对比度"调整图层，在打开的"属性"面板中设置参数后，在图像窗口可以看到海水的层次感更加强烈。

27 打开随书光盘\素材\04\40.jpg文件，然后将打开的图像复制到人物文件中，得到"图层4"，再按快捷键Ctrl+T，使用变换编辑框垂直翻转图像并对其大小进行调整。

28 为"图层4"添加白色的蒙版，再使用黑色的"画笔工具"编辑该蒙版，将图像素材多余的部分去掉，使其更好地和之前添加的素材图像进行融合。

29 单击"调整"面板中的"曲线"按钮，创建一个新的"曲线"调整图层，在打开的"属性"面板中使用鼠标拖曳曲线设置参数。

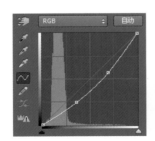

30 使用黑色的"画笔工具"编辑蒙版，保留对天空素材进行的区域调整，使其看上去更加自然。

■■ 高手点拨

在使用"曲线"对图像的影调进行调整时，可以单击"属性"面板中的"预设"选项，然后在打开的下拉列表中选择合适的选项对图像进行调整，可以快速地达到调整图像的目的。

4.6.2 添加闪电和其他元素

编辑主体对象后，可以根据画面效果为图像添加素材，然后在画面中的天空区域添加闪电，对其进行一定的调整，可以更好地渲染气氛，再添加上船等素材，加强画面表现力，最后对画面的整体影调和色调进行调整，完成梦魇效果的制作。

01 打开随书光盘\素材\04\41.jpg文件，然后将打开的图像复制到新建的文件中，得到新图层"图层5"，再按快捷键Ctrl+T，使用变换编辑框对图像进行旋转、缩放调整，添加闪电元素到背景中。

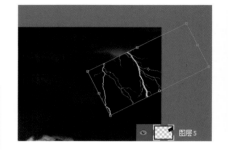

你知道吗 使用快捷键对图像进行调整

在使用"自由变换"对图像进行调整的时候，按住Ctrl键的同时使用鼠标左键单击并拖曳编辑框的任意一点，可以对图像进行一定的调整。

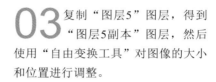

02 设置"图层5"的图层混合模式为"变亮"，然后为该图层添加白色的蒙版，并使用黑色的"画笔工具"编辑该蒙版，使添加的闪电素材看上去更加逼真。

03 复制"图层5"图层，得到"图层5副本"图层，然后使用"自由变换工具"对图像的大小和位置进行调整。

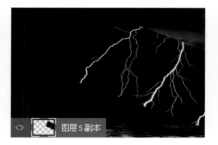

04 设置"图层5副本"图层的图层混合模式为"变亮"，再为该图层添加白色的蒙版，并使用黑色的"画笔工具"编辑该蒙版，擦除多余的素材。

05 复制"图层5副本"图层，得到"图层5副本2"图层，并使用自由变换工具对图像的大小和位置进行调整。

06 设置"图层5副本"的图层混合模式为"变亮"、"不透明度"为39%，再为该图层添加白色的蒙版，并使用黑色的"画笔工具"编辑该蒙版，对素材进行修饰。

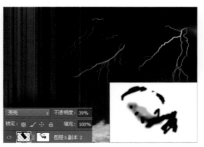

07 打开随书光盘\素材\04\42.jpg文件，然后将打开的图像复制到新建文件中，得到"图层6"，再按快捷键Ctrl+T，使用变换编辑框调整图像的大小和位置。

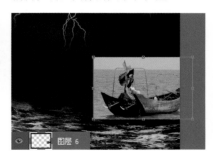

08 选择工具箱中的"钢笔工具"，沿着船的边缘绘制路径。

09 继续使用"钢笔工具"绘制路径，确定后按快捷键Ctrl+Enter将其转换为选区，再执行"选择>修改>收缩"菜单命令，在打开的对话框中设置参数。

10 将船素材选取出来，单击"图层"面板底部的"添加图层蒙版"按钮，在图像窗口可以看到素材的多余部分被去除了，然后设置该图层的图层属性。

11 按住Ctrl键单击"图层6"图层的蒙版，将船载入选区，然后创建"色相/饱和度"调整图层，在打开的"属性"面板中设置参数，降低素材颜色。

12 按住Ctrl键单击"图层6"图层的蒙版，将船载入选区，然后创建"曲线"调整图层，在打开的"属性"面板中拖曳曲线设置参数。

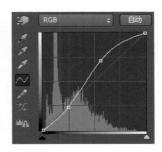

13 设置调整图层后，在图像窗口中可以看到船的明暗对比效果得到增强，其光影效果更理想。

14 使用"矩形选框工具"在"图层3副本2（合并）"图层右侧创建选区，然后按快捷键Ctrl+J进行复制，得到"图层7"图层，将其置顶并设置其图层属性，再为该图层添加白色蒙版，并对其进行编辑，让添加的船素材看上去更加真实。

15 打开随书光盘\素材\04\43.jpg素材文件，并将其拖曳至新建的文件中，得到"图层8"图层，然后使用自由变换工具对素材的位置和大小进行调整，使其和画面整体比例协调。

16 选择工具箱中的"钢笔工具"，在相框素材中绘制路径，将相框选取出来。

17 按快捷键Ctrl+Enter将其转换为选区，再单击"图层"面板底部的"添加图层蒙版"按钮，去除素材的多余部分。

18 打开随书光盘\素材\04\44.jpg素材文件，并将其拖曳至新建的文件中，得到"图层9"图层，然后使用自由变换工具对素材的位置和大小进行调整。

19 设置"图层9"的图层混合模式为"明度"，在图像窗口可以看到人物素材的色调和相框的色调统一在一起了。

20 新建一个"图层10"图层，然后选择"矩形选框工具"，并设置"羽化"为500像素，再使用该工具沿着图像边缘绘制选区，最后按快捷键Ctrl+Shift+I进行反向。

21 设置前景色为黑色，按快捷键Alt+Delete对"图层10"进行填充，然后为该图层添加白色的蒙版，再使用黑色的"画笔工具"编辑该蒙版，将主体人物涂抹出来。

22 在"调整"面板中单击"曲线"按钮，在打开的"属性"面板中使用鼠标拖曳曲线设置参数。

24 单击"图层"面板中的"创建新的调整图层"按钮，在打开的快捷菜单中选择"曲线"选项，打开"属性"面板，使用鼠标拖曳曲线设置参数，再使用"画笔工具"编辑蒙版，强调画面的影调。

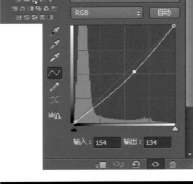
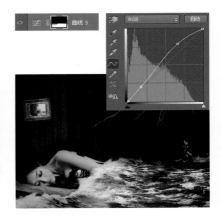

23 应用"曲线"后，使用"渐变工具"编辑该调整图层的蒙版，加深画面上部的暗调效果。

25 创建"色彩平衡"调整图层，在打开的"属性"面板中设置"中间调"的参数依次为+10、+6、-15，应用设置后，在图像窗口可以看到画面的色调更加的统一。

26 选择工具箱中的"椭圆选框工具"，并在其选项栏中设置"羽化"为300像素，然后使用该工具在人物区域绘制选区。

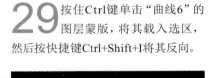

27 单击"调整"面板中的"曲线"按钮 ，在打开的"属性"面板中使用鼠标拖曳曲线设置参数。

28 应用"曲线"参数设置后，在图像窗口可以看到画面效果，被选取的区域提亮了。

29 按住Ctrl键单击"曲线6"的图层蒙版，将其载入选区，然后按快捷键Ctrl+Shift+I将其反向。

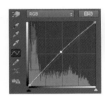

30 创建"曲线"调整图层，得到"曲线7"调整图层，再使用鼠标在"属性"面板中拖曳曲线设置参数。

31 应用"曲线"后，在图像窗口可以看到被选区域的暗调得到加强，制作出完整的梦魇效果。

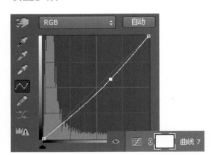

↘ 知识提炼

认识"投影"图层样式

使用"投影"样式可以为图形添加阴影效果，增加图像的立体感。在打开的对话框中可以通过设置混合模式、不透明度、角度、距离、扩展、大小等调整图层不同的投影效果，让添加的阴影更加多元化。

打开"投影"样式的方法是：单击"图层"面板底部的"添加图层样式"按钮 fx.，在打开的图层样式快捷菜单中选择"投影"选项，即可打开 "图层样式"对话框；或者双击需要进行调整的图层，在打开的"图层样式"对话框中勾选"投影"复选框，如右图所示。

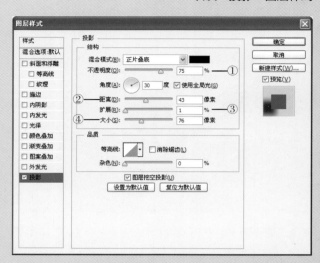

在打开的"图层样式"对话框中可以通过设置右侧的样式参数，为图像添加阴影效果。

①不透明度：设置该选项的参数，可以调整阴影的透明程度。

②距离：该选项用于设置投影的范围，参数越大，范围越大；反之，参数越小，范围就越小。

不透明度(O): 87 %

距离(D): 33 像素

③扩展：该选项用于设置投影的扩展范围，参数越大，投影扩展范围越宽，颜色也越深。

④大小：该选项可以调整投影的柔和程度，设置的参数越大，投影就越柔和，范围也越大。

扩展(R): 1 %

大小(S): 109 像素

4.7　小小动物世界

素　材	随书光盘\素材\04\45.jpg、46.jpg、47.jpg、48.jpg、49.jpg、50.jpg、51.jpg、52.jpg、53.jpg、54.jpg、55.jpg、56.jpg、57.jpg
源文件	随书光盘\源文件\04\小小动物世界.psd

↘ 创意密码

　　动物的世界是缤纷多彩的，艳丽的色彩是其保护自身的一种装备。本实例就是以动物世界中的特点为基础，进行夸张的拟人制作手法，先设计出艳丽的背景，再将南瓜、植物等素材与色彩艳丽的背景相融合，呈现出清新的视觉感受，展现出想象空间里有趣的动物世界。

　　案例的具体制作，可以先使用不同的风光素材对画面的背景进行合成，并对其进行调整，然后添加南瓜和其他植物素材，再添加上动物，并对其进行修饰调整，最后对画面的整体影调进行调整，制作出小小动物世界的缤纷艳丽。

↘ 制作流程

 →  →

4.7.1　制作创意背景

　　在本实例的操作中首先使用风景素材合成背景图像，然后添加云彩素材并使用自由变换工具对素材形状进行调整，增加画面感，再添加星空素材并使用图层蒙版对其进行编辑，加强画面氛围，最后使用曲线等调整图层对画面的色调进行调整，统一画面。

01 打开Photoshop CS6软件，执行"文件>打开"菜单命令，在打开的对话框中打开随书光盘\素材\04\45.jpg文件，得到"背景"图层。

02 打开随书光盘\素材\04\46.jpg文件，并将其拖曳至"背景"图层中，得到"图层1"，接着使用自由变换工具对图像的大小进行调整。

03 为"图层1"图层添加白色的蒙版，然后选择工具箱中的"渐变工具"，并在其选项栏中设置参数，再使用该工具在图像中合适的地方绘制渐变效果，在图像窗口可以看到天空和草原融合在了一起。

04 按住Ctrl键单击"图层1"图层的蒙版，将图像载入选区，然后在"调整"面板中创建"曲线"调整图层，在打开的"属性"面板中选择"绿"通道，再使用鼠标拖曳曲线设置参数。

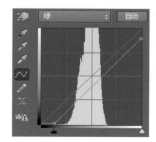

05 设置参数后，在图像窗口可以看到应用设置后的图像效果，草地的绿色饱和度降低，呈现出红绿色。

06 按住Ctrl键，单击"曲线1"图层，将其载入选区，然后创建"可选颜色"调整图层，在打开的"属性"面板中设置"绿色"和"黄色"的参数值。

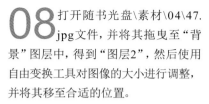

07 应用设置后，在图像窗口可以看到草地的色调得到改变，和天空的颜色更加统一。

08 打开随书光盘\素材\04\47.jpg文件，并将其拖曳至"背景"图层中，得到"图层2"，然后使用自由变换工具对图像的大小进行调整，并将其移至合适的位置。

09 为"图层2"添加白色的蒙版，再设置前景为黑色，使用"画笔工具"编辑蒙版，让添加的素材和天空、草地更加融合。

10 打开随书光盘\素材\04\48.jpg文件，并将其拖曳至"背景"图层中，得到"图层3"图层，再使用自由变换工具对云素材的形状进行调整。

11 为"图层3"添加白色的蒙版，再设置前景色为黑色，使用"画笔工具"编辑蒙版，让添加的云素材和背景更为贴合。

12 打开随书光盘\素材\04\49.jpg文件，并将其拖曳至"背景"图层中，得到"图层4"图层，再使用自由变换工具对图像的大小和位置进行调整。

13 为"图层4"添加白色的蒙版，再设置前景色为黑色，使用"画笔工具"编辑蒙版，让添加的星空素材融合到背景中。

14 创建"色彩平衡"调整图层，在打开的"属性"面板中设置"中间调"的参数依次为-33、0、+14，然后将该调整图层的蒙版填充为黑色，再使用白色的"画笔工具"编辑蒙版，更改星空的颜色。

15 在"调整"面板中创建"可选颜色"调整图层，在打开的"属性"面板中设置"青色"和"蓝色"的参数值。

18 新建"图层5"，设置前景色为白色，然后选择"画笔工具"，并单击其选项栏中的"切换到画笔面板"按钮，在画笔面板设置"硬度"和"间距"的参数，确定后再设置画笔的"不透明度"和"流量"参数，使用该工具在图像上合适的地方涂抹，确定后设置该图层的图层属性，为图像添加烟雾效果。

16 设置好"可选颜色"参数后，将该调整图层的蒙版填充为黑色，再设置前景色为白色，使用"画笔工具"编辑蒙版，调整星空颜色。

17 创建"曲线"调整图层，在打开的"属性"面板中，使用鼠标分别拖曳"红"和"蓝"通道的曲线设置参数，应用后在图像窗口可以看到效果。

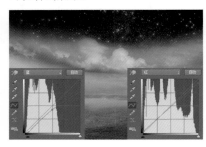

4.7.2　添加南瓜和其他植物

　　编辑主体对象后，可以根据画面效果添加主体物南瓜，并对其影调进行调整，然后使用纯色调整图层为南瓜添加上阴影效果，接着添加上花、树等素材，并使用亮度/对比度等对其进行调整，让画面内容看上去更加丰富。

01 打开随书光盘\素材\04\50.jpg文件，将打开的图像复制到背景图像中，得到"图层6"图层，然后按快捷键Ctrl+T，使用变换编辑框对图像的大小和位置进行调整，使其大小和画面看上去比例协调，调整好后按Enter键进行确认。

02 选择"图层6"图层，执行"滤镜>滤镜库"菜单命令，在打开的对话框中选择"艺术效果"中的"绘画涂抹"，并设置其参数，增加南瓜的质感。

03 按住Ctrl键单击"图层6"图层，再创建"色阶"调整图层，在打开的"属性"面板中拖曳滑块设置参数，调整南瓜的影调。

04 选中"图层6"图层，再选择工具箱中的"钢笔工具"，接着使用该工具在南瓜上创建路径。

05 创建完路径后，按快捷键Ctrl+Enter将其转换为选区，再执行"选择>修改>羽化"菜单命令，在打开的对话框中设置"羽化"，参数为2像素。

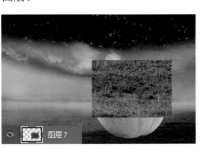

06 打开随书光盘\素材\04\51.jpg文件，将打开的图像复制"背景"图像中，得到"图层7"图层。

07 保持选区选中的状态，选择"图层7"，并单击"图层"面板中"添加图层蒙版"按钮，将素材框进选区内。

08 双击"图层7"图层，在打开的"图层样式"对话框中设置"投影"的参数值。

09 设置好"图层样式"后，在图像窗口可以看到应用设置后的效果，素材和南瓜更为贴合。

10 按住Ctrl键单击"图层7"图层的蒙版，将图像载入选区，接着创建"曲线"调整图层，在打开的"属性"面板中设置参数，调整素材的影调。

11 创建"纯色"调整图层，在打开的对话框中设置颜色参数为R0、G0、B0，确定后，将该调整图层填充为黑色，再使用白色的画笔工具编辑蒙版，接着设置该图层的不透明度，让添加的阴影更加自然。

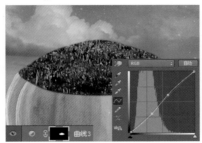

12 单击"调整"面板中"曲线"按钮，创建"曲线"调整图层，并在打开的"属性"面板中使用鼠标拖曳曲线设置参数。

13 将"曲线"调整图层的蒙版填充为黑色，再设置前景色为白色，接着选择工具箱中的"画笔工具"，并使用该工具编辑蒙版，增加底部的阴影。

14 打开随书光盘\素材\04\52.jpg文件，将打开的图像复制到背景图像中，得到"图层8"图层，再使用自由变换工具调整"图层8"素材的位置和大小。

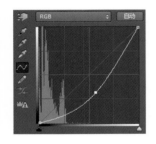

15 打开随书光盘\素材\04\53.jpg文件，将打开的图像复制到背景图像中，得到"图层9"图层，再使用自由变换工具调整"图层9"素材的位置和大小。

16 复制"图层9"图层，得到"图层9副本"图层，接着再使用"自由变换工具"调整素材的位置和大小。

17 选中"图层8"至"图层9副本"图层，再按快捷键Ctrl+Shift+E合并图层，接着按住Ctrl键单击合并得到的图层，将其载入选区。

18 在"调整"面板中创建"曲线"调整图层，得到"曲线5"图层，在打开的"属性"面板中使用鼠标拖曳曲线设置参数，调整图像的影调。

19 打开随书光盘\素材\04\54.jpg文件，将打开的图像复制到背景图像中，得到"图层10"图层，再使用自由变换工具调整"图层10"素材的位置和大小。

20 在"图层7"中复制图像，得到"图层11"图层，将其置顶，为该图层添加上白色的蒙版，再使用黑色的画笔编辑蒙版，让添加的素材更加自然。

21 打开随书光盘\素材\04\55.jpg文件，将打开的图像复制到背景图像中，得到"图层12"图层，再使用自由变换工具调整"图层12"素材的位置和大小。

22 复制"图层12"图层，得到"图层12副本"图层，接着再使用"自由变换工具"将素材水平翻转，再对其大小和位置进行调整。

23 选中"图层12"图层和"图层12副本"图层，再按快捷键Ctrl+Alt+E合并图像，接着按住Ctrl键单击合并得到的图层，将其载入选区。

24 保持选中图像的状态，再创建"亮度/对比度"调整图层，在打开的"属性"面板中设置参数依次为-37、36，调整花的影调。

25 在"图层7"中复制图像，得到"图层13"图层，将其置顶，为该图层添加上白色的蒙版，再使用黑色的画笔编辑蒙版，让添加的素材更加自然。

4.7.3 添加可爱小动物

背景制作和南瓜等素材添加完成后，为画面添加上梯子，再使用自由变换工具对其形状进行调整，接着添加蜗牛，并调整其影调，然后使用纯色等对画面的整体影调进行调整，完善画面效果，制作出可爱动物世界的图像。

01 打开随书光盘\素材\04\56.jpg文件，将打开的图像复制背景图像中，得到"图层14"图层，再使用自由变换工具中的"变形"调整其形状。

02 复制"图层14"图层，得到"图层14副本"图层，接着使用自由变换工具，调整图像的大小和位置。

03 接着设置"图层14副本"的"图层混合模式"为正片叠底、"不透明度"为48%，在图像窗口可以看到应用设置后的效果。

04 为"图层14副本"添加白色的蒙版，再选择工具箱中的"渐变工具"，并使用该工具在图像上单击并由右至左拖曳。

05 应用"渐变工具"后，在图像窗口可以看到添加的效果，梯子呈渐变状，制作出影子效果。

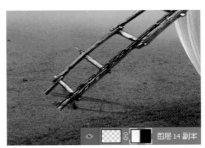

? 你知道吗 方向键快速切换图层混合模式

在使用"图层混合模式"对图像进行调整时，需要对图层混合模式进行变更可按方向键进行快速选择。

06 复制"图层14"图层，得到"图层14副本2"图层，并将其拖曳至"图层14"图层下，接着使用自由变换中的"透视"调整其形状。

07 在编辑框中单击鼠标右键，在打开的快捷菜单中选择"变形"选项，再使用鼠标拖曳编辑框的手柄对其形状进行调整。

08 选中"图层14副本2"图层，再设置图层的"图层混合模式"为正片叠底、"不透明度"为60%，使其和南瓜贴合。

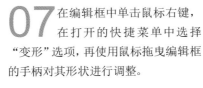
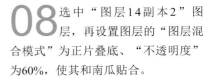

09 为"图层14副本2"图层添加上白色的蒙版，再选择工具箱中的"渐变工具"并在其选项栏中设置参数，接着使用该工具在图像上单击拖曳。

10 应用"渐变工具"调整后，在图像窗口可以看到其效果，制作出逼真的阴影效果。

11 打开随书光盘\素材\04\57.jpg文件，将打开的图像复制背景图像中，得到"图层15"图层，再使用自由变换工具中调整其位置和大小。

12 按住Ctrl键单击"图层15"图层，将其载入选区，再创建"曲线"调整图层，在打开的"属性"面板中使用鼠标拖曳曲线设置参数。

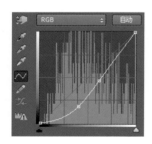

13 应用"曲线"调整图层进行调整后，在图像窗口可以看到调整后的效果，蜗牛的影调效果更加明显了。

14 创建"纯色"调整图层，在打开的对话框中设置颜色参数为R0、G0、B0，确定后，将该调整图层的蒙版填充为黑色，再使用白色的"画笔工具"编辑蒙版，调整画面的影调。

15 执行"图层>新建>图层"菜单命令，在打开的对话框中设置"名称"、"模式"等参数，确定后，得到"图层16"图层。

16 选择工具箱中的"画笔工具"，将前景色和背景色分别设置为黑白色，结合X字母键进行快速切换，使用画笔工具编辑图层，调整画面的光影。

17 创建"亮度/对比度"调整图层，在打开的"属性"面板中设置参数值依次为-9、25，调整好后，在图像窗口可以看到画面的明暗对比更加明显了。

↘ 知识提炼

认识【曲线】

使用"曲线"可调整图像整个色调范围内的点，即对图像的阴影、高光或单个颜色通道进行调整，其最主要的作用是调整图像中指定区域的色彩影调范围，而不会对画面的整体效果进行调整。

单击"调整"面板中的"曲线"按钮，即可打开"属性"面板，在打开的面板中使用鼠标调整曲线即可对画面的影调和色调进行调整，打开的"属性"面板如右图所示。

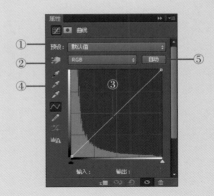

在打开的"属性"面板中，各不相同的按钮和选项可调整出许多特殊的效果，增加照片的完美度。

①预设：单击该选项后的倒三角按钮，在打开的下拉列表中选择系统提供的选项，可对图像进行快速调整，得到特殊的画面效果。

②通道：单击该选项后的倒三角按钮，在打开的下拉列表中可选择代表不同色调信息的通道，再拖曳其选项中的曲线调整图像。

③控制曲线：默认的曲线式呈斜线的，上面1/3的位置可以控制图像的高光区域，中间的1/3位置可以控制图像的中间调区域，底部的1/3位置则可以控制图像的阴影区域。

④吸管工具：使用该区域中的黑场、灰场和白场工具在图像上合适的区域单击，系统可以根据画面效果进行调整。

⑤自动：单击该按钮，可以对图像上各颜色通道的曲线进行自动调整。

↘ 作品欣赏

该图展现的是不同的动物在相同的背景展现出的艺术氛围不尽相同，蝴蝶可以让画面更加柔美。

4.8 取水的女孩

素　材	随书光盘\素材\04\58.jpg、59.jpg、60.jpg、61.jpg、62.jpg、63.jpg、64.jpg、65.jpg、66.jpg
源文件	随书光盘\源文件\04\取水的女孩.psd

↘ **创意密码**

　　水是生命之源，其重要性不言而喻，所以在平时生活中，要非常珍惜地使用每一滴水。本实例的内容就是以水资源枯竭时的状态为基准进行制作的，让干涸的地面和水量充沛的天空形成鲜明的对比，结合人物的动作，警示人们节约水的重要性。

　　案例的具体制作首先使用干涸的地面素材结合蓝色的背景，制作出画面的空间感，再结合水素材制作出水量充沛的天空，和地面形成鲜明的对比，接着再为画面添加上人物素材，并对其进行修饰调整，最后添加上花朵，诠释画面的主体，制作出完整的图像效果。

↘ **制作流程**

4.8.1　制作背景

在本实例的操作中首先新建文件，再使用渐变制作出蓝色的背景，再添加上干涸的土地素材，并使用色阶等对其进行调整，让其和背景更好的结合，接着在图像顶部添加上水素材，对其进行完美的统合，使其和地面形成对比度，制作出大概的背景轮廓。

01 在Photoshop中执行"文件>新建>"菜单命令，在打开的对话框中设置"宽度"、"高度"和"分辨率"的参数，设置后得到一个空白文档。

02 选择"渐变工具"，单击其选项栏中的"点按可编辑渐变"按钮，在打开的对话框中选择"黑白渐变"，再由左至右设置颜色为R42、G69、B127，R146、G166、B183。

03 使用"渐变工具"在新建的背景图层中由上至下单击拖曳，制作出渐变的背景图层。

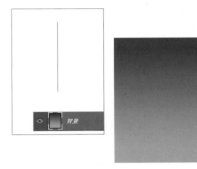

? 你知道吗　结合Shift键编辑图像

在使用"渐变工具"编辑图像时，使用鼠标在图像上单击拖曳时，可以按住Shift键可强制垂直或水平线方向拖曳填充渐变色。

05 选择"渐变工具"，并在其选项栏中设置参数，接着使用该工具在图像上单击拖曳，绘制渐变，在图像窗口可以看到背景和土地素材更融合了。

04 打开随书光盘\素材\04\58.jpg文件，将打开的图像复制到渐变背景文件中，得到"图层1"，按快捷键Ctrl+T，使用变换编辑框调整图像大小和位置，编辑后按Enter键确认变换。

06 打开随书光盘\素材\04\59.jpg文件，将打开的图像复制到渐变背景文件中，得到"图层2"，按快捷键Ctrl+T，使用变换编辑框调整图像大小和位置，编辑后按Enter键确认变换。

07 创建"色阶"调整图层，在打开的"属性"面板中使用鼠标拖曳滑块设置参数依次为8、0.59、255。

08 将该调整图层的蒙版填充为黑色，设置前景色为白色，再选择工具箱中的"画笔工具"并使用该工具编辑蒙版，调整沙丘素材的对比度。

09 创建"色彩平衡"调整图层，在打开的"属性"面板中设置"中间调"、"阴影"和"高光"的参数。

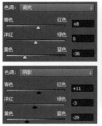

10 确定设置后，设置前景色为黑色，再选择工具箱中的"画笔工具"，使用该工具编辑蒙版，隐藏天空区域的色调调整。

11 新建"图层3"图层，选择"渐变工具"并在其选项栏中设置参数，再使用该工具在图像上单击拖曳，绘制出渐变的背景。

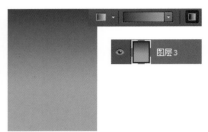

12 为"图层3"图层添加上白色的蒙版，再选择工具箱中的"渐变工具"并设置其参数，使用该工具编辑蒙版，让天空和土地的衔接自然。

13 创建"色阶"调整图层，在打开的"属性"面板中使用鼠标拖曳滑块设置参数依次为10、0.88、229，调整画面的对比度。

14 打开随书光盘\素材\04\60.jpg文件，将打开的图像复制到渐变背景文件中，得到"图层4"图层，使用变换编辑框调整图像大小和位置，再将照片垂直翻转，编辑后按Enter键确认变换。

15 为"图层4"图层添加上白色的蒙版，再选择工具箱中的"渐变工具"并在其选项栏中设置参数，最后使用该工具在图像上拖曳。

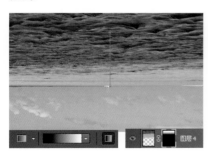

16 按住Ctrl键的同时单击"图层4"图层的蒙版，再创建"色彩平衡"调整图层，在打开的"属性"面板中设置"中间调"参数，调整海水的颜色。

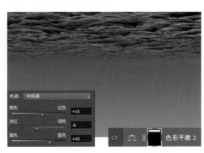

17 打开随书光盘\素材\04\61.jpg文件，将打开的图像复制到渐变背景文件中，得到"图层5"图层，使用变换编辑框调整图像大小和位置，确定后再设置该选项的图层属性。

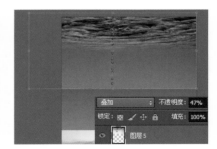

18 为"图层5"图层添加黑色的蒙版，再设置前景色为白色，选择工具箱中的"画笔工具"并使用该工具编辑蒙版，让添加的素材和海水素材更好地融合。

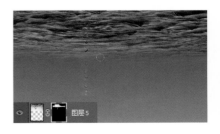

19 打开随书光盘\素材\04\62. jpg文件，将打开的图像复制到渐变背景文件中，得到"图层6"图层，使用变换编辑框调整图像大小和位置，确定后再设置该选项的图层属性。

20 选中"图层6"图层，按住Alt键单击"图层"面板中的"添加图层蒙版"按钮，为该图层添加上黑色的蒙版，先使用"渐变工具"编辑图层蒙版，调整好后，设置前景色为白色，再选择工具箱中的"画笔工具"并在其选项栏中设置其参数，接着使用该工具编辑蒙版，让添加的素材和海水素材更好地融合。

4.8.2 在背景中添加人物和花草

制作出背景图层后，为画面添加主体人物素材，并使用图层蒙版将人物素材中多余的部分去除，再使用曲线等对人物的影调进行调整，接着再添加上花草素材，使其和周围的环境形成对比，再使用水珠素材为人物的衣物上添加装饰水珠，并对其进行调整，制作出更具意义的画面效果。

01 打开随书光盘\素材\04\63. jpg文件，将打开的图像复制到背景图像中，得到"图层7"图层，接着使用自由变换工具调整其位置和大小。

02 为"图层7"图层添加白色的蒙版，设置前景色为黑色，选择工具箱中的"画笔工具"并使用该工具编辑蒙版，去除人物素材多余的部分。

03 创建"曲线"调整图层，在打开的"属性"面板中拖曳曲线设置参数，接着将该图层的图层蒙版填充为黑色，再使用白色的"画笔工具"编辑蒙版，调整人物裙子的颜色。

04 按住Ctrl键单击"曲线1"调整图层的蒙版，接着创建"曝光度"调整图层，并在打开的"属性"面板中设置"曝光度"参数为-0.25，降低裙子的曝光。

05 打开随书光盘\素材\04\64.jpg文件，将打开的图像复制到背景图像中，得到"图层8"图层，再使用自由变换工具调整其位置和大小。

06 为"图层8"图层添加上白色的蒙版，设置前景色为黑色，再选择工具箱中的画笔工具，再使用该工具编辑蒙版，使其和背景更加贴合。

07 复制"图层8"图层，得到"图层8副本"图层，使用自由变换工具调整草素材的位置和大小，制作出小前景。

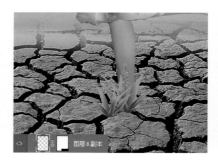

08 复制"图层8副本"图层，得到"图层8副本2"图层，再使用自由变换工具调整草素材的位置和大小，接着设置该图层的不透明度。

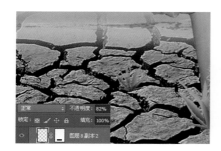

09 使用同样的方式继续复制素材，调整其位置和不透明度后，在图像上可以看到添加素材后的效果。

10 打开随书光盘\素材\04\65.jpg文件，将打开的图像复制到背景图像中，得到"图层9"图层，再使用自由变换工具调整其位置和大小。

11 复制"图层9"图层，得到"图层9副本"图层，再使用自由变换工具调整草素材的位置和大小，为草添加上装饰花朵。

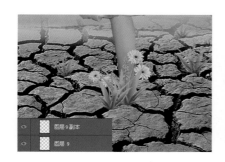

12 使用同样的方式继续复制素材，调整其位置和不透明度后，在图像上可以看到添加花朵素材后的效果。

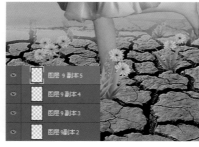

13 打开随书光盘\素材\04\66.jpg文件，将打开的图像复制到背景图像中，得到"图层10"图层，接着使用自由变换工具调整其位置和大小。

14 设置"图层10"图层的图层属性，再为其添加白色的蒙版，并使用黑色的画笔工具将多余的素材擦除。

15 复制"图层10"图层，得到"图层10副本"图层，再设置该图层的"图层混合模式"为点光，加强添加的水珠素材的效果。

16 在"调整"面板中创建"色彩平衡"调整图层，在打开的"属性"面板中设置"中间调"、"阴影"和"高光"的参数。

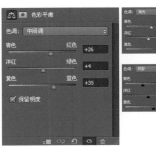

17 将该调整图层的图层蒙版填充为黑色，设置前景色为白色，再选择工具箱中的"画笔工具"，并使用该工具编辑蒙版，改变人物衣服的色调。

18 复制"图层10副本"图层，得到"图层10副本2"图层，并将其拖曳至合适的地方，设置该图层的图层属性，再使用黑色的画笔工具编辑蒙版，为人物帽子添加上水珠效果。

19 单击"调整"面板中的"曲线"按钮，在打开的"属性"面板中，使用鼠标拖曳出曲线形状设置参数。

20 将该调整图层的蒙版填充为黑色，设置前景色为白色，再选择工具箱中的"画笔工具"，使用该工具编辑蒙版，调整裙子的明暗对比。

21 单击"图层"面板中的"创建新的调整图层"按钮，在打开的快捷菜单中选择曲线选项，在打开的"属性"面板中拖曳曲线设置参数。

23 设置前景色为黑色，再选择工具箱中的"画笔工具"，接着使用该工具在人物裙子上涂抹，加强其颜色，让画面的色彩更加协调。

22 创建"可选颜色"调整图层，在打开的"属性"面板中设置"青色"和"蓝色"的参数值。

↘ **知识提炼**

认识【图层蒙版】

　　"图层蒙版"是使用最频繁的蒙版，通过图层蒙版可以隐藏部分图像而达到合成的效果。"图层蒙版"是灰度图像，是用于调整图层中不同区域如何被隐藏或显示的功能，使用画笔工具在蒙版上涂抹，即可以看到或隐藏图像。在白色的蒙版上涂黑色将隐藏图像，在黑色的蒙版中涂白色将显示图像，而画笔的透明度设置则决定了显示或隐藏图像的程度，添加的图层蒙版如右图所示。

　　通过图层蒙版可以将两个以上的图像进行合成、抠取复杂边缘的图像、替换局部影像以及调整影像局部效果，以获得理想的图像效果。下面详细介绍图层蒙版的这些功能。

　　1. 使用图层蒙版合成图像：蒙版是一种遮挡工具，通过蒙版的遮挡可以将两个毫不相干的图像无缝地融合在一起，形成新的图像效果，如下图所示。

　　2. 抠取复杂边缘的图像：边缘复杂的图像，块面碎、颜色丰富、边缘清晰度不一，画面的影调跨度比较大，就可以使用蒙版来完成抠图，如下图所示。

　　3. 替换局部影像：使用选区工具将需要调整的局部图像选取出来，再使用蒙版的遮挡功能将新素材添加进选区，将局部的图像替换掉，如下图所示。

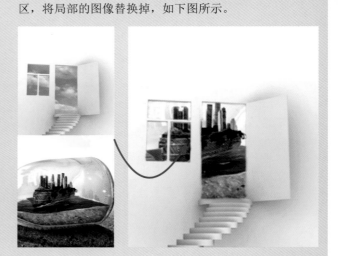

　　4. 调整图像层次：在对图像做影调或色调处理时，可以使用反差较大的灰蒙版（通道）结合图层混合模式，将图像按照亮度关系进行调整，让越亮的地方变化越大，越暗的地方变化越小，增加画面的层次感，如下图所示。

4.9 树妖

↘ 创意密码

　　看灵异小说的时候，总会在字里行间看见一些关于美女妖怪的描述，也会幻想着其真实的模样会是什么样子。本实例的制作就是以一般人们对于妖的印象为出发点，使用各种素材制作出梦幻的背景，再将人物素材与树干结合在一起，使其和背景更加融合，制作出特殊的树妖效果。

　　案例的具体制作中使用各种不同类型的素材制作出背景图像，再添加上树干素材，并对其形状、色调进行调整，接着再添加人物素材，并对其进行修饰调整，最后使用色彩平衡调整图层对图像色调进行调整。

↘ 制作流程

4.9.1 合成背景

在本实例的操作中首先使用两张不同的草原风光照片合成适合的地面，并将其转换为黑白的，然后使用月亮素材和星空素材结合图层蒙版丰富画面内容，再使用"画笔工具"为画面添加上雾的效果，增加画面的神秘感，合成出完美的背景。

01 在Photoshop中打开随书光盘\素材\04\67.jpg文件，接着打开随书光盘\素材\04\68.jpg，并将其拖曳至01文档中，得到"图层1"图层，接着将其调整至合适的位置，然后为"图层1"添加上白色的蒙版。

02 接着使用"渐变工具"在画面中合适的地方由上至下单击拖曳，经过该操作，在图像窗口可以看到两张草原素材照片更好地衔接在一起。

03 按快捷键Ctrl+Alt+Shift+ E盖印图层，得到"图层2"图层，再按快捷键Ctrl+T打开"自由变换"编辑框，在打开的编辑框中单击鼠标右键，在打开的快捷菜单中选择"变形"选项，接着按住鼠标左键单击拖曳变形编辑框中的四个手柄和调整线，调整画面效果，让地平线更有弧度，确定后，按Enter进行确认。

04 打开随书光盘\素材\04\69.jpg文件，并将其拖曳至01文档中，得到"图层3"图层，设置前景色为黑色，接着选择工具箱中的"画笔工具"，并在其选项栏中设置参数。

05 单击"图层"面板中的"添加图层蒙版"按钮，为"图层3"添加白色的蒙版，再使用"画笔工具"在画面中涂抹，隐藏地面部分的图像。

06 单击"调整"面板中的"黑白"按钮，在打开的"属性"面板中设置参数依次为-17、76、-58、60、20、80。

07 确定设置后，在图像窗口可以看到画面变为黑白色，增加了画面的氛围，再盖印图层，得到"图层4"图层。

08 打开随书光盘\素材\04\70.jpg文件，并将其拖曳至01文档中，得到"图层5"图层，按快捷键Ctrl+T，单击鼠标右键，在打开的快捷菜单中选择"旋转90度（逆时针）"选项，调整素材方向，再按住鼠标左键拖曳素材，调整其大小及方向。

09 选择"图层5"图层，执行"滤镜>模糊>高斯模糊"菜单命令，在打开的对话框中设置"半径"，参数为3.2像素。

10 确定设置后，为该图层添加上黑色的蒙版，再使用白色的画笔工具将月亮涂抹出来，在图像窗口可以看到应用调整后的效果，月亮变得模糊，看上去更加朦胧且增加了画面的意境。

11 单击"调整"面板中的"曲线"按钮，在打开的"属性"面板中使用鼠标拖曳曲线调整其形状设置参数。

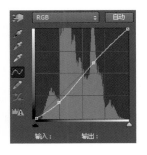

12 确定曲线设置后，使用黑色的画笔工具编辑该调整图层的蒙版，将画面中的前面区域涂抹出来。

13 按住Ctrl键单击"曲线1"调整图层的蒙版，将其载入选区，接着创建"曲线"调整图层，在打开的"属性"面板中设置参数，调整载入区域影调效果。

14 盖印图层，得到"图层6"图层，执行"滤镜>其它>高反差保留"菜单命令，在打开的对话框中设置参数，接着设置该图层的图层属性，在图像窗口可以看到调整后的效果。

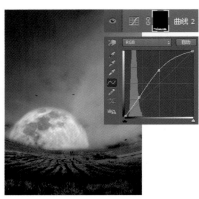

15 为"图层6"图层添加上白色的蒙版，接着选择"渐变工具"在其选项栏中设置参数，然后使用该工具在图像上拖曳，隐藏对除草地外的区域进行的调整，加强草地的质感。

16 打开随书光盘\素材\04\71.jpg文件，并将其拖曳至01文档中，得到"图层7"图层，按快捷键Ctrl+T，使用自由变换工具调整照片的大小，并设置该图层的图层属性。

17 为"图层7"添加一个图层蒙版，使用黑色"画笔工具"在画面中天空以外的区域涂抹，遮盖多余的素材，让添加的素材和天空融合得更加自然。

18 单击"调整"面板中的"曲线"按钮，在打开的"属性"面板中使用鼠标拖曳曲线调整其形状设置参数。

19 选择工具箱中的"画笔工具"，并设置前景色为黑色，接着使用该工具编辑"曲线3"的蒙版，隐藏对天空以外的区域的调整。

20 选择工具箱中的"画笔工具"，接着单击其选项栏中的"切换画笔面板"按钮，在打开的面板中设置画笔的各项参数，确定设置后再设置画笔工具的"不透明度"和"流量"参数。

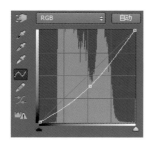

21 设置前景色为白色，再新建一个"图层8"图层，接着使用画笔工具在画面天空和地面之间单击涂抹，绘制出雾的感觉。

22 按住Ctrl键单击"图层8"图层，将图像载入选区，接着创建"曲线"调整图层，并使用鼠标拖曳曲线设置参数，在图像窗口可以看到为图像添加雾的效果更加明显，增加了画面的神秘感。

4.9.2 合成人物与树干

合成背景后，可以使用人物素材和树木素材制作图像的主体，打开树木素材后，将树干抠取出来，并使用黑白调整图层和液化滤镜等修饰树干，再使用图层属性对打开的人物素材进行调整，制作出合适的画面主体。

01 打开随书光盘\素材\04\72.jpg文件，将打开文件拖曳至01文档中，得到"图层9"图层，按快捷键Ctrl+T，调整打开的图像的大小。

02 选择工具箱中的"钢笔工具"，使用该工具沿着树干创建路径，完成路径的创建后，按快捷键Ctrl+Enter将其转换为选区。

03 将创建的路径转换为选区后，按快捷键Ctrl+J进行复制，得到"图层10"，隐藏"图层9"图层后，在图像窗口可以看到复制的选区内容。

04 接着创建的路径转换为选区后，按快捷键Ctrl+J进行复制，得到"图层10"图层，在图像窗口可以看到复制的选区内容。选择"图层10"图层，再创建"黑白"调整图层，并在打开的"属性"面板中设置参数，将树干转换为黑白的。

05 新建一个"图层11"图层，选中"图层9"图层至"图层11"图层，再按快捷键Ctrl+Alt+E进行合并，得到"图层11（合并）"图层，接着为该图层添加上白色的蒙版，并使用黑色的画笔工具编辑该蒙版。

06 复制"图层11（合并）"图层，并更改其名为"图层12"，执行"滤镜>液化"菜单命令，在打开的对话框中选择"先前变形工具"并设置其参数，接着使用该工具按钮对树干进行调整。

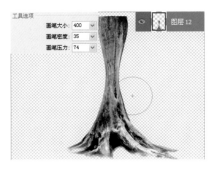

07 为"图层12"图层添加白色的蒙版，然后选择工具箱中的"渐变工具"，并在其选项栏中设置参数，再使用该工具在图像中由上至下单击拖曳。

08
选择"渐变工具"并在其选项栏中设置参数，接着使用"渐变工具"在图像上合适的地方单击拖曳后，在图像窗口可以看到调整后的效果，树干的顶部呈渐变状。

09
打开随书光盘\素材\04\73.jpg文件，将打开文件拖曳至01文档中，得到"图层13"图层，再使用自由变换工具调整图像的大小和位置，接着设置该图层的图层属性，调整素材的色调。

10
为该图层添加上白色的蒙版，再使用黑色的画笔工具编辑蒙版，去除多余的背景，让画面整体看上去更加整洁。

11
盖印图层，得到"图层14"图层，选择工具箱中的"仿制图章工具"，在其选项栏中设置参数，接着使用该工具修饰人物与树干的衔接处，使其看上去更加自然。

■■ 高手点拨

当使用"仿制图章工具"对图像进行调整的时候，可以使用数字键对该工具的"不透明度"参数进行设置，方便对图像进行调整。

4.9.3　对图像进行修饰完善画面效果

添加完主体对象后，可以使用曲线对画面的整体影调对比进行调整，再使用模糊滤镜调整画面背景，接着再使用曲线对画面局部的明暗对比进行修饰，最后使用色彩平衡对画面的色调进行调整，完善画面效果，制作出神秘美丽的树妖形象。

01
单击"调整"面板中的"曲线"按钮，创建"曲线"调整图层，接着使用鼠标拖曳出曲线形状，设置参数。

02
设置完曲线参数后，使用黑色的"画笔工具"编辑该调整图层的蒙版，在图像中涂抹调整过度的区域，让画面的影调更加自然。

03 盖印图层，得到"图层15"图层，执行"滤镜>模糊>高斯模糊"菜单命令，在打开的对话框设置参数，确定设置后，为该图层添加上黑色的蒙版，接着使用白色的画笔工具编辑蒙版，隐藏对主体物和地面的调整，增加画面的空间感。

04 选择工具箱中的"矩形选框工具"，接着在其选项栏中设置"羽化"参数为200像素，然后使用该工具在人物的脸部单击拖曳，绘制选区。

05 绘制选区后，创建"曲线"调整图层，在打开的"属性"面板中拖曳曲线设置参数，提高选区内图像的亮度。

06 盖印图层，得到"图层16"图层，执行"滤镜>液化"菜单命令，在打开的对话框中选择"向前变形工具"并设置其参数，再使用该工具在主体物上拖曳，修饰主体物的形态。

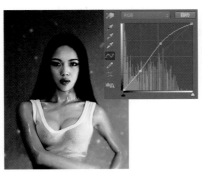

07 盖印图层，得到"图层17"图层，执行"滤镜>其它>高反差保留"菜单命令，在打开的对话框中设置参数，确定后，设置该图层的图层属性，接着为该图层添加白色的蒙版，然后使用黑色的"画笔工具"编辑蒙版，加强画面质感。

08 创建"色彩平衡"调整图层，在打开的"属性"面板中设置"中间调"参数依次为-8、+7、13，调整画面的颜色，加强画面感。

↘ 知识提炼

认识【黑白】调整图层设置选项

黑白照片一直是比较经典的色调，是一般色调不能比拟的，将照片调整成黑白色调可以让画面的质感加强，展现出照片优雅、神秘的感觉。

使用"黑白"面板中各颜色选项调整图像，可以制作出高品质的灰度图像，而使用面板中的"色调"还可以为图像添加上单一的颜色，制作出个性的单色调照片。

在"调整"面板中单击"黑白"按钮 ，即可打开如下图所示的"黑白"属性面板。

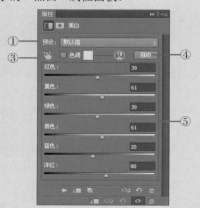

打开"黑白"属性面板后，在面板中对各选项进行设置，即可调整图像。

①预设：单击该选项后的倒三角按钮，在打开的下拉列表中选择系统提供的选项，可以很快地对图像进行调整。

②色调：勾选该选项，然后单击该选项后的色块，在打开的"拾色器（色调颜色）"对话框中可以选择任何颜色对图像进行调整。

③修改滑块按钮：单击面板中的"在图像上单击并拖曳可修改滑块"按钮 ，接着使用该按钮在图像上不同的地方单击拖曳，可以看到面板中的颜色参数跟着改变。

④自动：单击该按钮，可以将图像自动转换为灰度图像。

⑤颜色：使用鼠标拖曳滑块，可以调整图像的颜色通道，向右拖曳颜色参数值较大，图像灰度比较亮；而向左拖曳数值比较小，图像灰度越暗。

↘ 作品欣赏

对于同一作品可以根据个人喜好调出不同的颜色，展现出不同的视觉效果，如以上两图所示。

4.10 镜中小男孩

素 材	随书光盘\素材\04\74.jpg、75.jpg、76.jpg、77.jpg、78.jpg、79.jpg、80.jpg、81.jpg、82.jpg、83.jpg、84.jpg
源文件	随书光盘\源文件\04\镜中小男孩.psd

创意密码

在平时照镜子的时候，可以看到一个个真实的空间倒映在镜子中，一层层的，空间感极强。本实例中的效果就是以镜子成像的原理进行调整的，将不同风格的照片组合在一起制作出背景图像，再为图像添加上主体人物，制作出异次元感觉的图像效果。

案例的具体制作首先将拍摄的风景照片制作出背景图像，并对其色调和影调进行调整，再添加上石柱，并添加上其他素材增加其质感，接着添加相框和男孩，并对其进行调整修饰，然后将制作好的图像添加到最大的相框中，并复制多个，制作出镜另类的图像效果。

制作流程

4.10.1 合成创意的背景图

在本实例的操作中首先新建一个白色的文档，添加地板素材，并使用通道混合器等调整其色调的影调，然后使用纹理素材，增加地板的质感，再使用风景照片制作出背景，并对其色调和影调进行调整，最后添加上石柱并使用纹理素材加强其质感，制作出创意的背景图。

01 单击Photoshop CS6图标，在打开的软件中执行
"文件>新建"菜单命令，在打开的对话框中设
置宽度、高度和分辨率参数，得到白色的背景图层。

02 打开随书光盘\素材\04\74.jpg文件，得到"图层1"
图层，再使用自由变换工具调整其位置和大小。

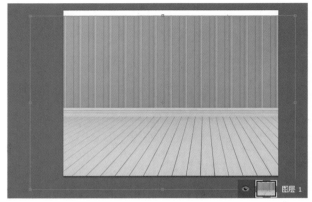

03 选择工具箱中的"渐变工具"，并在其选项栏中设
置参数，接着使用该工具在图像上合适的地方单
击拖曳绘制渐变，在图像窗口可以看到应用渐变后的画面效

04 按住Ctrl键单击"图层1"图层的蒙版，接着创建"色
阶"调整图层，在打开的"属性"面板中使用鼠标拖
曳滑块设置参数，调整图像影调的同时调整图像的色调。

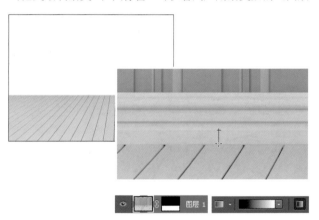

05 按住Ctrl键单击"色阶1"调整图层的蒙版，
接着创建"通道混合器"调整图层，在打开的
"属性"面板中设置"蓝"输出通道的参数，调整地板的
色调。

06 按住Ctrl键单击"通道混合器1"的蒙版，接着创建
"色彩平衡"调整图层，在打开的"属性"面板中
设置"中间调"参数，确定后，选择"图层1"图层至"色彩平
衡1"调整图层，再按快捷键Ctrl+Alt+E合并图层，得到"色
彩平衡（合并）"调整图层。

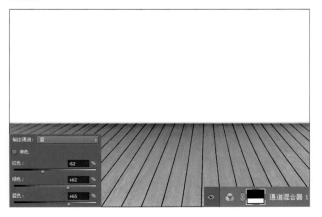

07 打开随书光盘\素材\04\75.jpg文件，得到"图层2"图层，再使用自由变换工具调整其位置和大小，在图像窗口可以看到素材的效果。

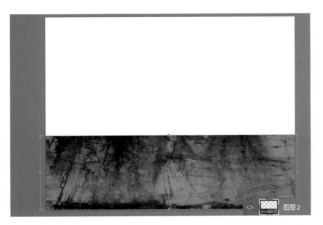

08 选择"图层2"图层，设置调整图层的"图层混合模式"为柔光，在图像窗口可以看到纹理素材和地板更好地融合在一起。

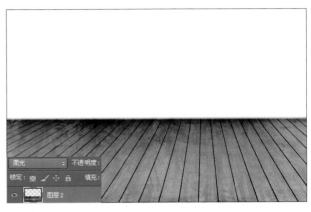

09 打开随书光盘\素材\04\76.jpg文件，得到"图层3"图层，再使用自由变换工具调整其位置和大小，在图像窗口可以看到素材的效果。

10 打开随书光盘\素材\04\77.jpg文件，得到"图层4"图层，再使用自由变换工具调整其位置和大小，在图像窗口可以看到素材的效果。

11 为"图层4"添加上白色的蒙版，再选择工具箱中的"渐变工具"并在其选项栏中设置参数，接着使用该工具在图像上单击拖曳。

12 应用"渐变工具"后，在图像窗口可以看到，添加的云素材和天空素材更好地融合在一起，增加天空乌云的效果。

13 打开随书光盘\素材\04\78.jpg文件，得到"图层5"图层，再按快捷键Ctrl+T打开自由变换编辑框，调整素材的位置和大小。

14 为"图层5"添加上白色的蒙版，设置前景色为白色，再选择工具箱中的"画笔工具"并使用该工具编辑图层蒙版，使其和背景更好地融合。

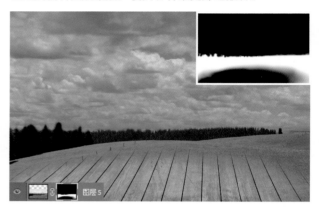

15 复制"图层5"图层，得到副本图层，按快捷键Ctrl+T打开自由变换编辑框，水平翻转照片，再调整其位置和大小，接着为其添加上白色的蒙版。

16 设置前景色为白色，再选择工具箱中的"画笔工具"并使用该工具编辑图层蒙版，让添加的素材和背景更加融合。

17 创建"色阶"调整图层，在打开的"属性"面板中拖曳滑块设置参数，接着再使用黑色的画笔工具编辑蒙版，添加合适的暗调。

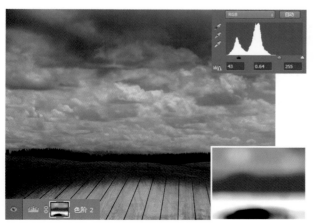

18 在"调整"面板中单击"曲线"按钮，新建一个"曲线"调整图层，在打开的"属性"面板中拖曳曲线设置参数。

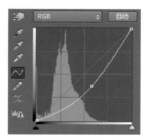

19 设置前景色为黑色，再选择"画笔工具"，并使用该工具编辑该调整图层的蒙版，加强画面的影调效果。

20 创建"曲线"调整图层，在打开的"属性"面板中，使用鼠标分别拖曳RGB、"蓝"和"绿"通道的曲线设置参数。

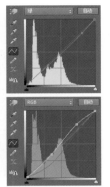

21 确定设置后，使用黑色的画笔工具编辑蒙版，调整天空的颜色，使其和地面颜色一致，接着盖印图层，得到"图层6"图层。

22 打开随书光盘\素材\04\79.jpg文件，得到"图层7"图层，再按快捷键Ctrl+T打开自由变换编辑框，调整素材的位置和大小。

23 打开随书光盘\素材\04\80.jpg文件，得到"图层8"图层，再按快捷键Ctrl+T打开自由变换编辑框，调整素材的位置和大小。

24 设置"图层8"的图层属性，再将"图层7"图像载入选区，单击"图层"面板中的"添加图层蒙版"按钮 ，将纹理素材载入选区，使其和石柱吻合。

25 打开随书光盘\素材\04\81.jpg文件，得到"图层9"图层，再按快捷键Ctrl+T打开自由变换编辑框，调整素材的位置和大小。

26 设置"图层9"的图层属性，再将"图层9"的图像载入选区，单击"图层"面板中的"添加图层蒙版"按钮，将纹理素材载入选区使其和石柱吻合。

27 新建一个组，得到"组1"，将"图层7"至"图层9"选中并拖曳进新建的组中，再按快捷键Ctrl+J复制组，得到副本，接着对该组的图像大小进行调整。

28 调整好"组1副本"后，再按快捷键Ctrl+J进行复制，得到副本2，再使用自由变换工具对该组图像大小和位置进行调整。

29 选中"图层6"图层，使用矩形选框在该图像绘制选区，再按快捷键Ctrl+J进行复制，并将其置顶，得到"图层10"图层。

30 为"图层10"添加上黑色的蒙版，设置前景色为白色，再选择工具箱中的"画笔工具"，并使用该工具编辑蒙版，让添加的石柱更加自然。

31 新建一个"纯色"调整图层，在打开的对话框中设置颜色参数为R0、G0、B0，确定后，将该图层的蒙版填充为黑色，并使用白色的画笔工具编辑该蒙版，让最前方石柱更加逼真。

4.10.2 添加镜子和小男孩

制作好背景后，在图像中添加上镜子，并对其大小进行调整，接着再添加小男孩素材，使用色阶等调整图层，调整其色调和影调，再添加上熊素材，调整其位置和大小、色调，最后添加纯色调整图层，增加素材的阴影，让其看上去更加逼真。

01 打开随书光盘\素材\04\82.jpg文件，将打开的图像复制到背景图像中，得到新的"图层11"图层，按快捷键Ctrl+T，使用变换编辑框对图像的大小和位置进行调整，确定后按Enter键进行确认。

？你知道吗 等比缩小图像

在使用"自由变换"编辑框调整图像时，按住Shift+Alt组合键的同时，使用鼠标拖曳编辑框的四角手柄，即可将图像进行等比缩放。

02 双击"图层11"图层，在打开的"图层样式"中设置"投影"选项的参数，让添加的相框和石柱更加贴合。

03 选中"图层6"图层，使用"矩形选框工具"在该图层绘制选区并进行复制，得到"图层12"，调整其图层顺序后，使用自由编辑框调整其位置和大小。

04 复制"图层11"图层，得到"图层11副本"图层，再使用自由变换编辑框调整其位置和大小，使其和石柱贴合。

05 选中"图层6"图层，使用"矩形选框工具"在该图层绘制选区并进行复制，得到"图层13"，调整其图层顺序后，使用自由编辑框调整其位置和大小。

06 新建一个"图层14"图层，选中"矩形选框工具"并在其选项栏中设置参数，接着使用该工具沿着图像边缘绘制选区，接着按快捷键Ctrl+Shift+I将其反相。

07 设置前景色为黑色，按快捷键Alt+Delete填充选区，再为该图层添加上白色的蒙版，并使用画笔工具编辑蒙版，凸显画面中间位置，压暗四周。

08 打开随书光盘\素材\04\83.jpg文件，将打开的图像复制到背景图像中，得到新的"图层15"图层，按快捷键Ctrl+T，使用变换编辑框对图像的大小和位置进行调整，确定后按Enter键进行确认。

09 按住Ctrl键单击"图层15"将图像载入选区，接着创建"色阶"调整图层，在打开的"属性"面板中拖曳"蓝"通道的滑块设置参数依次为0、0.74、243，调整人物的色调。

10 按住Ctrl键，单击"色阶3"的蒙版，将图像载入选区，再创建"曲线"调整图层，在打开的"属性"面板中使用鼠标拖曳曲线设置参数。

11 设置后，在调整面板中可以看到调整后的图像效果，人物的明暗对比增加了。

12 打开随书光盘\素材\04\84.jpg文件，并将其复制到背景图像中，得到新的"图层16"图层，再使用变换编辑框对图像的大小和位置进行调整。

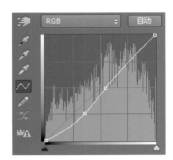

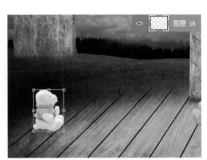

13 按住Ctrl键，单击"图层16"图层的蒙版，将图像载入选区，再创建"色阶"调整图层，在打开的"属性"面板中设置参数，调整素材的影调。

14 按住Ctrl键单击"色阶4"蒙版，将其载入选区，接着创建"曲线"调整图层，在打开的"属性"面板中拖曳曲线设置参数，加强素材明暗对比。

15 选中"图层16"至"曲线4"调整图层，按快捷键Ctrl+Alt+E合并图层，得到"曲线4（合并）"图层，再按快捷键Ctrl+J进行复制，得到"曲线4（合并）"图层。

16 新建一个"纯色"调整图层，在打开的对话框中设置颜色参数为R0、G0、B0，设置前景色为白色，再选择"画笔工具"并设置其参数，接着使用该工具编辑蒙版。

17 继续使用"画笔工具"编辑蒙版，在人物和熊的底部和背光的区域涂抹，在图像窗口可以看到其阴影得到加强，使其和背景更好地贴合。

4.10.3　合成镜中景象

在图像上添加主体和陪体后，先使用通道混合器等调整图层对画面的整体颜色和影调进行调整，再为最前的石柱添加上相框，并对其进行调整，接着盖印图层并进行复制，将复制所得的图层放入相框内，制作出镜中成像的现象，打造出另类世界的图像效果。

01 在"调整"面板中创建"通道混合器"调整图层，在打开的"属性"面板中设置"蓝"输出通道的参数依次为-19、+21、+87，调整画面的整体色调。

02 在"调整"面板中创建"亮度/对比度"调整图层，在打开的"属性"面板中设置参数依次为-3、30，调整图像的明暗对比。

03 执行"图层>新建>图层"菜单命令，在打开的对话框中设置参数，选择"画笔工具"，并在其选项栏中设置参数，按X键切换前景色和背景色，再使用画笔工具在图像上涂抹，调整画面的光影效果。

04 创建"曲线"调整图层，在打开的"属性"面板中拖曳曲线设置参数，接着将该调整图层的蒙版填充为黑色，再使用白色的画笔工具进行编辑，调整画面影调。

05 盖印图层，得到"图层18"图层，复制"图层11"图层，得到"图层11副本2"图层，并将其置顶，再使用自由变换工具调整其大小和位置。

06 复制"图层18"得到"图层19"图层，调整其位置后，使用自由变换工具调整其大小和位置，制作出镜中画的效果。

07 再复制两个"图层19"图层，使用同样的方式将图像添加进相框中，制作出镜中小孩的图像效果。

知识提炼

认识【通道混合器】

使用"通道混合器"可以将当前颜色像素与其颜色通道中的像素按一定比例进行混合。使用它可以进行创造性的颜色调整，创建高品质的灰度图像或其他色调图像。

对于不同的颜色模式，打开的"通道混合器"面板中显示的"输出通道"和"源通道"的颜色选项也会不同。在"调整"面板中创建"通道混合器"调整图层，即可打开如下图所示的属性面板。

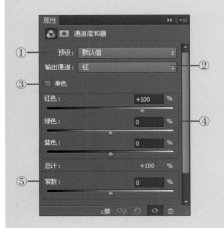

在打开的"通道混合器"面板中，可以看到不同的选项。

①预设：单击该选项后的倒三角按钮，在打开的下拉列表中，可根据需要选择合适的选项对图像进行调整。

②输出通道：单击该选项后的倒三角按钮，在打开的下拉列表中选择要进行混合的一个或多个通道进行混合，调整图像的颜色。

③单色：勾选该选项的复选框，"输出通道"选项即变为灰色，再调整其选项下的颜色通道，即可得到高品质的黑白图像。

④源通道：在该选项中，拖曳滑块可以控制颜色分量在输出通道中所占的比重，向左拖曳滑块可以减少比重，向右拖曳可以加深比重。

⑤常数：该选项相当于在输出通道中添加一个透明通道，用于控制输出通道的灰度值。负值表示增加更多的黑色，正值表示增加更多的白色。

作品欣赏

对于同一个场景，使用不同的色调可以表现出另一种意境。左图所示为怀旧色调的图像，该色调让画面具有历史和怀旧的艺术气息，让画面的意境更加深远。

4.11 踩树桩的大象

↘ 创意密码

随着环境破坏的越发严重，关于环境保护的主题常出现在日常生活中。本实例的制作就是以生态破坏为出发点，制作出颓废的地面效果，再调出怀旧风格的色调，呈现出生态破坏下的森林状况，用树桩上怒吼的大象发出警示，提醒人们环保的重要性。

案例的具体制作中首先使用不同的素材制作出背景图像，再使用树干等素材制作出破坏严重的地面，并对其色调进行调整，最后添加上主体动物，并对画面的颜色等进行调整完善画面效果。

素　材	随书光盘\素材\04\85.jpg、86.jpg、87.jpg、88.jpg、89.jpg、90.jpg、91.jpg、92.jpg、93.jpg、94.jpg
源文件	随书光盘\源文件\04\踩树桩的大象.psd

↘ 制作流程

4.11.1　合成杂乱的枯树景象

在本实例的操作中首先使用风光照片制作出背景图像，再添加上树桩等素材制作地面，并对其影调进行调整，再使用树干素材制作出杂乱的地面效果，并使用通道混合器等调整图层对画面的色调和影调进行调整，制作出颓废的效果。

01 在Photoshop中打开随书光盘\素材\04\85.jpg文件，得到"背景"图层，在图像窗口可以看到打开的效果。

02 打开随书光盘\素材\04\86.jpg文件，得到"图层1"图层，使用自由变换工具调整素材的位置和大小。

03 设置"图层1"图层的"图层混合模式"为正片叠底，在图像窗口可以看到添加的云素材和背景更更好地融合在一起了，画面看上去更加自然。

04 打开随书光盘\素材\04\87.jpg文件，将打开的图像复制到背景文件中，得到"图层2"图层，按快捷键Ctrl+T，使用变换编辑框调整图像大小并旋转角度，编辑后按Enter键确认变换。

05 按住Alt键的同时单击"图层"面板中的"添加图层蒙版"按钮，为"图层2"添加上黑色的蒙版，设置前景色为白色，选择画笔工具，再使用该工具编辑蒙版，让树桩和背景比较融合。

06 单击"调整"面板中的"色阶"按钮，创建"色阶"调整图层，在打开的"属性"面板中拖曳滑块设置参数。

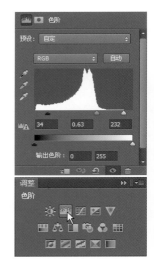

07 为"色阶1"添加一个图层蒙版，使用黑色"画笔工具"编辑蒙版，在画面中天空处进行涂抹，只针对树桩进行调整。

08 打开随书光盘\素材\04\88.jpg文件，将打开的图像复制到背景文件中，得到"图层3"图层，按快捷键Ctrl+T，使用变换编辑框中的"透视"对图像进行调整，接着再调整图像大小。

09 确认变换后，为"图层3"图层添加上白色的蒙版，再选择工具箱中的"渐变工具"，并设置其选项栏中的参数，接着使用该工具在图像中合适的地方单击拖曳。

10 使用"渐变工具"在图像上拖曳后，让添加的素材更加自然，再设置该图层的"图层混合模式"为正片叠底，使其和背景更加融合。

11 打开随书光盘\素材\04\89.jpg文件，将打开的图像复制到背景文件中，得到"图层4"图层，再使用自由变换工具调整素材的位置和大小。

12 设置前景色为黑色，再为该图层添加上白色的蒙版，接着选择"画笔工具"，并使用该工具编辑"图层4"图层的蒙版，让添加的素材更加自然。

13 创建"曲线"调整图层，在打开的"属性"面板中设置参数，接着将该图层的图层蒙版填充为黑色，再使用白色的"画笔工具"将"图层4"素材涂抹出来，使其和背景色调、影调一致。

14 在"调整"面板中单击"曲线"按钮 ，新建一个"曲线"调整图层，在打开的"属性"面板中使用鼠标拖曳曲线设置参数。

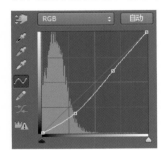

15 选择"渐变工具"，并设置其渐变为"黑白渐变"，接着使用该工具在图像上由上至下单击拖曳，将画面的底部压暗。

16 打开随书光盘\素材\04\90.jpg文件，将打开的图像复制到背景文件中，得到"图层5"图层，再使用自由变换工具调整素材的位置和大小。

17 将"图层5"的"图层混合模式"设置为叠加，再为该图层添加上白色的蒙版，并使用黑色的"画笔工具"编辑该蒙版，去除素材多余的部分。

18 复制"图层5"图层，得到一个副本图层，接着使用自由变换工具中的"水平翻转"调整素材的方向，再使用该工具调整素材的位置和大小。

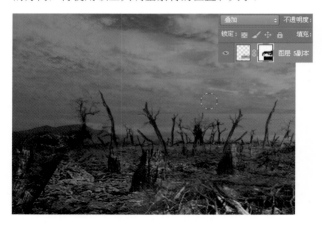

19 新建一个"组1"，将"图层5"和"图层5副本"拖曳进该组，接着设置该组的"图层混合模式"为叠加。

20 复制两个"组1"，并使用自由变换工具对图像位置和大小进行调整，接着为其添加上蒙版，对多余的图像进行修饰。

21 打开随书光盘\素材\04\91.jpg文件，将打开的图像复制到背景文件中，得到"图层6"图层，再使用自由变换工具调整素材的位置和大小。

22 为"图层6"图层添加上白色的蒙版，再选择工具箱中的"渐变工具"，并在其选项栏中设置渐变色为"黑白渐变"，接着使用该工具在图像上拖曳。

23 拖曳后，设置前景色为黑色，再选择工具箱中的"画笔工具"，并使用该工具编辑蒙版，去除多余的素材，使其和背景更加融合。

24 创建"曲线"调整图层，在打开的"属性"面板中拖曳曲线设置参数，接着将该调整图层的蒙版填充为黑色，再使用白色的画笔工具将添加的素材涂抹出来，使其和背景色调、影调一致。

25 选中"图层6"至"曲线3"图层，按快捷键Ctrl+Alt+E合并图层，得到"曲线3（合并）"图层，再按快捷键Ctrl+J进行复制，得到副本图层，将其水平翻转后并对其位置进行调整，再为复制所得的图层添加上白色的蒙版，并使用画笔工具编辑蒙版。

26 打开随书光盘\素材\04\92.jpg文件，将打开的图像复制到背景文件中，得到"图层7"图层，再使用自由变换工具调整素材的位置和大小。

27 按Ctrl++将打开的素材文件放大，再选择工具箱中的"钢笔工具"，并使用该工具沿着树干创建路径。

28 创建好路径后，按快捷键Ctrl+Enter将其转换为选区，接着按快捷键Ctrl+J进行复制，得到"图层8"图层，在图像窗口可以看到复制所得的效果。

29 使用自由变换编辑框调整其位置后，将鼠标放到编辑框的四角中的任意一角，当其转换为弯的光标箭头时¨，按住鼠标左键进行拖曳将其旋转。

30 按住Ctrl键单击"图层8"图层，将其载入选区，再创建"色相/饱和度"调整图层，在打开的"属性"面板中对图像的色相和饱和度进行调整。

31 将"图层8"和"色相/饱和度1"选中，再按快捷键Ctrl+Alt+E将其合并，得到"色相/饱和度1（合并）"图层。

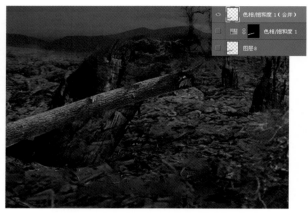

32 复制"色相/饱和度1（合并）"，得到副本图层，再使用自由变换工具对其位置和大小进行调整，在图像窗口可以看到调整后的效果。

33 复制"色相/饱和度1（合并）副本"图层，得到副本2，双击该图层，在打开的"图层样式"对话框中设置投影参数。

34 再复制两个"色相/饱和度1（合并）副本2"图层，使用自由变换编辑框对其位置、大小和图层顺序进行调整，在图像窗口可以看到调整后的效果。

35 再复制多个"色相/饱和度1（合并）"图层，调整其至不同的位置后，为其添加白色的蒙版，并使用黑色的画笔工具对其进行编辑，使其和背景图像更加贴合，最后新建一个"组2树桩"进行管理。

36 复制一个"色相/饱和度1（合并）"，得到副本图层，调整其位置和大小后，添加上白色的蒙版，再使用黑色的画笔工具对其蒙版进行编辑，让复制所得的素材更加自然。

37 复制一个"色相/饱和度1（合并）"，得到副本图层，并使用自由变换工具对其大小和位置进行调整，再添加上白色的蒙版，接着使用黑色的画笔工具对其蒙版进行编辑，让复制所得的素材更加自然。

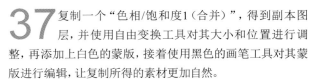

38 复制一个"色相/饱和度1（合并）"，并使用自由变换工具对其大小和位置进行调整，添加上白色的蒙版后，接着使用画笔工具对其蒙版进行编辑。

39 创建"通道混合器"调整图层，在打开的"属性"面板中设置"蓝"和"绿"输出通道的参数，调整画面的整体色调。

4.11.2 将大象合成到树桩上

背景制作完成后，需要制作出画面的主题，先添加上大象，对其大小和位置进行调整后，再对画面的色调、影调等进行调整，接着添加上烟雾素材，调整出氛围感，然后再使用通道混合器等调整图层对画面整体的色调和影调进行调整，完善画面效果。

01 打开随书光盘\素材\04\93.jpg文件，将打开的图像复制到背景图像中，得到"图层9"图层，按快捷键Ctrl+T，将其旋转，调整其位置和大小。

02 按住Ctrl键单击"图层9"将大象载入选区，接着在"调整"面板中创建"曲线"调整图层，在打开的"属性"面板中拖曳曲线设置参数。

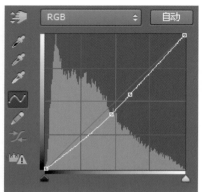

03 确定设置后，在图层窗口可以看到调整后的图像效果，大象的明暗对比得到加强。

04 执行"图层>新建>图层"菜单命令，在打开的对话框中设置参数，确定后，使用黑色的画笔工具在图像中大象的脚底涂抹，增加阴影。

05 打开随书光盘\素材\04\94.jpg文件，将打开的图像复制到背景图像中，得到"图层11"图层，按快捷键Ctrl+T，将其旋转，调整其位置和大小。

06 设置"图层11"图层的图层属性后，为该图层添加上白色的蒙版，接着再使用黑色的画笔工具编辑蒙版，让添加的烟雾素材看上去更加自然。

07 在"调整"面板中创建"曲线"调整图层，在打开的"属性"面板中使用鼠标拖曳曲线的形状设置参数。

08 应用"曲线"后，在图像窗口可以看到调整后的效果，画面的颜色得到更改，变为蓝红色调。

09 在"调整"面板中创建"通道混合器"调整图层，在打开的"属性"面板中设置"蓝"输出通道的参数，调整画面色调。

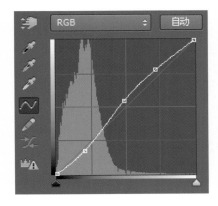
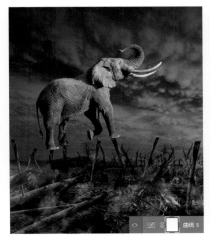

10 创建"亮度/对比度"调整图层，在打开的"属性"面板中设置参数，再使用黑色的"画笔工具"编辑图层蒙版，修饰调整过度的区域。

11 选择"矩形选框工具"，并在其选项栏中设置"羽化"为600像素，接着使用该工具沿着图像边缘绘制选区，然后按快捷键Ctrl+Shift+I将其反向。

12 新建一个"图层12"图层，设置前景色为黑色，按快捷键Alt+Delete将选区填充为黑色，然后再使用画笔工具进行编辑，让添加的暗角比较自然。

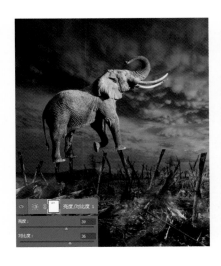

↘ 知识提炼

认识【色相/饱和度】

在对图像进行设计处理的时候，需要对其颜色的饱和度、色相、明度进行调整，让画面的颜色更加统一融合，为图像添加上完美的色调效果。

"色相/饱和度"可以对单个颜色或者图像所有颜色的色相、饱和度和明度值进行调整，图像颜色的鲜艳度与其有最直接的关系。

在"调整"面板中创建"色相/饱和度"调整图层，打开的"属性"面板如下图所示。

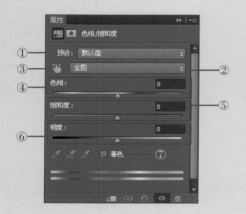

在打开的"属性"面板中可以看到不同的选项。

①预设：单击该选项后的倒三角按钮，在打开的下拉列表中可根据需要选择合适的调整选项。

②编辑：单击该选项后的倒三角按钮，在打开的下拉列表中可以选择"全图"调整图像的整体色相、饱和度和明度，也可根据需要选择某个颜色，对其色相、饱和度和明度进行单独调整。

③修改按钮：单击选中该按钮，在图像上单击拖曳可以更改照片的饱和度，按住Ctrl键的同时在图像上单击拖曳可以更改照片的色相。

④色相：拖曳该选项滑块，即可对图像的色相进行设置，越往两端，照片的色调越偏冷。

⑤饱和度：向右拖曳该选项的滑块可以增加图像的饱和度，向左拖曳滑块则降低图像的饱和度。

⑥明度：拖曳该选项的滑块可以设置图像的明度，向左拖曳可以降低图像像素的亮度，向右拖曳则可以提高图像像素的亮度。

⑦着色：勾选该选项的复选框，再对面板中的色相、饱和度和明度进行调整，可以将图像转换为单一的色彩。

↘ 作品欣赏

上面两图所示展示了黑白色与浓郁彩色下的作品效果，带给视觉不同的冲击力，都能很好地传递出表现的主题。

4.12   书的海洋

素　材	随书光盘\素材\04\95jpg、96jpg、97jpg、98jpg、99.jpg
源文件	随书光盘\源文件\04\书的海洋.psd

↘ 创意密码

在看一些关于介绍海洋生物类书的时候，总会被神秘的海底世界所吸引，并产生一些想象。在本案例中就是以海洋为标准，将海洋生物与书结合起来，使用色调的修饰效果，呈现出另类的海洋世界景象，突出海洋生物的另一特质，展现出强烈视觉冲击力的画面。

案例的具体制作中首先制作出背景图像，再添加上抠取出来的海洋生物，接着添加上书素材，并使用纸素材结合图层蒙版将其与海洋生物合成在一起，最后对画面的整体色调进行调整，得到完整的画面效果。

↘ 制作流程

4.12.1　制作背景并添加书本

在本实例的操作中首先新建一个图层，添加上桌面素材，并使用自由变换调整其大小、位置和透视关系，再添加上黑色的背景图像，并使用图层蒙版对其进行编辑调整，接着添加书素材，并使用图层样式调整其阴影，然后再使用色彩平衡等调整图层对画面的色调进行调整。

01 打开Photoshop CS6软件后，执行"文件>新建"菜单命令，在打开的对话框中设置宽度、高度和分辨率的参数，确定后得到"背景"图层。

02 打开随书光盘\素材\04\95.jpg文件，将打开的图像复制到新建的文件中，得到"图层1"图层，按快捷键Ctrl+T，使用变换编辑框调整图像大小并将其按顺时针旋转90度，编辑后按Enter键确认变换。

03 调整桌面素材的位置后，在打开的自由编辑框中单击鼠标右键，在打开的快捷菜单中选择"透视"选项，接着使用鼠标拖曳编辑框四角中的右下角控制点，调整桌面素材的透视角度。

04 新建一个"图层2"图层，再为其添加上白色的蒙版将其填充为黑色，再使用渐变工具进行编辑，使其和桌面的衔接更加自然，接着再使用画笔工具进行修饰调整。

05 打开随书光盘\素材\04\96.jpg文件，将打开的图像复制到新建的文件中，得到"图层3"图层，使用自由变换工具对其大小和位置进行调整，再使用透视选项调整其透视角度。

06 双击"图层3"图层，在打开的"图层样式"对话框中设置"投影"参数，在打开的对话框中设置参数。

07 确定"图层样式"的参数设置后，在图像窗口可以看到增加了书的投影效果，使其和桌面更加贴合。

08 按住Ctrl键单击"图层3"图层，将素材载入选区，再创建"曲线"调整图层，在打开的"属性"面板中拖曳"蓝"和RGB通道的曲线设置参数。

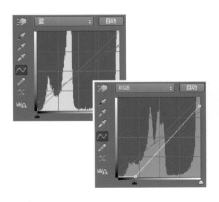

09 确定设置后，选中"图层3"图层和"曲线1"调整图层，再按快捷键Ctrl+Alt+E合并图层，得到"曲线1（合并）"图层，并将选中的图层隐藏。

10 执行"图层>新建>图层"菜单命令，在打开的对话框中设各项参数，确定后，得到"图层4"图层，接着设置前景色为黑色，再使用画笔工具在画面中合适的地方单击涂抹，增加暗调。

11 创建"曲线"调整图层，在打开的"属性"面板中拖曳曲线设置参数，接着将该调整图层的蒙版填充为黑色，再使用白色的画笔工具编辑该蒙版，加强部分区域的暗调效果。

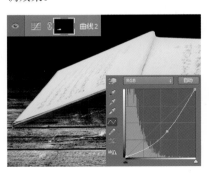

12 设置前景色为R226、G183、B127，再新建一个"图层5"图层，按Ctrl键的单击"曲线1（合并）"图层，将书载入选区，接着按快捷键Alt+Delete进行填充，然后设置该调整图层的图层属性。

13 按住Ctrl键单击"曲线1（合并）"图层，将书载入选区，接着创建"亮度/对比度"调整图层，在打开的"属性"面板中设置参数依次为-42、63，调整画面的对比度。

14 按住Ctrl键单击"亮度/对比度1"调整图层的蒙版，将书载入选区，再创建"色彩平衡"调整图层，并在打开的"属性"面板中设置参数。

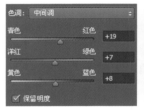

15 确定后，在图像窗口可以看到书的颜色得到改变，制作出怀旧的色调。

16 在"调整"面板中单击"色阶"按钮，新建一个"色阶"调整图层，在打开的"属性"面板中，使用鼠标拖曳调整选项滑块设置参数，调整画面的整体影调效果。

17 按住Ctrl键单击"色彩平衡1"调整图层的蒙版，将书载入选区，再创建"曲线"调整图层，并在打开的"属性"面板中拖曳曲线设置参数，对书的色调进行调整。

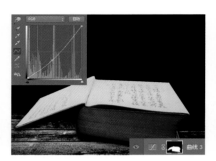

4.12.2 添加海洋生物

制作出背景并将书添加上后，即可为画面添加上海洋生物，调整其大小和位置后，再对其形状进行调整，接着调整其颜色和明暗，使其和书的色调一致，让画面色调、影调比较统一。

01 打开随书光盘\素材\04\97.jpg文件，将打开的图像复制到新建的文件中，得到"图层6"再使用自由变换工具将其水平翻转，再调整其位置和大小。

02 选择"套索工具"，再使用该工具在章鱼的脚上绘制选区，再按快捷键Ctrl+J进行复制，得到"图层7"图层，隐藏其他图层可以看到复制所得的效果。

03 按快捷键Ctrl+T，打开自由变换编辑框，接着使用该编辑框对复制所得的图像进行旋转和位置的调整。

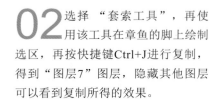

？你知道吗 使用菜单命令调整图像大小

在使用自由变换对图像进行调整的时候，可以使用编辑菜单中的自由变换或变换菜单命令对图像的大小、位置和形状等进行调整。

04 在打开的编辑框中单击鼠标右键，在快捷菜单中选择"变形"选项，再使用鼠标拖曳编辑框的各手柄，对图像的形状进行调整。

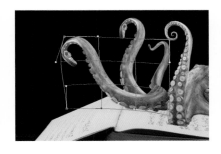

05 选择工具箱中的"套索工具"，并在其选项栏中设置"羽化"参数为5像素，接着使用该工具在图像中合适的地方创建选区。

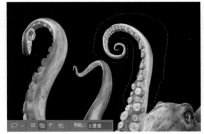

06 按快捷键Ctrl+J复制创建的选区，得到"图层8"图层，接着使用自由变换对复制所得的图像进行旋转调整。

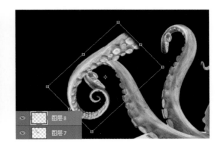

07 选中"图层7"图层，并为其添加上白色的图层蒙版，再使用渐变工具和黑色的画笔工具编辑去除多余的效果。

08 选中"图层8"图层，并为其添加上白色的蒙版，设置前景色为黑色，并选中工具箱中的画笔工具，使用该工具编辑该图层的蒙版，对画面进行调整，让复制的区域衔接更加自然。

09 选中"图层6"至"图层8"图层，并按快捷键Ctrl+Alt+E合并图层，得到"图层8（合并）"图层，接着按快捷键Ctrl+J进行复制，得到副本图层，隐藏选中的图层后，对复制所得的图层执行"滤镜>其他>高反差保留"菜单命令，在打开的对话框中设置参数。

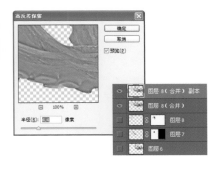

10 设置"图层8（合并）副本"图层的"图层混合模式"为叠加，设置后，在图像窗口可以看到应用滤镜后的图像效果，章鱼的纹理更加清晰。

11 按住Ctrl键单击"图层8（合并）副本"图层，接着再创建"曲线"调整图层，并在打开的"属性"面板中设置"蓝"和RGB通道的设置参数。

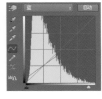
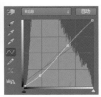

12 确定后，在图像窗口可以看到画面的色调得到改变，更加偏黄色调，和书的颜色更加接近。

13 按住Ctrl键单击"曲线4"的蒙版，接着再创建"色阶"调整图层，并在打开的"属性"面板中拖曳滑块设置参数。

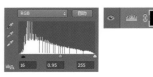

4.12.3　添加其他元素并对画面进行修饰调整

添加主体对象后，即可为画面添加其他元素进行修饰调整，首先添加上帆船素材，对其影调和色调进行调整，和画面色调一致，再添加上纸素材，让添加的章鱼更加自然，接着对纸的颜色进行调整，最后使用通道混合器对画面的色调进行调整，制作出书中海洋的画面效果。

01 打开随书光盘\素材\04\98.jpg文件，将打开的图像复制背景图像中，得到"图层9"图层，按快捷键Ctrl+T，使用该自由变换工具对其位置和大小进行调整。

02 对"图层9"执行"滤镜>液化"菜单命令，在打开的对话框中选择"向前变形工具"，并设置其参数，接着使用该工具在图像中合适的地方单击拖曳调整其形状。

03 确定"液化"滤镜的应用后，为"图层9"图层添加上白色的蒙版，设置前景色为黑色，接着使用"画笔工具"编辑该蒙版，让帆船素材和章鱼更为贴切。

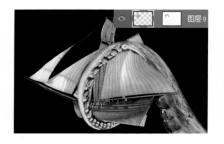

04 按住Ctrl键单击"图层9"图层，将其载入选区，接着创建"照片滤镜"调整图层，并在打开的"属性"面板中设置参数，调整其颜色。

05 按住Ctrl键单击"图层9"图层，将其载入选区，接着创建"色阶"调整图层，在打开的"属性"面板中拖曳滑块设置参数。

06 确定设置后，在图像窗口可以看到应用设置后的画面效果，帆船的色调和章鱼的色调更加的统一，使画面看上去更加协调。

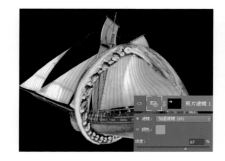

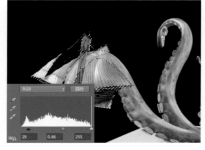

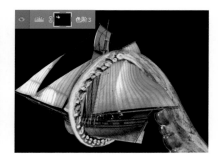

07 打开随书光盘\素材\04\99.jpg文件,将打开的图像复制背景图像中,得到"图层10"图层,再使用该自由变换工具对其位置和大小进行调整。

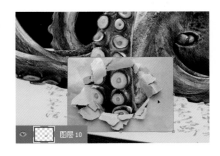

08 为"图层10"图层添加上白色的蒙版,接着使用渐变工具在画面上拖曳,让添加的素材看上去更加自然,再使用画笔工具进行修饰调整。

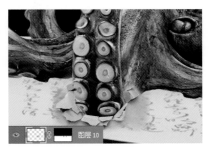

09 复制"图层10"图层,得到"图层10副本"图层,再使用自由变换中的"变形"对素材的形状进行一定的调整。

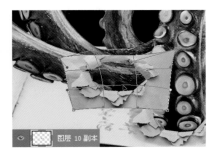

10 为"图层10副本"添加上白色的蒙版,接着使用渐变工具在画面上拖曳,让添加的素材看上去更加自然,再使用画笔工具进行修饰调整。

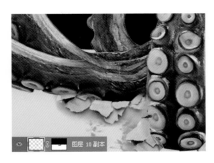

11 复制"图层10副本"图层,得到"图层10副本2"图层,再使用自由变换中的"透视"对素材的透视进行一定的调整。

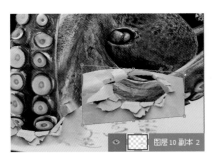

12 为"图层10副本2"添加上白色的蒙版,接着设置前景色为黑色,再选择工具箱中的"画笔工具"编辑蒙版,让添加的素材看上去更加自然。

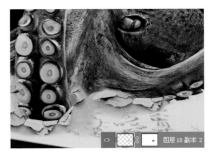

13 复制"图层10副本2"图层,得到"图层10副本3"图层,使用自由变换调整其位置,接着再将图像进行垂直翻转,然后对图像进行旋转。

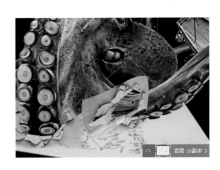

14 为"图层10副本3"添加上白色的蒙版,再使用渐变工具和画笔工具编辑该蒙版,让添加的素材看上去更加自然。

15 复制"图层10副本3"图层,得到"图层9副本4"图层,使用自由变换调整其位置,接着再将图像水平翻转,然后对图像进行旋转。

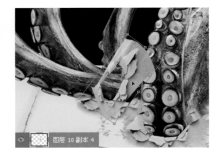

16 为"图层10副本4"添加上白色的蒙版，再使用渐变工具和画笔工具编辑该蒙版，让添加的素材看上去更加自然。

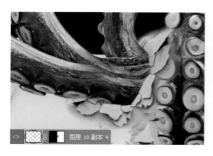

17 在"调整"面板中创建"亮度/对比度"调整图层，在打开的"属性"面板中设置参数依次为6、52，调整画面的对比度。

18 在"调整"面板中创建"通道混合器"调整图层，在打开的"属性"面板中设置"蓝"输出通道的参数，调整画面整体色调。

19 在"调整"面板中单击"色阶"按钮，在打开的"属性"面板中使用鼠标拖曳滑块设置参数依次为4、0.93、255。

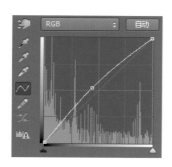

20 应用设置后，在图像窗口可以看到画面效果，画面的影调效果得到加强。

21 选择"矩形选框工具"并在其选项栏中设置参数，接着使用该工具沿着图像边缘单击拖曳绘制选区。

22 保持绘制的选区，再创建"曲线"调整图层，在打开的"属性"面板中使用鼠标拖曳曲线设置参数。

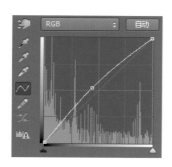

23 在图像窗口可以看到应用"曲线"后的画面效果，选区内的图像得到提亮。

24 盖印图层，得到"图层10"图层，执行"滤镜＞锐化＞USM锐化"菜单命令，在打开的对话框中设置各选项的参数。

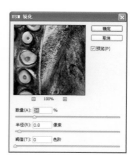

25 在图像窗口可以看到应用"USM锐化"后的画面效果，画面的纹理效果更加强，展现出的细节更加明显。

↘ 知识提炼

认识【照片滤镜】调整图层设置选项

"照片滤镜"可以模拟出类似相机镜头前安置的传统颜色滤镜后拍摄的效果。该调整图层通过颜色的冷、暖色调来调整图像，更改图像的色调。

单击"图层"面板底部的"创建新的调整图层"按钮，在打开的快捷菜单中选择"照片滤镜"选项，即可创建"照片滤镜"调整图层，或直接在"调整"面板中单击"照片滤镜"按钮，进行创建，其设置选项如下图所示。

打开"属性"面板后，可以对面板中的各选项进行调整，根据需要对图像的色调进行调整，下面将介绍"照片滤镜"中的各参数设置。

①滤镜：单击该选项后的倒三角按钮，在打开的下拉列表中提供了20种颜色滤镜，如下左图所示，根据需要选择不同的选项对图像进行调整可以得到不同的效果，如下左图、下右图所示。

②颜色：选中该选项的单选按钮后，单击色块，在打开的"拾色器（照片滤镜颜色）"对话框中设置需要的颜色，如左下图所示，即可更改图像颜色，如右下图所示。

③浓度：拖曳该选项的滑块，可以对应用色彩的浓度进行调整，往左浓度就降低，越往右浓度越高，如下图所示。

05 | 第5章
商业设计中的创意表现

5.1 飞溅的鞋子

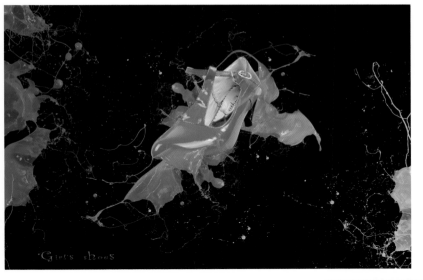

素　材	随书光盘\素材\05\01.jpg、02.jpg、03.jpg
源文件	随书光盘\源文件\05\飞溅的鞋子.psd

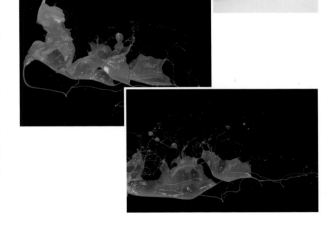

↘ 创意密码

　　漆皮鞋是在皮革的表面喷一层漆，让鞋子看上去光泽亮丽，它有着不退流行的特质，更有整体搭配上的加分效果。本案例的广告就是从漆皮鞋的制作特点出发，将漆皮鞋与各种色彩的漆融合在一起，使用喷漆的飞溅效果，呈现出全新的视觉感受，也充分突出了漆皮鞋的制作工艺特质。

　　案例的具体制作首先将拍摄的主体鞋子抠出，添加上纯黑背景，再添加喷溅的漆图像，使用图层混合与蒙版的配合与鞋子合成在一起，最后在背景上添加不同颜色的飞溅漆，得到完整的广告画面。

↘ 制作流程

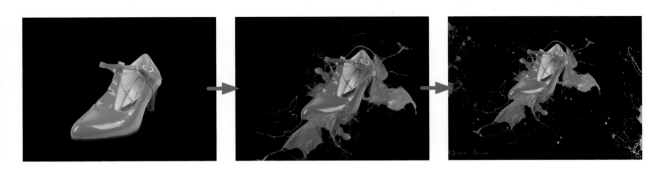

5.1.1　将鞋子与飞溅的漆合成在一起

　　在本实例的操作中首先使用"钢笔工具"将主体鞋子抠取出来，为其填充上纯黑的背景，然后就是合成飞溅的漆效果，通过变换操作将漆图像与鞋子调整到适当的角度和大小，再使用图层混合模式与图层蒙版，将其完美地融合在一起，完成主体对象的效果。

01 在Photoshop中打开随书光盘\素材\05\01.jpg文件，使用"钢笔工具"在画面中鞋子的边缘单击添加锚点并拖曳鼠标绘制出路径，将鞋子绘制为闭合的路径。

02 按快捷键Ctrl+Enter将路径载入选区，在画面中可以看到鞋子被创建到选区内的效果。

03 按快捷键Ctrl+J复制选区内的图像，得到"图层1"图层，然后在"图层"面板中单击"创建新图层"按钮，新建"图层2"图层，再填充颜色为黑色，并按快捷键Ctrl+[下移一个图层，调整到"图层1"图层的下方，可以看到画面中更改了鞋子的背景为纯黑色。

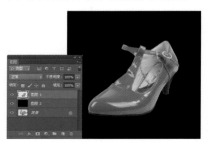

04 打开随书光盘\素材\05\02.jpg文件，然后将打开的图像复制到鞋子文件中，得到"图层3"图层，再按快捷键Ctrl+T，使用变换编辑框调整图像的大小并旋转角度，最后按Enter键确认变换。

05 用上一步骤中同样的方法选择"图层1"中的图像，使用变换编辑框调整图像的大小，然后在"图层"面板中设置"图层3"的图层混合模式为"浅色"，可以看到混合图层后给鞋子混合叠加上了图像。

06 执行"图像>调整>色相/饱和度"菜单命令，在打开的对话框中设置"色相"为-15，确认设置后可以看到画面中的图像统一了颜色。

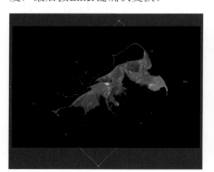

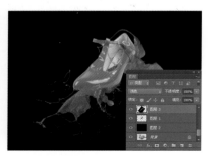

07 为"图层3"添加一个图层蒙版，然后使用黑色"画笔工具"在画面中的鞋子上进行涂抹，遮盖多余的喷漆，让鞋子与油漆合成在一起。

08 复制"图层3"得到副本图层，然后按快捷键Ctrl+T，使用变换编辑框对图像进行旋转变换，调整喷漆到鞋子另一边的适当位置。

09 确认变换后，使用黑色的"画笔工具"在画面中鞋子的边缘进行涂抹，编辑蒙版，遮盖鞋子上多余的图像，为鞋子合成飞溅的油漆效果。

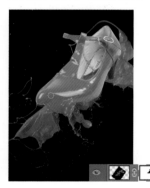

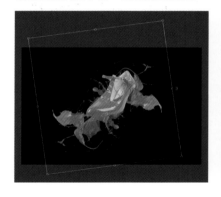

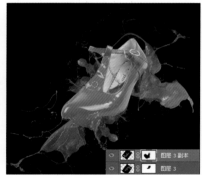

10 在"调整"面板中单击"色阶"按钮，新建一个"色阶"调整图层，然后在打开的"属性"面板中设置"色阶"调整图层选项，使用鼠标拖曳，调整选项滑块位置依次到32、0.84、255的位置。

11 编辑"色阶1"调整图层选项后，在"图层"面板中将该图层向下移动到"图层3"下方，将调整图层效果作用于下方的"图层1"图像中。

12 调整图层顺序后，可以看到画面中鞋子调整了明暗对比效果，使得鞋子与油漆更好地融合。

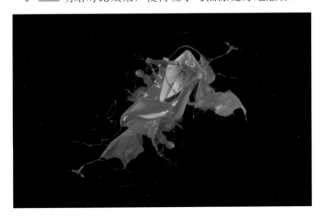

■■ 高手点拨

当需要快速调整选中图层的顺序时，可以按快捷键Ctrl+[下移一个图层，持续按即可下移多个图层，直到自己设计需要的位置；按快捷键Ctrl+]可以向上移动一个图层。

5.1.2 给背景添加元素让画面效果更完整

编辑主体对象后，需要根据画面整体效果，在背景边缘添加其他的飞溅漆效果，并结合调整命令，改变漆的颜色，用红、黄、蓝三原色打造出漂亮的色彩视觉，最后添加上立体感的主体文字，完成创意鞋类广告的制作。

❓ 你知道吗 用"置入"命令快速添加文件

在合成图像时，为了快速添加图像可以使用"文件>置入"菜单命令，将图像置入到文件中，达到快速添加文件的目的。

01 打开随书光盘\素材\05\03.jpg文件，然后将打开的图像复制到鞋子图像中，得到新图层，并设置图层混合模式为"变亮"，再按快捷键Ctrl+T，使用变换编辑框对图像进行旋转、缩放调整，最后添加油漆元素到背景中。

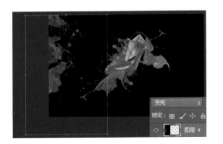

02 执行"图像>调整>色相/饱和度"菜单命令，或按快捷键Ctrl+L，打开"色相/饱和度"对话框，然后设置"色相"为-120，再单击"确定"按钮，关闭对话框。

03 设置"色相/饱和度"选项后，在图像窗口可以看到选中图层中的图像颜色被改变为蓝色的效果。

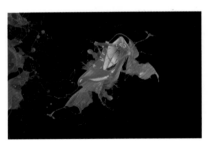

04 复制蓝色喷漆图层，得到副本图层，然后按快捷键 Ctrl+T，使用变换编辑框翻转图像并调整到右侧位置，再使用变形网格变形图形。

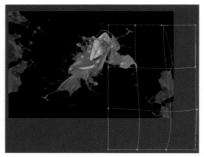

05 按快捷键 Ctrl+U 再次打开"色相/饱和度"对话框，然后设置"色相"为+170，再单击"确定"按钮关闭对话框。

06 设置"色相/饱和度"选项后，在图像窗口中可以看到复制的图像颜色更改为黄色，在画面中出现了红、黄、蓝三色组合效果。

07 按快捷键 Shift+Ctrl+Alt+E 盖印图层，得到新图层，然后选择"仿制图章工具"，再调整画笔到适当的大小，在画面中取样黄色小点图像，在鞋子周围仿制。

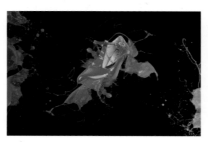

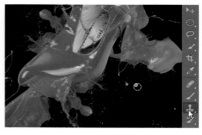

08 按快捷键 Ctrl++ 放大图像在窗口中的显示，然后继续在画面中黄色和蓝色油漆小点上单击取样，再在鞋子周围仿制图像，为背景丰富元素。

09 在"调整"面板中创建"色阶"调整图层，得到"色阶2"图层，然后在打开的"属性"面板中使用鼠标拖曳各滑块位置依次到5、1.22、243。

10 设置调整图层后，在图像窗口可以看到调整了整体的明暗对比效果，画面光影效果更理想。

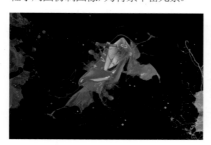

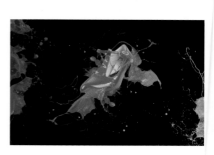

11 使用"文字工具"在画面左下方设置需要表达的广告主体文字，并调整字体与字符大小，在"图层"面板中得到文字图层。

12 双击文字图层，在打开的"图层样式"对话框中勾选"斜面和浮雕"样式，为文字添加图层样式，然后在对话框中设置选项，确认设置后制作出具有立体感的文字效果。

知识提炼

认识【钢笔工具】

"钢笔工具"可以绘制出任意形态的路径效果。通过单击添加锚点，可以精确地绘制出直线或光滑的曲线，使用这些线条连接出需要的图形。 抠图时在画面中将需要抠取的对象绘制为路径，然后将路径转换为选区即可准确地选取对象。

在工具箱中提供了钢笔工具组，单击"钢笔工具"按钮 ，打开隐藏工具，如下图所示，可选择更多的路径绘制或编辑工具，让绘制的路径形态更准确。

选择"钢笔工具"后可在工具选项栏中设置选项，让路径的绘制更加轻松和准确，"钢笔工具"选项栏如下图所示。

① 选择工具模式：决定绘制的对象为路径、形状或像素。

② 建立路径为：用于将绘制的路径创建为选区、生成矢量蒙版或形状图层。

③ 路径操作：实现路径的相加、相减和相交等运算。

④ 路径对齐方式：设置路径的对齐方式，需要有两条以上的路径被选择才可用。

⑤ 路径排列方式：该选项用于设置路径的排列方式。

⑥ 自动添加/删除：勾选该复选框，当移动到锚点上时，钢笔工具会自动转换为删除锚点样式；取消勾选后，当钢笔工具移动到路径线上时，钢笔工具会自动转换为添加锚点的样式。

⑦ 对齐边缘：该选项主要作用于将矢量形状边缘与像素网格对齐。

作品欣赏

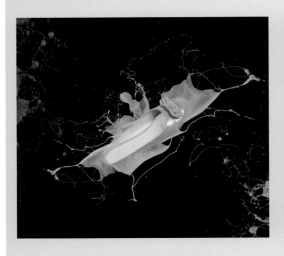
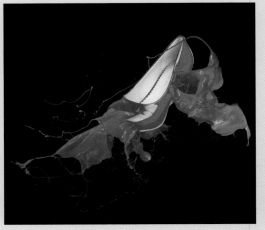

上面两图所示展示了不同颜色的漆皮鞋效果，通过对鞋子和油漆色彩的变换，让简洁的画面也能呈现出不一样的视觉效果，加强了鞋子本身的质感。

5.2　香水的季节

素　材	随书光盘\素材\05\04.jpg、05.jpg、06.jpg、07.jpg、08.jpg、09.psd、10.psd
源文件	随书光盘\源文件\05\香水的季节.psd

创意密码

　　香水，每一种都蕴含有它独特的深意，通过对香水进行精美的包装与设计，可以让其更具有吸引力。本案例的广告就是以香水为出发点，将香水与沙滩融合在一起，使用环境烘托出整个画面的意境氛围。

　　案例的具体制作首先对画布进行扩展，将沙滩图案复制到天空下，然后使用图层蒙版将两个图像结合在一起，使用调整命令对色彩进行调整，让画面的色调更加统一，再将香水复制到画面中，添加图层蒙版，将背景隐藏起来，在香水瓶上叠加水珠效果，最后为画面添加文字，得到完整的香水广告画面。

制作流程

5.2.1 合成海岸景色

在本实例的操作中首先使用"裁剪工具"裁剪图像,扩展画布,然后将沙滩复制到画面底部并为其添加图层蒙版,再使用工具对蒙版进行编辑,使沙滩与天空融合在一起,最后通过使用调整命令对画面的颜色进行处理,合成全新的背景效果。

01 打开随书光盘\素材\05\04.jpg文件,执行"图像>翻转>水平翻转画布"菜单命令,对画布进行水平翻转操作。

02 选择"裁剪工具",沿图像边缘绘制裁剪框,再对裁剪框进行扩展,确认裁剪画布大小后按Enter键裁剪图像。

03 打开随书光盘\素材\05\05.jpg文件,然后将打开的图像复制到夕阳图像中,得到"图层1"图层,再按快捷键Ctrl+T,使用变换编辑框对图像进行缩放调整,完成后按Enter键确认变换效果。

04 单击"图层"面板中的"添加图层蒙版"按钮,为"图层1"添加图层蒙版,然后选择"画笔工具",设置前景色为黑色,调整不透明度和流量,再使用"画笔工具"编辑图层蒙版。

■■ 高手点拨

在复制图层时,可以通过执行"图层>复制图层"菜单命令,打开"复制图层"对话框,在对话框中指定文件名等选项,完成选定图层的复制操作。

05 按住Ctrl键单击图层蒙版缩览图,载入选区,然后新建"色相/饱和度"调整图层,在"属性"面板中设置"饱和度"为+36,提高沙滩区域的色彩饱和度。

06 再次载入沙滩选区,单击"调整"面板中的"曲线"按钮,新建"曲线"调整图层,然后单击"预设"下拉按钮,在打开的列表中选择"强对比度(RGB)"选项,增强对比。

07 打开随书光盘\素材\05\06.jpg文件,将打开的图像复制到夕阳图像中,得到"图层2"图层,按快捷键Ctrl+T,使用变换编辑框对图像进行缩放调整,完成后按Enter键确认变换效果。

08 单击"图层"面板中的"添加图层蒙版"按钮，为"图层1"添加图层蒙版，然后选择"画笔工具"，设置前景色为黑色，使用"画笔工具"编辑图层蒙版。

09 按住Ctrl键，单击图层蒙版缩览图，载入选区，然后新建"色彩平衡"调整图层，在"属性"面板中分别对"全图"和"黄色"进行设置。

10 完成"色相/饱和度"选项的设置后，返回图像窗口，在画面中使用"色相/饱和度"调整选区内的图像颜色，使天空下的沙滩颜色与天空的色调更加一致。

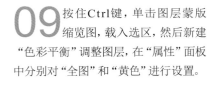

11 再次载入选区，单击"调整"面板中的"可选颜色"按钮，新建"选取颜色"调整图层，选择"黄色"选项，在下方对各颜色的百分比进行调整，修饰选区内图像的颜色。

12 按住Ctrl键单击"选取颜色"调整图层缩览图，载入选区，然后单击"调整"面板中的"色彩平衡"按钮，在"图层"面板中创建一个"色彩平衡"调整图层，再选择"中间调"选项，设置颜色值为+20、0、-25，平衡选区颜色。

13 选择工具箱中的"套索工具"，在选项栏中设置"羽化"为35像素，在图像右下角单击并拖曳鼠标，绘制选区效果。

14 单击"调整"面板中的"色彩平衡"按钮，新建"色彩平衡"调整图层，打开"属性"面板，在面板中设置颜色值为+37、0、-42，设置后使用选项调整选区颜色。

15 单击"图层"面板中的"创建新的填充或调整图层"按钮，在打开的快捷菜单中选择"纯色"命令，新建"颜色填充1"调整图层，并打开"拾色器（纯色）"对话框，设置填充颜色为R255、G2、B2。

16 在"图层"面板中选择"颜色填充1"调整图层，设置图层混合模式为"柔光"、"不透明度"为37%，再选择"画笔工具"，设置前景色为黑色，在图像上涂抹，编辑图层蒙版。

5.2.2 添加香水图案

　　编辑背景图像后，接下来添加香水图像，通过复制的方式把合适的香水素材添加到画面右侧，然后添加图层蒙版，使用画笔编辑蒙版，将背景隐藏起来，再将水珠图像复制到香水瓶子上，更改图层混合模式，使其与香水瓶自然地结合。

01 打开随书光盘\素材\05\07.jpg文件,将打开的图像复制到图像中,得到"图层3"图层,然后按快捷键Ctrl+T,使用变换编辑框对图像进行缩放调整,完成后按Enter键确认变换效果。

02 单击"图层"面板底部的"添加图层蒙版"按钮 ,为"图层3"图层添加图层蒙版,再选择"画笔工具",设置前景色为黑色,使用"画笔"在香水图像边缘涂抹,将背景隐藏起来。

03 选择"图层3"图层,将其拖曳到"创建新图层"按钮 上,释放鼠标,复制图层得到"图层3(副本)"图层,右击图层蒙版,在打开的快捷菜单中执行"使用图层蒙版"命令,将图层蒙版使用于图像中。

04 按快捷键Ctrl+J复制"图层3副本"图层,得到"图层3副本2"图层,将该图层隐藏,再选中"图层3副本"图层。

05 执行"滤镜>模糊>高斯模糊"菜单命令,打开"高斯模糊"对话框,输入"半径"为4.9像素,模糊图像。

06 选中"图层3副本2"图层,执行"图层>图层样式>投影"菜单命令,打开"图层样式"对话框,在对话框中设置投影"不透明度"为39%、"距离"为5像素、"大小"为9像素。

07 设置完成后单击"确定"按钮,返回图像编辑窗口,可以看到使用图层样式后,为香水瓶添加了投影。

08 打开随书光盘\素材\05\08.jpg文件,将打开的图像复制到图像中,得到"图层4"图层,然后按快捷键Ctrl+T,使用变换编辑框对图像进行旋转、缩放调整,完成后按Enter键确认变换效果。

09 按住Ctrl键单击"图层3副本2"图层缩览图,载入香水瓶选区,然后选中"图层4"图层,单击"添加图层蒙版"按钮 ,为"图层4"图层添加上蒙版效果。

10 执行"图像>调整>去色"菜单命令,去掉图像上的颜色,将叠加的水珠转换为黑色效果。

11 执行"滤镜>锐化>USM锐化"菜单命令,打开"USM锐化"对话框,设置"数量"为59%、"半径"为1.8像素,单击"确定"按钮,锐化图像。

12 将"图层4"图层选中,设置此图层的混合模式为"叠加",将水珠图像叠加于香水瓶上,形成逼真的质感效果。

13 按住Ctrl键单击香水瓶所在图层,载入选区,然后新建"色阶"调整图层,在"属性"面板中依次设置色阶值为13、1.04、218。

14 打开随书光盘素材0503.jpg文件,将打开的图像复制到图像中,得到"图层5"图层,然后按快捷键Ctrl+T,使用变换编辑框对图像进行缩放调整,再选择"橡皮擦工具",将多余部分擦除。

15 按住Ctrl键单击"图层5"图层缩览图,载入选区,新建"色彩平衡"调整图层,在打开的"属性"面板中设置颜色值为+40、0、-30,根据设置的参数值,平衡画面色彩。

16 再次载入相同的选区,新建"色相/饱和度"调整图层,设置"色相"为-2、"饱和度"为+25,再选择"黄色"选项,设置"色相"为-9、"饱和度"为+17。

17 设置完成后,返回图像窗口,在图像上可以看到应用"色相/饱和度"选项,调整"全图"和"黄色"后的图像效果。

18 新建"渐变映射"调整图层,在"属性"面板中单击"渐变"下拉按钮,选择"紫,橙渐变"。

19 在"图层"面板中将"渐变映射1"调整图层选中,设置混合模式为"变亮"、"不透明度"为33%,再使用黑色画笔涂抹蒙版,还原渐变色彩。

5.2.3　添加突出主题的文字效果

为了表现广告用途，最后需要在画面中为图像添加合适的文字。结合"横排文字工具"和"字符"面板，为图像添加文字，然后根据画面需要对一部分文字的透明度降低，再为广告添加矢量商标图案，完成本实例的制作。

01 选择"横排文字工具"，执行"窗口>字符"菜单命令，打开"字符"面板，在面板中设置文字字体、大小和间距等，然后在图像中添加文字。

02 继续结合"横排文字工具"和"字符"面板完成画面中文字的添加，增强画面的表现力。

? 你知道吗　单击按钮打开"字符"面板

在Photoshop中，要打开"字符"面板，可以在选择文字工具后，单击工具选项栏中的"切换字符和段落面板"按钮 📃，打开"字符/段落"面板。

03 选中最上方的段落文字图层，将文字图层的"不透明度"设置为13%，使设置的文字更有层次感。

04 打开随书光盘\素材\05\09.psd文件，将打开的图像复制到图像中，得到"图层6"图层，然后按快捷键Ctrl+T，使用变换编辑框对图像进行缩放调整，完成变换后按Enter键确认效果。

■■ 高手点拨

在Photoshop中要完成不同图像之间的复制，可以选择"选择工具"，在图像之间进行拖曳，也可以全选图像后，执行复制、粘贴操作。

05 打开随书光盘\素材\05\10.psd文件，将打开的图像复制到图像中，得到"图层7"图层，然后按快捷键Ctrl+T，使用变换编辑框对图像进行缩放调整，完成后按Enter键确认变换效果。

06 在"图层"面板中选中"图层6"图层，将图层混合模式设置为"滤色"、"不透明度"降为70%，使音符图像融合于画面中。

↘ 知识提炼

认识【裁剪工具】

使用"裁剪工具"可以对图像进行自由裁剪和调整操作。在工具箱中选中"剪裁工具",然后在图像中单击并拖曳鼠标,即可根据拖曳的鼠标轨迹自动生成一个相应的裁剪框,结合鼠标的操控能够实现不同使用的裁剪设置,满足图像的各种构图要求。

在工具箱中提供了裁剪工具组,单击"裁剪工具"按钮,打开隐藏面板,如下图所示,在面板中可以分别选择"裁剪工具"或"透视裁剪工具"来裁剪当前图像。

选择"裁剪工具"后可以在工具选项栏中设置选项,实现更准确的裁剪操作,"裁剪工具"选项栏如下图所示。

①工具预设:在工具预设下拉列表中包括"无约束"、"原始比例"、"1×1(正方形)"、"4×5(8×10)"、"8.5×11"、"4×3"、"保存预设"以及"大小和分辨率"等选项,根据需要设置尺寸。单击"大小和分辨率"选项,打开"裁剪图像大小和分辨率"对话框,在此对话框中重新指定裁剪图像的大小和分辨率。

②宽度和高度:在该选项内输入数值,设置裁剪图像的宽度和高度。

③纵向与横向旋转裁剪框:用于旋转裁剪框的方向,将纵向变为横向,或将横向变为纵向。

④拉直:用于快速校正歪斜的图像,只需要通过简单地拖曳,就会拉直方向调整裁剪。

⑤视图:在"视图"选项下,可以对裁剪框的显示方式进行选择。单击"视图"下拉按钮,在打开的列表中查看可以选择的裁剪框显示方式,默认选择"三等分"视图显示方式。

⑥删除裁剪相素:勾选该复选框,可以将裁剪范围上的图像删除,且无法再恢复。

↘ 作品欣赏

上面两图所示展示了在不同季节、不同环境下香水所表现出来的意境氛围,透过背景颜色或是图案的变换,使同一品牌的香水表现出不同的"味道"。

5.3 冷静与热情

↘ 创意密码

　　手机广告的设计，不仅在于能够表现手机的主要性能、特色，同时也能反映设计者独到的思维。为了让画面更有震撼力，使用了对比的方式，将冰山与火山融合在一起，通过视觉反差突出全新的智能手机，给人带来一种全新的视觉感观效果。

　　案例的具体制作首先对冰山与火山恰到好处地结合，通过将不同的雪山与干涸的土体添加到同一文件中，然后结合"画笔工具"和"渐变工具"对蒙版进行编辑，合成冰山与火山的奇妙场景，再在合成的场景中添加手机素材，通过透视的表现手法显示手机下方的奇幻美景。

素　材	随书光盘\素材\05\11.jpg、12.jpg、13.jpg、14.jpg、15.jpg、16.jpg、17.jpg、18.psd、19.jpg、20.jpg
源文件	随书光盘\源文件\05\冷静与热情.psd

↘ 制作流程

5.3.1　合成冰山与火山的奇妙背景

　　本实例的操作首先使用图层蒙版对场景进行混合，将雪山图像复制到新建的文件中，然后通过锐化展现清晰的雪山细节，再将干裂的土地等素材复制到雪山右侧，再次进行蒙版的添加，最后使用"渐变工具"创建渐隐的过渡效果，合成冰山与火山的奇妙背景。

01 执行"文件>新建"菜单命令，打开"新建"对话框，设置文件名为"冷静与热情"，调整文件大小，单击"确定"按钮，新建文档。在Photoshop中打开随书光盘\素材\05\11.jpg文件，将打开的图像复制到新建文件中。

02 选中"图层1"图层，执行"图层>复制图层"菜单命令，复制图层，然后执行"滤镜>锐化>USM锐化"菜单命令，打开"USM锐化"对话框，设置"数量"为37%、"半径"为4.6像素，单击"确定"按钮，锐化图像。

03 在Photoshop中打开随书光盘\素材\05\12.jpg文件，将打开的图像复制到冰山图像左下角，得到"图层2"图层，然后单击"添加图层蒙版"，为此图层添加图层蒙版。

04 选择"画笔工具"，设置前景色为黑色，在选项栏中将"不透明度"和"流量"设置为25%，使用"画笔工具"在图像上涂抹，将一部分图像隐藏起来。

05 按住Ctrl键单击"图层2"的蒙版缩览图，载入雪景选区，然后新建"色阶"调整图层，并在"属性"面板中依次输入色阶值为0、1.86、245。

06 选择"椭圆选框工具"，在选项栏中设置"羽化"为150像素，在山峰中间位置单击并拖曳鼠标，绘制选区效果。

07 新建"颜色填充1"调整图层，打开"拾色器（纯色）"对话框，设置颜色值为R21、G22、B55，单击"确定"按钮。

08 使用设置的填充颜色对选区进行填充，选中"颜色填充1"调整图层，将图层混合模式设置为"正片叠底"、"不透明度"为60%，为选区叠加新颜色。

09 打开随书光盘\素材\05\13.jpg文件，将打开的图像复制到背景文件中，得到"图层3"图层，然后按快捷键Ctrl+T，使用变换编辑框调整图像的大小并旋转角度，编辑后按Enter键确认变换。

10 单击"图层"面板中的"添加图层蒙版"按钮，添加图层蒙版，再选择"画笔工具"，设置前景色为黑色，在图像上涂抹，将多余的区域隐藏起来。

11 打开随书光盘\素材\05\14.jpg文件，将打开的图像复制到背景文件中，得到"图层3"图层，然后按快捷键Ctrl+T，使用变换编辑框调整图像的大小并旋转角度，再添加图层蒙版，使用黑色"画笔工具"对蒙版进行编辑。

12 按住Ctrl键单击"图层4"图层的蒙版缩览图，将此蒙版载入选区，然后按快捷键Ctrl+J，得到"图层5"图层。

13 选中"图层5"图层，执行"滤镜>USM锐化"菜单命令，或按快捷键Ctrl+F，使用前面设置的"USM锐化"选项，锐化图像。

14 打开随书光盘\素材\05\15.jpg文件，将打开的图像复制到背景文件中，得到"图层6"图层，然后按快捷键Ctrl+T，使用变换编辑框调整图像的大小并旋转角度，再添加图层蒙版，使用"画笔工具"编辑图层蒙版。

15 打开随书光盘\素材\05\16.jpg文件，将打开的图像复制到背景文件中，得到"图层7"图层，然后按快捷键Ctrl+T，使用变换编辑框调整图像的大小并旋转角度，再添加图层蒙版，使用"画笔工具"编辑图层蒙版。

16 按住Ctrl键单击"图层7"图层的蒙版缩览图，将此蒙版载入选区，然后按快捷键Ctrl+J，得到"图层8"图层。

17 按住Ctrl键单击"图层8"图层缩览图，将此图层中的对象载入到选区中。

18 按住Ctrl键单击"图层3（合并）"图层，载入图层选区，单击"调整"面板中的"色阶"按钮，新建"色阶"调整图层，然后在"属性"面板中依次输入色阶值为19、1.00、228，调整选区颜色。

19 选择工具箱中的"矩形选框工具"，在图像右侧绘制矩形选区，然后执行"选择>修改>羽化"菜单命令，打开"羽化选区"对话框，设置"羽化半径"为100像素，单击"确定"按钮，羽化选区。

20 单击"调整"面板中的"色彩平衡"按钮，创建"色彩平衡"调整图层，依次设置颜色值为+60、+19、-16，根据设置的色彩范围，调整图像颜色。

21 载入"色彩平衡"选区，新建"颜色填充1"调整图层，设置填充颜色为RGB，设置后将图层混合模式更改为"颜色加深"、"不透明度"为48%，调整右侧图像的颜色。

■■ **高手点拨**

执行"图层>新建调整图层>色彩平衡"菜单命令，可以在"图层"面板中创建一个"色彩平衡"调整图层。

22 打开随书光盘\素材\05\17.jpg文件，将打开的图像复制到背景文件中，得到"图层3"图层，然后按快捷键Ctrl+T，使用变换编辑框调整图像的大小并旋转角度，编辑后按Enter键确认变换。

23 使用"矩形选框工具"在图像中绘制选区，然后执行"选择>修改>羽化"菜单命令，打开"羽化选区"对话框，设置"羽化半径"为100像素，单击"确定"按钮，羽化选区。

24 单击"调整"面板中的"色阶"按钮，创建"色阶"调整图层，并在"属性"面板中依次设置色阶值为0、1.21、255。

25 载入"色阶"选区，新建"照片滤镜"调整图层，在打开的"属性"面板中单击"滤镜"下拉按钮，选择"冷却滤镜（82）"，修饰选区颜色。

26 新建"图层10"图层，设置前景色为R21、G22、B55，然后选择"渐变工具"，单击"从前景色到透明渐变"，从图像右上角向左下角拖曳鼠标填充渐变，并更改图层混合模式为"滤色"。

27 单击"图层"面板中的"创建新图层"按钮，新建"图层11"图层，然后选择"渐变工具"，继续在图像中拖曳鼠标填充渐变颜色，并将图层混合模式中改为"滤色"。

28 新建"亮度/对比度"调整图层，设置"亮度"为45、"对比度"为-15，然后选择"渐变工具"，单击"从前景色到透明渐变"，在图像上拖曳填充渐变，编辑图层蒙版。

29 选择工具箱中的"矩形选框工具"，在图像左下角绘制矩形选区，然后执行"选择>修改>羽化"菜单命令，打开"羽化选区"对话框，再设置"羽化半径"为100像素，单击"确定"按钮，羽化选区。

30 单击"调整"面板中的"色彩平衡"按钮，创建"色彩平衡"调整图层，依次设置颜色值为-17、+26、-6；再选择"阴影"选项，依次设置颜色值为+10、-16、+49。

31 单击"色调"下拉按钮，选择"高光"选项，依次设置颜色值为+19、+18、+28，完成后根据设置的"色彩平衡"选项，平衡选区颜色。

32 创建"可选颜色"调整图层，选择"青色"选项，设置颜色百分比为+88%、-93%、-70%、-64%；再选择"蓝色"选项，设置颜色百分比为+33%、+37%、+6%、+81%。

33 选中"中性色"选项，依次设置颜色百分比为+30%、-7%、-3%、+16%；再选择"黑色"选项，设置颜色百分比为+76%、+31%、+30%、0%。

34 创建"照片滤镜"调整图层，单击"滤镜"下拉按钮，选择"冷却滤镜（82）"滤镜，再勾选"保留明度"复选框，调整图像颜色。

5.3.2 添加数码产品

完成背景图像的编辑后，接下来就是在设计好的背景上添加数码产品。使用"多边形套索工具"选取手机中间的屏幕区域，添加图层蒙版，将屏幕隐藏起来，然后将月亮素材添加到雪山顶部，得到更加完整的画面。

01 打开随书光盘\素材\05\18.psd文件，将打开的图像复制到背景文件中，得到"图层12"图层，然后按快捷键Ctrl+T，使用变换编辑框调整图像的大小并进行旋转，编辑后按Enter键确认变换。

02 选择"多边形套索工具"，在手机的屏幕边缘单击添加锚点，然后继续在其他边角上单击，当终点与起点重合时，得到矩形选区，再单击"添加图层蒙版"按钮，为"图层12"图层添加图层蒙版。

03 选择"椭圆选框工具"，在选项栏中设置"羽化"为7像素，然后创建"图层13"图层，设置前景色为黑色，按快捷键Alt+Delete将选区填充为黑色，再选择"橡皮擦工具"，将手机上方的图像擦除。

04 打开随书光盘\素材\05\19.jpg文件，切换到"通道"面板，按住Ctrl键单击RGB通道载入通道中的图像选区。

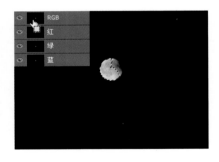

05 将选区中的图像复制到手机屏幕中，得到"图层14"图层，然后按快捷键Ctrl+T，使用变换编辑框调整图像大小，再添加图层蒙版，使用"画笔工具"对蒙版进行编辑，将多余部分隐藏起来。

■■ 高手点拨

在"通道"面板中选择需要载入的通道，单击面板底部的"将通道作为选区载入"按钮，可以将当前选中通道内的图像作为选区载入到画面中。

06 按住Ctrl键单击"图层14"图层的蒙版缩览图，载入选区，然后新建"亮度/对比度"调整图层，打开"属性"面板，在面板中将"亮度"更改为82，提高选区内图像的亮度。

07 新建"图层15"图层，选择"画笔工具"，调整画笔大小，在图像中绘制不同大小的白色小点，再按快捷键Ctrl+J复制图层，得到"图层15副本"图层，调整副本图层中图像的位置，得到满天繁星。

08 打开随书光盘\素材\05\20.jpg文件，将打开的图像复制到背景文件中，得到"图层16"图层，然后按快捷键Ctrl+T，使用变换编辑框调整图像的大小并旋转角度，再添加图层蒙版，使用"画笔工具"编辑图层蒙版。

09 按住Ctrl键单击"图层16"图层的蒙版缩览图，载入选区，然后创建"色彩平衡"调整图层，依次设置颜色值为+16、0、-33，再选择"阴影"选项，依次设置颜色值为+19、0、-19。

10 单击"色调"下拉按钮，选择"高光"选项，依次设置颜色值为+13、0、-16，完成后根据设置的"色彩平衡"选项，平衡选区内图像的颜色。

11 按住Ctrl键单击"色彩平衡"图层的蒙版缩览图，载入选区，然后新建"亮度/对比度"调整图层，打开"属性"面板，在面板中设置"亮度"为21、"对比度"为12。

12 按住Ctrl键依次单击"图层16"以及上方的调整图层，选中多个图层，然后按快捷键Ctrl+Alt+E盖印选定图层，得到"亮度/对比度3（合并）"图层。

■■ 高手点拨

单击"属性"面板右上角的"自动"按钮，可以根据画面的明暗情况，自动调整亮度和对比度选区，得到最佳的明暗层次。

13 选择"亮度/对比度3（合并）"图层，将此图层移至"图层12"图层下方，将图像与手机融合在一起。

14 选择工具箱中的"矩形选框工具"，在图像左侧绘制矩形选区，执行"选择>修改>羽化"菜单命令，打开"羽化选区"对话框，设置"羽化半径"为100像素，单击"确定"按钮，羽化选区。

15 单击"调整"面板中的"色彩平衡"按钮，创建"色彩平衡"调整图层，依次设置颜色值为-29、0、+24，再选择"阴影"选项，依次设置颜色值为-37、+6、+1。

16 单击"色调"下拉按钮，选择"高光"选项，依次设置颜色值为+3、-7、+20，完成后根据设置的"色彩平衡"选项，平衡选区内图像的颜色。

17 打开"调整"面板，单击面板中的"曲线"按钮，新建一个"曲线"调整图层，并在"属性"面板中的曲线上单击，添加控制点并向下拖曳该控制点。

18 新建曲线调整图层，并在"属性"面板中单击曲线添加控制点，并向下拖曳该控制点，调整曲线，更改画面的明亮度。

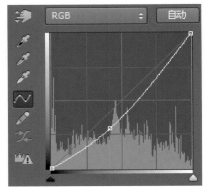

19 新建"照片滤镜"调整图层，选择"深红"滤镜，加深红色，再新建"色相/饱和度"调整图层，设置"色相"为+5、"饱和度"为-7。

↘ 知识提炼

认识【属性】面板中的蒙版设置

在图像的创意设计中，使用蒙版可以实现不同画面之间的自然合成，在Photoshop中通过"蒙版"面板中的选项设计可以对图像中添加的蒙版进行更自由的编辑。创建图层蒙版后，执行"窗口>属性"菜单命令，即可打开如下图所示的"属性"面板。

在"属性"面板中提供了当前蒙版的浓度、羽化等信息，用户可以对这些信息进行设置并使用到蒙版中。查看"蒙版"面板可以通过菜单命令。

示蒙版灰度为白色，蒙版以完全透明的方式显示；"浓度"为100%时，表示蒙版灰度为黑色，蒙版以不透明的方式显示。

④ 羽化：用于控制蒙版的边缘，羽化值越小，表示边缘模糊的强度越低；羽化值越大，表示模糊的强度越高，扩散的边缘就更大。

⑤ 蒙版边缘：单击该按钮，可以打开"调整蒙版"对话框，在对话框中可以设置蒙版边缘的半径、对比度、平滑、羽化等参数。"调整蒙版"对话框如下面左图所示。

⑥ 颜色范围：单击"颜色范围"按钮，打开"色彩范围"对话框，在对话框中可以根据图像颜色的不同来创建蒙版。"色彩范围"对话框如下面右图所示，使用"色彩范围"可以抠出如下图所示的图像效果。

① 面板菜单选项：单击面板菜单按钮，在弹出的面板菜单中可选择蒙版选项、添加蒙版到选区、关闭等选项。

② 蒙版添加按钮：单击可以为图层添加蒙版。

③ 浓度：可以控制蒙版的灰度级，浓度为0%时，表

⑦ 反相：单击"反相"按钮可以使蒙版中的灰度颜色进行相反的处理。

⑧ 蒙版选项按钮：包括使用蒙版、停用/启用蒙版、删除蒙版等操作按钮，单击"从蒙版中载入选区"按钮，可以从蒙版中载入选区；单击"使用蒙版"按钮，可以将蒙版使用到图层，并合并为一个图层；单击"停用/启用蒙版"按钮，可以显示或隐藏蒙版叠加在图层上的效果；单击"删除蒙版"按钮，可以删除当前选中图层上添加的蒙版。

5.4 殊途飞驰

素　材	随书光盘\素材\05\21.jpg、22.psd、23.jpg、24.psd
源文件	随书光盘\源文件\05\殊途飞驰.psd

↘ 创意密码

在赛道上急速飞驰的汽车让人深切感受到速度带给人们激情、乐趣。本案例的广告就是根据赛车在速度上的优势，使用飞扬的沙尘与弯曲的赛道结合，呈现出高速飞驰的画面效果，也充分突出了赛车在速度上的优势。

案例的具体制作首先在新建的文件中对赛道进行绘制，对路径进行描边处理，得到弯曲的赛道，再将赛车图像抠出，使用沙土与飞溅的水珠将汽车融合到画面中，最后在画面中添加标志与文字，完成汽车广告的制作。

↘ 制作流程

5.4.1　制作弯曲的特殊道路

在本实例的操作中首先制作特殊道路的绘制，使用"钢笔工具"在画面中绘制路径并将绘制的路径转换为选区，通过渐变填充的方式进行颜色的添加，然后对绘制的图形进行复制，添加杂色滤镜增强质感，再绘制曲线路径，结合"路径"面板对路径进行描边处理，呈现弯曲的特殊道路。

01 执行"文件>新建"菜单命令，打开"新建"对话框，设置文件名为"殊途飞驰"，设置"宽度"为20厘米、"高度"为14厘米、"分辨率"为200像素/英寸，单击"确定"按钮，新建文件。

02 单击工具箱中的"设置前景色"按钮，打开"拾色器（前景色）"对话框，设置前景色为黑色，然后新建"图层1"图层，按快捷键Alt+Delete将背景填充颜色。

03 选择工具箱中的"钢笔工具"，在画面上绘制路径，按快捷键Ctrl+Enter将路径转换为选区，然后创建"图层2"图层，按快捷键Alt+Delete将选区填充为黑色。

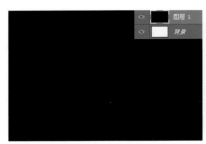

04 执行"图层>图层样式>描边"菜单命令，打开"图层样式"对话框，在对话框中选择"描边"样式，设置"大小"为18像素，颜色为R60、G60、B51，设置完成后单击"确定"按钮。

05 根据设置的样式为"图层2"添加样式，用鼠标右键单击图层下方的图层样式，在打开的快捷菜单中执行"创建图层"命令，分离图层和图层样式，得到"图层2的外描边"图层。

06 选中"图层2的外描边"图层，执行"滤镜>模糊>高斯模糊"菜单命令，打开"高斯模糊"对话框，设置"半径"为31.9像素，单击"确定"按钮，锐化图像。

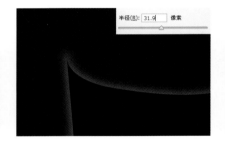

07 选中工具箱中的"画笔工具"，设置前景色为R68、G88、B91，再单击"创建新图层"按钮，新建"图层3"图层，使用画笔在图像中涂抹，绘制蓝色的线条图案。

08 复制"图层3"图层，更改图层混合模式后，执行"滤镜>杂色>添加杂色"菜单命令，打开"添加杂色"对话框，设置"数量"为9.5%，再单击"高斯分布"单选按钮并勾选"单色"复选框，最后单击"确定"按钮，使用滤镜，添加杂色。

09 选择"图层3"和"图层3副本"图层，按快捷键Ctrl+E合并为"图层3"图层，然后选择"渐变工具"，设置前景色为黑色，单击"从前景色到透明渐变"，为"图层3"图层添加图层蒙版，并拖曳渐变效果。

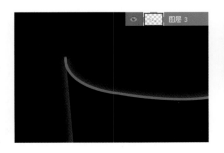

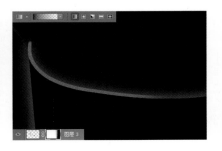

10 选择工具箱中的"钢笔工具"，在画面中绘制一个封闭的路径，再按快捷键Ctrl+Enter将绘制的路径转换为选区。

11 选择"渐变工具"，单击选项栏中的"点按可编辑渐变"按钮，打开"渐变编辑器"对话框，在对话框中重新对渐变颜色进行设置，然后单击"确定"按钮。

12 新建"图层4"图层，使用"渐变工具"在选区内拖曳渐变效果，然后按快捷键Ctrl+J将"图层4"复制，得到"图层4副本"图层，再按快捷键Ctrl+F使用"添加杂色"滤镜，为图像添加杂色效果。

   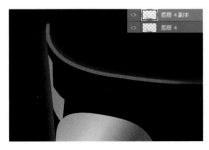

13 选择工具箱中的"钢笔工具"，在画面中绘制一个封闭的路径，然后按快捷键Ctrl+Enter将绘制的路径转换为选区，再新建"图层5"，设置前景色为R49、G21、B7，按快捷键Alt+Delete为选区填充颜色。

14 选中"图层5"图层，按快捷键Ctrl+J复制图层，得到"图层5副本"图层，将复制的图层混合模式设置为"柔光"、"不透明度"降为50%，再按快捷键Ctrl+F使用"添加杂色"滤镜，为图像添加杂色效果。

■■ 高手点拨

在Photoshop中可以通过按键盘中的上、下、左、右方向键在各种图层混合模式间进行快速切换。

15 选择"图层5"和"图层5副本"图层，按快捷键Ctrl+E合并为"图层5"图层，再选择"渐变工具"，设置前景色为黑色，单击"从前景色到透明渐变"，为"图层3"图层添加图层蒙版，并拖曳渐变效果。

16 单击工具箱中的"横排文字工具"按钮，执行"窗口>字符"菜单命令，打开"字符"面板，在面板中对文字的字体、大小进行设置，设置完成后在图像的合适位置单击，输入相应的文字。

17 单击文字工具选项栏中的"文字变形"按钮，打开"变形文字"对话框，在对话框中选择"扇形"样式、"水平"方式变形，设置"弯曲"为-16%，单击"确定"按钮，使用变形。

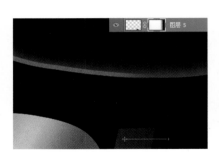  

18 执行"图层>图层样式>渐变叠加"菜单命令,打开"图层样式"对话框,选择"线性"样式,设置"角度"为180度、渐变颜色从R182、G122、B24到R137、G64、B13,单击"确定"按钮,使用样式。

19 按住Ctrl键单击文字图层缩览图,载入文字选区,设置前景色为R166、G83、B13,然后创建新的"图层6"图层,按快捷键Alt+Delete将选区填充为设置的前景颜色。

20 执行"滤镜>杂色>添加杂色"菜单命令,打开"添加杂色"对话框,设置"数量"为28.33%,单击"确定"按钮,为图像添加杂色。

21 选中"图层6"图层,将此图层的混合模式设置为"柔光"、"不透明度"为50%,将图层进行混合,丰富文字效果。

22 选择文字图层和"图层6"图层,按快捷键Ctrl+Alt+E盖印图层,得到"图层6(合并)"图层,选择"渐变工具",设置前景色为黑色,单击"从前景色到透明渐变",为"图层3"图层添加图层蒙版,并拖曳渐变效果。

23 选择工具箱中的"钢笔工具",在画面中绘制路径,然后按快捷键Ctrl+Enter将绘制的路径转换为选区,再新建"图层7"图层,设置前景色为R143、G65、B12,按快捷键Alt+Delete为选区填充颜色。

24 将"图层7"图层选中,按快捷键Ctrl+J复制图层,得到"图层7副本"图层,设置图层混合模式为"柔光"、"不透明度"为50%,按快捷键Ctrl+F使用"添加杂色"滤镜,为图像添加杂色效果。

25 选择"图层7"和"图层7副本"图层,按快捷键Ctrl+E合并为"图层7"图层,再选择"渐变工具",设置前景色为黑色,单击"从前景色到透明渐变",为"图层3"图层添加图层蒙版,并拖曳渐变效果。

26 单击工具箱中的"钢笔工具"按钮,在图像中绘制一条开放式的曲线路径,切换至"路径"面板,在面板中可以看到绘制的路径缩览图。

27 创建新图层，选择"画笔工具"，执行"窗口>画笔"菜单命令，打开"画笔"面板，在面板中单击"硬毛刷"画笔，然后在下方对笔刷品质进行调整，更改画笔笔触效果。

28 设置前景色为R215、G202、B221，单击"路径"面板右上角的扩展按钮，在打开的面板菜单中执行"描边路径"命令，打开"描边路径"对话框，勾选"模拟压力表"复选框，单击"确定"按钮。

29 执行"描边路径"命令后，根据设置的画笔形态，在图像中对路径进行描边操作，得到初始的赛道效果。

30 执行"编辑>变换>变形"菜单命令，打开变形编辑框，使用鼠标在编辑框拖曳控制点和曲线，调整图像的形态。

31 确认变形后，按住Enter键使用变形效果，然后选中"图层8"图层，添加图层蒙版，再选择"画笔工具"，设置前景色为黑色，编辑图层蒙版。

32 编辑图层蒙版后，将"图层8"图层复制，得到"图层8副本"图层，更改图层混合模式，按快捷键Ctrl+F为图像添加杂色效果。

33 按住Ctrl键单击"图层8"图层，载入选区，然后创建"图层9"图层，设置前景色为白色，按快捷键Alt+Delete将选区填充为白色。

34 按快捷键Ctrl+F或执行"滤镜>添加杂色"菜单命令，为"图层9"添加杂色，再把图层混合模式更改为"颜色加深"。

35 打开随书光盘\素材\05\21.jpg文件，将打开的图像复制到背景文件中，得到"图层10"图层，按快捷键Ctrl+T，使用变换编辑框调整图像的大小和位置，最后按Enter键确认变换。

36 在"图层"面板中将"图层10"图层选中，按住Ctrl键，单击"图层9"图层缩览图，载入选区，然后单击"图层"面板底部的"添加图层蒙版"按钮 ，为"图层10"添加图层蒙版并更改图层混合模式。

37 再次载入选区，新建"色相/饱和度"调整图层，并在"属性"面板中勾选"着色"复选框，设置"色相"为222、"饱和度"为16。

38 选中绘制的"图层8"和上方的所有图层，按快捷键Ctrl+Alt+E盖印选定图层，得到"色相/饱和度（合并）"图层，设置图层混合模式为"柔光"。

5.4.2 合成汽车飞驰的效果

绘制好弯曲的道路后，接下来就是在道路上添加飞驰的汽车。首先把灰尘素材复制到道路上方，使用"画笔工具"在灰尘上绘制飞溅的水花，然后使用"钢笔工具"把赛车抠取出来，复制到处理好的赛道上，再通过对汽车颜色的调整，合成汽车飞驰的效果。

01 打开随书光盘\素材\05\22.psd文件，将打开的图像复制到背景文件中，得到"图层11"图层，然后按快捷键Ctrl+T，调整图像的大小和角度，再按Enter键确认变换，最后应用"橡皮擦工具"适当擦除部分图像。

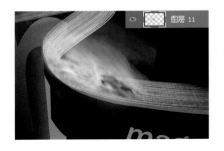

？你知道吗 图层的筛选

单击"图层"面板上的"类型"下拉按钮，在打开的列表中可以根据名称、效果、模式、属性、颜色5种不同类型来筛选图层。

02 新建"色阶"调整图层，并在"属性"面板中依次设置色阶值为61、0.89、233，再新建"色彩平衡"调整图层，设置颜色值为R-17、G-4、B+33。

03 根据设置的"色阶"和"色彩平衡"选项，调整图像的明暗及色彩，使添加的黄沙图像更好地融合于背景中。

04 设置前景色为白色，新建"图层12"图层，选择"画笔工具"，在"画笔预设"选取器中选择载入的"水珠"笔刷，在画像上单击绘制喷溅效果。

  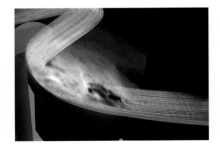 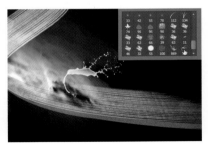

05 执行"窗口>画笔"菜单命令，打开"画笔"面板，在面板中设置笔刷大小为174像素、"角度"为95度，在图像中添加绘制图案。

06 选中"图层12"图层，单击"图层"面板底部的"添加图层蒙版"按钮，添加图层蒙版，再选择"画笔工具"，设置前景色为黑色，在图像上涂抹，将一部分水花图案隐藏起来。

07 载入水花选区，新建"色相/饱和度"调整图层，打开"属性"面板，在面板中勾选"着色"复选框，设置"色相"为34、"饱和度"为33，根据设置的数值，调整水花颜色。

08 选择"色相/饱和度2"图层，按快捷键Ctrl+J复制图层，得到"色相/饱和度2副本"图层，复制图层后可以在画面中看到增强饱和度后的效果。

09 载入水花选区，新建"图层13"图层，并将选区填充为黑色，执行"滤镜>杂色>添加杂色"菜单命令，打开"添加杂色"对话框，设置"数量"为14.21%，再单击"高斯分布"单选按钮并勾选"单色"复选框，单击"确定"按钮，为图像添加杂色颗粒感。

10 选择"图层13"图层，单击"图层"面板中的"添加图层蒙版"按钮，为此图层添加图层蒙版，然后选择"画笔工具"，设置前景色为黑色，编辑图层蒙版，完成图层蒙版编辑后，将此图层的图层混合模式为"滤色"。

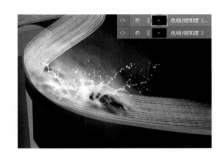

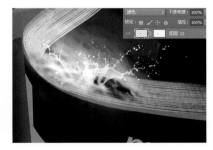

11 新建"图层14"图层，选择载入的水花笔刷，继续在画面中完成飞溅的水花，再添加图层蒙版，将一部分图像隐藏起来。

12 打开随书光盘\素材\05\23.jpg文件，单击工具箱中的"钢笔工具"按钮，沿汽车图像绘制路径，按快捷键Ctrl+Enter将路径转换为选区。

13 将选区内的汽车图像复制到赛道上，得到"图层15"图层，执行"滤镜>锐化>USM锐化"菜单命令，打开"USM锐化"对话框，设置"数量"为59%、"半径"为1.8像素，单击"确定"按钮。

14 载入汽车选区，新建"亮度/对比度"调整图层，在"属性"面板中设置"亮度"为73、"对比度"为55，提亮画面，增强对比，再新建"曲线"调整图层，在曲线上单击并拖曳，调整曲线，降低亮度。

15 载入汽车选区，新建"色相/饱和度"调整图层，并在"属性"面板中设置"色相"为+16、"饱和度"为-1，调整汽车颜色。

16 执行"图层>图层样式>投影"菜单命令，打开"图层样式"对话框，设置投影"不透明度"为51%、"角度"为90度、"距离"为5、"大小"为7像素。

17 打开随书光盘\素材\05\24.psd文件，将打开的图像复制到汽车上，得到"图层16"图层，然后按快捷键Ctrl+T，使用变换编辑框调整图像的大小并旋转角度，再添加图层蒙版，将一部分云雾图像隐藏起来。

18 单击工具箱中的"自定形状工具"按钮，再单击"形状"右侧的下拉按钮，在打开的"形状"拾色器中单击汽车图案，设置前景色为R66、G112、B136，在图像上进行图案的绘制。

19 执行"图层>图层样式>斜面和浮雕"菜单命令，打开"图层样式"对话框，设置"内斜面"样式、"大小"和"软化"为5像素，单击"确定"按钮，使用图层样式。

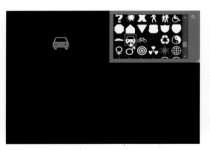

20 选择"自定形状工具"工具，单击"形状"右侧的下拉按钮，在打开的"形状"拾色器中单击圆圈图案，设置前景色为R66、G112、B136，在图像上进行图案的绘制。

21 执行"图层>图层样式>斜面和浮雕"菜单命令，打开"图层样式"对话框，在对话框中为图案设置与汽车相同类型的浮雕效果。

22 选择"横排文字工具"，在图像右上角单击并录入合适的文字，完成汽车广告的制作。

知识提炼

认识【添加杂色】滤镜

　　"添加杂色"滤镜可以将随机像素应于图像，模拟在胶片上拍照的效果，也可以使用"添加杂色"滤镜来减少羽化选区或渐变填充中的条纹。执行"滤镜>杂色>添加杂色"菜单命令，将打开右图所示的"添加杂色"对话框，在对话框中可以对各选项进行设置，在图像中添加更为精细的杂色效果。

　　① 数量：用于设置添加杂色的多少，输入的数值越大，画面中产生的杂点越多；反之，输入的数值越小，画面中产生的杂点就越少。

　　② 分布：用于设置杂色的排列方式，包括"平均分布"和"高斯分布"。单击"平均分布"单选钮，应用随机数值分布杂色的颜色值，以获得细微的图像效果；单击"高斯分布"单选钮，沿一条曲线分布杂色的颜色值，以获得斑点状的效果，如右下图所示。

　　③ 单色：勾选"单色"复选框，应用此滤镜后添加的杂点为黑白两种颜色，而不会出现另外的颜色。

作品欣赏

　　上面两图所示展示了汽车广告的扩展使用，通过对画面中汽车的颜色进行变换，展现了不同的效果，也可以通过替换画面中的汽车，达到更好的宣传作用。

5.5 高瞻远瞩

↘ 创意密码

　　房产广告通过简洁的画面来增强购房者的买房欲望，因此在画面的处理上，如何通过文字与图形的巧妙结合让人有耳目一新的感受也是设计时必须考虑的问题。本案例的广告即是突破传统房产广告设计的特点，将高空中的人物与城市建筑添加在一起，赋予了画面一定的空间感，呈现出更有意境的画面。

　　案例的具体制作首先将拍摄的大场景画面进行变形，制作成特殊的鱼眼变形画面，然后添加人物图像，使用调整命令对画面的颜色进行处理，让画面更有神秘色彩，再在背景下方绘制矩形图案，在图案上进行文字的装饰性元素的添加，得到完整的广告画面。

素　材	随书光盘\素材\05\25.jpg、26.jpg、27.psd、28.psd
源文件	随书光盘\源文件\05\高瞻远瞩.psd

↘ 制作流程

 →  →

5.5.1　制作鱼眼变形的城市效果

为了表现具有空间感的画面效果，首先需要对城市背景图像进行扭曲变形处理，再把新的天空图像复制到空白的天空区域，将天空图像与下方城市背景盖印，使用滤镜锐化下方的建筑图案，得到更清晰的建筑细节和具有视觉冲击力的鱼眼变形效果。

01 打开随书光盘\素材\05\25.jpg文件，按快捷键Ctrl+J复制"背景"图层，得到"图层1"图层。

02 选择"裁剪工具"，沿图像边缘绘制裁剪框，再对裁剪框进行扩展，确认裁剪画布大小后，按Enter键裁剪图像。

03 选中"图层1"图层，按快捷键Ctrl+T打开变换编辑框，用鼠标右键单击编辑框中的图像，在打开的快捷菜单中执行"变形"命令，再使用鼠标在编辑框内单击并拖曳，调整变形编辑框。

04 确认变形效果后，按Enter键应用变形效果，得到鱼眼变形的城市图像。

05 按住Ctrl键单击"图层1"图层，载入选区，然后新建"亮度/对比度"调整图层，并在"属性"面板中设置"亮度"为52、"对比度"为8，调整明暗。

06 再次载入选区，新建"色阶"调整图层，在"属性"面板中依次设置色阶值为12、1.20、238，根据设置数值，调整建筑颜色。

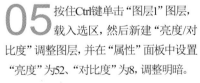
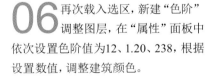

07 打开随书光盘\素材\03\13.jpg文件, 将打开的图像复制到背景图像中, 得到"图层2"图层, 然后按快捷键Ctrl+T, 使用变换编辑框调整图像的大小, 按Enter键变换图像大小。

08 选中"图层2"图层, 单击"图层"面板中的"添加图层蒙版"按钮 ▣, 再选择"画笔工具", 设置前景色为黑色、"不透明度"为37%、"流量"为27%, 使用画笔在图像边缘涂抹, 得到自然的融合效果。

09 选择"图层"图层, 按快捷键Ctrl+J复制图层, 并将图层中的图层蒙版应用于图像上, 执行"编辑>变换>变形"菜单命令, 再一次变形图像, 并添加图层蒙版, 再使用"画笔工具"对蒙版进行编辑。

10 按快捷键Ctrl+Shift+Alt+E盖印可见图层, 执行"编辑>变换>变形"菜单命令, 打开变形编辑框。

11 使用鼠标在变形编辑框上方单击并拖曳, 调整编辑框中的图像形态, 确认后按Enter键, 应用变形效果。

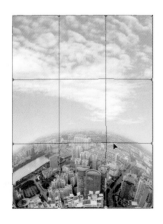

12 选择"矩形选框工具", 在画面下部绘制选区, 执行"选择>修改>羽化"菜单命令, 打开"羽化选区"对话框, 设置"羽化半径"为100像素, 单击"确定"按钮, 羽化选区。

13 执行"滤镜>锐化>智能锐化"菜单命令，打开"智能锐化"对话框，设置"数量"为100%、"半径"为1.0像素，单击"确定"按钮，锐化选区内的图像，得到清晰的画面效果。

15 执行"滤镜>杂色>减少杂色"菜单命令，打开"减少杂色"对话框，在对话框中对各选项进行设置，单击"确定"按钮，锐化图像。

16 单击"图层"面板中的"创建新的填充或调整图层"按钮，在打开的快捷菜单中执行"渐变"命令，打开"渐变填充"对话框，设置前景色为R255、G124、B0，再调整各选项，填充渐变颜色。

14 执行"选择>反向"菜单命令，或按快捷键Ctrl+Shift+I反选选区，再按快捷键Ctrl+J复制选区内的图像，得到"图层4"图层。

17 在"图层"面板中将创建的"渐变填充1"调整图层选中，设置图层混合模式为"色相"，设置后变换了天空区域的颜色。

5.5.2　合成人物

完成背景图像的设置后，就可以在处理好的背景中添加人物。将人物复制到城市上方，使用"USM锐化"对人物进行锐化处理，再使用调整图层对人物的颜色进行处理，增强剪影效果，最后根据整体画面的需求，完成色调的统一设置，表现出画面的层次感。

01 打开随书光盘\素材\05\27.psd文件，将打开的图像复制到城市图像中，得到新图层，再按快捷键Ctrl+T，使用变换编辑框调整图像的大小和位置。

02 执行"滤镜>锐化>USM锐化"菜单命令打开"USM锐化"对话框，在对话框中对各选项进行设置，单击"确定"按钮，锐化图像。

03 单击"调整"面板中的"通道混合器"按钮，新建一个"通道混合器"调整图层，选择"蓝"输出通道，依次设置颜色百分比为-7%、+3%、+93%；选择"红"输出通道，依次设置颜色百分比为+96%、+8%、-2%。

04 在"属性"面板中完成"通道混合器"选项的设置后，使用输入的数值，调整画面的颜色。

05 新建"色彩平衡"调整图层，在打开的"属性"面板中设置颜色值为-12、-10、-1，根据设置的选项，平衡画面的颜色。

06 新建"渐变映射1"调整图层，单击"属性"面板中的渐变条，打开"渐变编辑器"对话框，在对话框中依次设置从R85、G136、B154到R216、G117、B43的颜色渐变，单击"确定"按钮，返回"属性"面板。

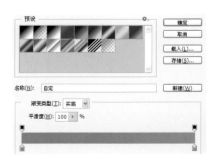

■■ **高手点拨**

"色阶"对话框中的"自动"按钮可以自动地对图像进行调整。

07 在"图层"面板中选中"渐变映射1"调整图层,将此图层的混合模式更改为"柔光",使画面的色调更加统一。

08 新建"色阶"调整图层,展开"属性"面板,在面板中依次设置色阶值为70、0.71、250,根据设置的色阶,调整图层,增强对比,渲染出浓厚的意境效果。

5.5.3 添加文字制作成地产广告

广告的设计最后即是在画面中添加文字。下面的操作步骤就是为地产广告添加合适的文字效果。使用矩形工具在画面的底部绘制一个黑色矩形,然后在绘制的矩形上方单击并添加文字,再为文字设置图层样式,丰富文字效果。

01 选择"矩形工具",设置前景色为黑色,新建"图层6"图层,使用"矩形工具"在画面下方绘制一个黑色的矩形图案。

02 选择"横排文字工具",执行"窗口>字符"菜单命令,打开"字符"面板,在面板中调整文字属性后,在画面中单击并设置文字效果。

03 执行"图层>图层样式>渐变叠加"菜单命令,打开"图层样式"对话框,设置从R186、G144、B79到R237、G215、B151的颜色渐变。

04 通过预览查看颜色无误后,单击"确定"按钮,应用"渐变叠加"样式,为设置的文字进行颜色的渐变叠加。

05 选择"横排文字工具",执行"窗口>字符"菜单命令,打开"字符"面板,在面板中设置文字属性后,在画面中单击并设置文字效果。

06 执行"图层>图层样式>渐变叠加"菜单命令,打开"图层样式"对话框,设置从R224、G194、B127,R142、G92、B37,R224、G194、B127到R143、G93、B37的颜色渐变,再选择"角度"样式,调整角度为90度。

07 通过预览查看颜色无误后，单击"确定"按钮，使用"渐变叠加"样式，为设置的文字进行颜色的渐变叠加。

08 继续使用同样的方法在图像下方设置更多的文字，丰富广告中的文字内容。

09 选择工具箱中的"矩形工具"，再选择"形状"绘制模式，设置前景色为黑色，在文字下方单击并拖曳鼠标，绘制一个矩形图案。

10 执行"图层>图层样式>描边"菜单命令，打开"图层样式"对话框，设置描边的"大小"为1像素，描边的颜色为R134、G93、B42。

11 设置后单击"确定"按钮，使用图层样式，对矩形进行描边处理。

12 选择工具箱中的"直线工具"，再选择"形状"绘制模式，设置前景色为黑色，在文字下方单击并拖曳鼠标，绘制直线。

13 选中上一步绘制的下线图形所在的"形状1"图层，连续按多次快捷键Ctrl+J对形状进行复制操作，再使用"移动工具"对各图层中直线的位置进行调整。

14 选择"直线工具"，继续在画面中绘制直线，然后复制绘制的线条图案，并使用"移动工具"调整复制图形的位置。

15 单击工具箱中的"多边形工具"按钮，选中"多边形工具"，在选项栏设置"边"为3，在矩形图案左侧绘制一个三角形图案。

16 选择"多边形1"图层，按快捷键Ctrl+J复制图层，得到"多边形1副本"图层，将复制的图像移到矩形右侧。打开随书光盘\素材\05\28.psd文件，将打开的图像复制到图像中，得到新图层，按快捷键Ctrl+T，使用变换编辑框对图像进行缩放调整，添加到文字上。

↘ 知识提炼

认识【渐变叠加】样式

　　"渐变叠加"样式效果与渐变工具效果一样，它是在当前选择的图层上叠加色彩丰富的渐变效果。双击"图层"面板中的图层，打开"图层样式"对话框，单击对话框左侧"样式"列表下的"渐变叠加"选项，即可显示如下图所示的"渐变叠加"样式选项。

　　在添加样式前，也可以选定图层，执行"图层>图层样式>渐变叠加"菜单命令，打开"图层样式"对话框，打开对话框时已选中"渐变叠加"样式，只需对参数进行设置即可。

　　① 画笔预设：用于设置颜色的混合模式，单击右侧的下拉按钮，在打开的列表中可以看到系统提供的多种混合模式，单击其中一种模式即可将它使用于设置的颜色上。

　　② 不透明度：用于设置颜色叠加的不透明度，输入的颜色值越小，图像越接近透明。

　　③ 渐变：用于设置渐变颜色，单击下拉按钮，将会显示预设渐变颜色，如下左图所示；单击渐变颜色条，则可弹出"渐变编辑器"对话框，如下右图所示，在对话框中可设置不同的渐变颜色。

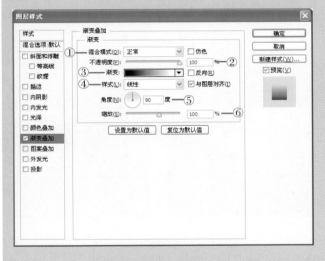

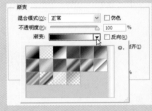
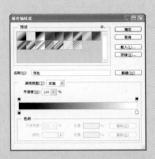

　　④ 样式：可以设置渐变叠加样式，包括线性、径向、角度、对称、菱形5种样式。

　　⑤ 角度：通过设置可以改变渐变填充的方向。

　　⑥ 缩放：用于指定渐变叠加的缩放量，输入数值越大，渐变叠加就越往外扩展；反之，输入数值越小，渐变叠加越往里收缩。下图所示为设置不同缩放值时得到的图像效果。

5.6 世界的尽头

↘ 创意密码

　　电影海报可以根据电影的主要情节进行宣传海报的设计，通过将不同的图像进行混合，让画面更有表现力。本案例的广告就是一个电影宣传海报，根据电影的特点，将城市建筑悬浮于合成的水景背景中，使用云层与闪电的修饰，呈现出具有神秘色彩的电影海报效果。

　　案例的具体制作首先对画布进行扩展操作，为水波添加上波纹效果，然后添加云层图像，并与下方的水波融合在一起，再将城市中的建筑物抠取出来复制到画面中间，通过对图像进行变换设计，得到悬浮的城市效果，接着将更多云层叠加于画面中，使用色彩增强视觉冲击力，最后在画面中输入海报文字，使用图层样式为文字添加立体感，得到创意性的海报效果。

↘ 制作流程

5.6.1 合成水景背景

在本实例的操作中首先使用"裁剪工具"裁剪图像，扩展画布效果，在扩展的图像上使用"变换"命令，对图像进行变形操作，合成波光粼粼的湖面，然后将新的天空图像复制到画面中并添加上图层蒙版，使天空与湖面融合在一起，合成背景图像。

01 打开随书光盘\素材\05\29.jpg文件，按快捷键Ctrl+J复制"背景"图层，在"图层"面板中得到"图层1"图层。

02 选择"裁剪工具"，沿图像边缘绘制裁剪框，再对裁剪框进行扩展，确认裁剪画布大小后，按Enter键裁剪图像，在"图层1"下新建"图层2"图层，并将此图层填充为白色。

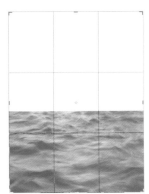

03 按快捷键Ctrl+T打开变换编辑框，将鼠标移至编辑框上方的边框线上，单击并向下拖曳，调整编辑框中的图像，按Enter键使用变换效果。

04 执行"滤镜>锐化>智能锐化"菜单命令，打开"智能锐化"对话框，设置"数量"为100%、"半径"为1.0像素，单击"确定"按钮，锐化图像，得到更加清晰的画面。

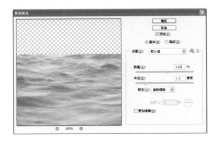

■ 高手点拨

对图像进行缩放操作时，按住Shift键不放，将鼠标移到变换编辑框右上角，当光标变为双向箭头时，单击并拖曳可实现图像的等比例缩放。

05 打开随书光盘\素材\05\30.jpg文件，将打开的图像复制到图像中，得到"图层3"图层，然后按快捷键Ctrl+T调整图像大小，再执行"图像>调整>去色"菜单命令，去掉图像颜色。

06 选中"图层3"图层，将此图层的混合模式设置为"叠加"，将图像叠加于水面。

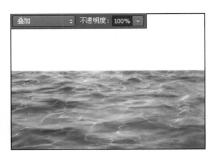

07 打开随书光盘\素材\05\31.jpg文件，将打开的图像复制到图像中，得到新图层并按快捷键Ctrl+T，使用变换编辑框调整图像的大小。

08 为"图层4"图层添加图层蒙版，设置前景色为黑色，选择"渐变工具"，单击"从前景色到透明渐变"，在图像上拖曳渐变，创建渐隐效果。

09 载入"图层4"蒙版选区，新建"自然饱和度"调整图层，在打开的"属性"面板中设置"自然饱和度"为-100、"饱和为"为-56，降低饱和度效果。

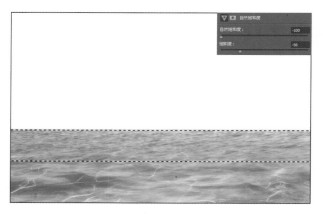

10 选择"矩形选框工具"，在画面底部绘制选区，新建"色彩平衡"调整图层，设置颜色值为+67、-19、+6，再选择"阴影"色调，设置颜色值为-12、0、-15。

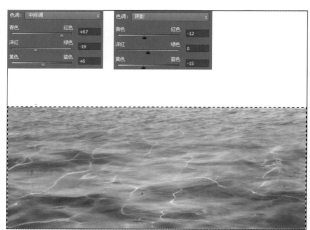

11 载入矩形选区，新建"曲线"调整图层，打开"属性"面板，单击"预设"下拉按钮，在打开的列表中单击"较暗（RGB）"选项。

12 打开随书光盘\素材\05\32.jpg文件，将打开的图像复制到图像中，得到"图层5"图层，按快捷键Ctrl+T，使用变换编辑框对图像进行缩放操作。

13 为"图层5"图层添加图层蒙版，设置前景色为黑色，选择"渐变工具"，单击"从前景色到透明渐变"，在图像上拖曳渐变，创建渐隐效果。

14 单击"调整"面板中的"曲线"按钮，在"图层"面板中创建一个"曲线"调整图层，展开"属性"面板，在面板中单击并向下拖曳曲线，降低选区内图像的亮度。

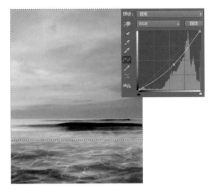

15 单击"图层"面板底部的"创建新的填充或调整图层"按钮，打开"拾色器（纯色）"对话框，在对话框中设置颜色值为R169、G139、B137，单击"确定"按钮，新建一个"颜色填充1"调整图层。

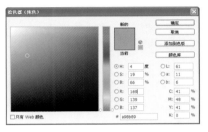

16 在"图层"面板中选中"颜色填充1"调整图层，设置图层混合模式为"色相"、"不透明度"为34%，使用颜色填充丰富画面色彩。

17 按住Ctrl键单击"曲线1"调整图层的蒙版缩览图，载入选区，新建"色彩平衡"调整图层，选择"阴影"色调，设置颜色值为+3、0、-26。

18 打开随书光盘\素材\05\33.jpg文件，将打开的图像复制到图像中，得到新图层并设置图层混合模式为"柔光"，按快捷键Ctrl+T，使用变换编辑框调整图像的大小。

19 单击"调整"面板中的"色彩平衡"按钮，新建"色彩平衡"调整图层，并在"属性"面板中选择"中间调"选项，设置颜色值为-6、+7、+39，平衡画面色彩。

20 单击"调整"面板中的"曲线"按钮，新建"曲线"调整图层，并在"属性"面板中单击曲线并向下拖曳，降低图像。

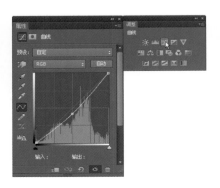

21 返回"图层"面板，在面板中可以看到新建的"曲线"调整图层，在图像窗口中显示色阶调整后的图像，得到了更有意境的画面。

5.6.2 添加悬浮的城市效果

合成水景背景后，接下来就是在画面中间位置添加城市建筑。使用画笔在图像中绘制闪电和烟雾，为图像渲染氛围，然后使用"魔棒工具"将建筑物从原画面中抠取出来，复制到背景图像上，再对图像进行复制并翻转操作，合成悬浮的城市效果。

01 选择工具箱中的"画笔工具"，执行"窗口>画笔"菜单命令，打开"画笔"面板，在面板中选择合适的闪电笔刷，然后在面板下方设置大小为500像素，勾选"翻转"复选框，设置"角度"为-118度。

02 设置前景色为白色，单击"创建新图层"按钮，新建"图层7"图层，根据设置的画笔选项，在画面中单击，绘制闪电图案。

03 执行"窗口>画笔"菜单命令，打开"画笔"面板，设置画笔的"角度"为104，继续使用画笔在右侧单击，绘制闪电效果。

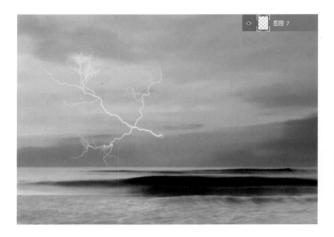

04 打开随书光盘\素材\05\34.jpg文件，单击工具箱中的"魔棒工具"按钮，在天空区域单击，创建选区。

05 单击选项栏中的"添加到选区"按钮，在天空中继续单击，添加选区，然后按快捷键Ctrl+Shift+I反选选区，再按快捷键Ctrl+J抠出建筑图像。

06 将抠出的建筑图像复制到闪电图像上方，然后按快捷键Ctrl+T，调整图像大小，再选择"橡皮擦工具"，将多余的边缘细节擦除干净。

07 选中闪电所在的"图层8"图层，按快捷键Ctrl+J复制图层，再执行"编辑>变换>垂直翻转"菜单命令，翻转图像并移至合适位置。

08 单击"添加图层蒙版"按钮，为"图层8副本"图层添加图层蒙版，然后选择"渐变工具"，设置前景色为黑色，单击"从前景色到透明渐变"，在图像上拖曳渐变，创建渐隐效果。

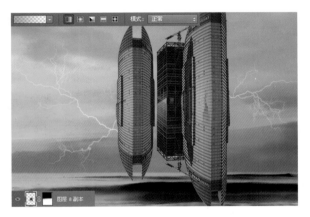

09 选中"图层8"和"图层8副本"图层，按快捷键Ctrl+Alt+E盖印图层，得到"图层8副本（合并）"图层，再选择"钢笔工具"，在图像上绘制路径效果。

10 按快捷键Ctrl+Enter将绘制的路径转换为选区，再按快捷键Ctrl+J复制选区内的图像，得到"图层9"图层。

11 选中"图层9"图层中的图像，按快捷键Ctrl+T，使用变换编辑框对图像的大小、位置进行调整，适合画面整体效果。

12 选中"图层9"图层，按快捷键Ctrl+J复制图像，得到"图层9副本"图层，再执行"编辑>变换>水平翻转"菜单命令，翻转图像并移至合适位置。

13 打开随书光盘\素材\05\35.jpg文件，选择"钢笔工具"，在图像中绘制路径，然后按快捷键Ctrl+Enter将路径转换为选区，再按快捷键Ctrl+J复制选区内的图像。

14 将复制的图像移到画面中，得到"图层10"图层，按快捷键Ctrl+T，使用变换编辑框对图像进行旋转、缩放调整，再将此图层移至"图层8"图层下方。

15 选中"图层10"图层，单击"图层"面板底部的"添加图层蒙版"按钮，再选择"渐变工具"，设置前景色为黑色，单击"从前景色为透明渐变"，为图像填充渐变效果。

16 选中"图层10"图层，按快捷键Ctrl+J复制图像，得到"图层10副本"图层，再执行"编辑>变换>垂直翻转"菜单命令，翻转图像并移至合适位置。

17 选择"图层8"以及所有建筑所在图层，按快捷键Ctrl+Alt+E将选定图层盖印，得到"图层9副本（合并）"图层。

18 选择"画笔工具",在"画笔预设"选取器中选择合适的画笔笔刷,再创建"图层11"图层,设置前景色为白色,在图像中单击,绘制烟雾。

19 选中"图层11"图层,将此图层的"不透明度"降为46%,再选择"橡皮擦工具",降低"不透明度"和"流量",在烟雾上涂抹,擦除一部分图像。

20 按住Ctrl键单击"图层9副本(合并)"图层缩览图,载入选区,新建"曲线"调整图层,打开"属性"面板,在面板中单击并拖曳曲线,调整曲线形状,增强建筑的对比度。

21 再次载入建筑选区,新建"渐变映射"调整图层,在"属性"面板中单击渐变下拉按钮,在下方单击"紫,橙渐变",为选区填充渐变颜色。

22 选中新建的"渐变映射1"调整图层,将此图层的混合模式更改为"变暗"、"不透明度"为29%,设置后丰富画面色彩。

23 载入建筑选区,新建"色彩平衡"调整图层,在"属性"面板中选择"中间调"色调,设置颜色值为+36、0、0,根据设置数值平衡画面色彩。

24 选择"图层8"以及所有建筑所在图层,按快捷键Ctrl+Alt+E将选定图层盖印,得到"色彩平衡4(合并)"图层,再执行"编辑>变换>垂直翻转"菜单命令,翻转图像并移至合适位置。

25 在"图层"面板中选中"色彩平衡4(合并)"图层,将此图层的混合模式设置为"明度"、"不透明度"为68%,再选择"橡皮擦工具",将部分图像擦除,得到更自然的投影效果。

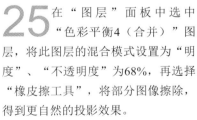

26 对"色彩平衡4(合并)"图层执行"滤镜>模糊>高斯模糊"菜单命令,打开"高斯模糊"对话框,设置"半径"为4.2像素,单击"确定"按钮,模糊图像。

27 选择"画笔工具",在"画笔预设"选取器中选择合适的画笔笔刷,为图像添加更多的烟雾和闪电图形,丰富画面效果。

28 打开随书光盘\素材\05\03.jpg文件,将打开的图像复制到建筑图像中,得到新图层并设置图层混合模式为"正片叠底",再按快捷键Ctrl+T,调整图层,并添加图层蒙版,使用"画笔工具"编辑图层蒙版。

29 打开随书光盘\素材\05\03.jpg文件,将打开的图像复制到建筑图像中,得到新图层并设置图层混合模式为"叠加",再按快捷键Ctrl+T,调整图层,并添加图层蒙版,使用"画笔工具"和"渐变工具"编辑图层蒙版。

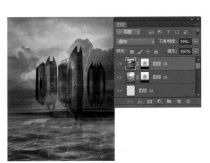

30 单击工具箱中的"矩形选框工具"按钮,在图像底部绘制选区,执行"选择>修改>羽化"菜单命令,打开"羽化选区"对话框,设置"羽化半径"为100像素,单击"确定"按钮,羽化选区。

31 新建"曲线"调整图层,打开"属性"面板,在面板中单击并向下拖曳曲线,根据设置的曲线降低整个画面的亮度。

32 按快捷键 Ctrl+Shift+Alt+E 盖印图层,切换至"通道"面板,按住Ctrl键,单击RGB通道,载入选区。

33 新建"图层18"图层,设置前景色为白色,按快捷键Alt+Delete将选区填充为白色,选中"图层18"图层,设置混合模式为"叠加"、"不透明度"为53%。

34 执行"滤镜>模糊>径向模糊"菜单命令,打开"径向模糊"对话框,设置"数量"为100、"模糊方法"为"缩放",单击"确定"按钮,模糊图像。

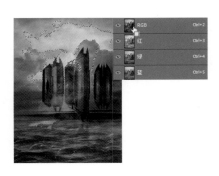

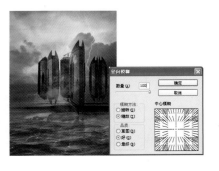

5.6.3　添加立体感的海报文字

为了表现海报主题需要为其添加立体感的海报文字。使用"横排文字工具"在画面中输入文字,然后双击文字图层,打开"图层样式"对话框,在对话框中设置参数,为文字添加丰富的样式效果,得到立体感的海报文字。

01 单击工具箱中的"横排文字工具"按钮,在图像下方单击确认位置,并输入文字。

02 双击文字图层,打开"图层样式"对话框,在对话框中分别对"斜面和浮雕"和"纹理"进行设置,变换样式效果。

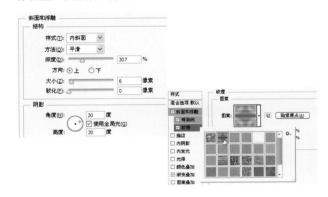

03 继续在"图层样式"对话框中进行设置。单击"渐变叠加"选项,在对话框右侧选择"线性减淡(添加)"混合模式,再单击"渐变"右侧的颜色条。

04 打开"渐变编辑器"对话框,然后在对话框下方的渐变条上通过单击的方式添加4个渐变滑块,再分别调整滑块,得到颜色丰富的渐变效果,最后单击"确定"按钮。

05 单击"图层样式"对话框中的"投影"选项,然后在对话框右侧设置投影的"不透明度"为75%、"角度"为30度、"距离"为4像素,单击"确定"按钮,使用图层样式。

06 按住Ctrl键单击"图层"面板中的文字图层,载入文字选区,再单击"创建新图层"按钮，在文字图层下方创建新的图层。

07 执行"编辑>描边"菜单命令,打开"描边"对话框,然后设置"宽度"为2像素,并调整描边颜色,单击"确定"按钮,描边文字,并适当调整描边图像位置。

08 打开随书光盘\素材\03\36.jpg文件,然后将打开的图像复制到文字中间,再按快捷键Ctrl+T,使用变换编辑框调整图像的大小。

09 执行"图层>图层样式>斜面和浮雕"菜单命令,打开"图层样式"对话框,在对话框中对"斜面和浮雕"和"渐变叠加"样式进行设置,为图案添加新的样式效果。

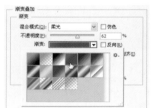

10 继续使用文字工具和图层样式添加更多文字,设置完成后,选择工具箱中的"矩形选框工具",并在选项栏中设置"羽化"为100像素,然后沿图像边缘绘制选区,再按快捷键Ctrl+Shift+I反选选区。

11 新建"曲线"调整图层,然后打开"属性"面板,向下拖曳曲线,降低选区内图像的亮度,为画面添加暗角效果,增强图像的表现力。

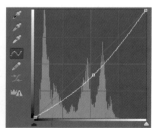

知识提炼

认识【智能锐化】滤镜

使用"锐化"滤镜组中的"智能锐化"滤镜可以对照片中的高光、阴影等区域进行锐化设置。"智能锐化"滤镜主要通过设置锐化算法或控制阴影和高光中的锐化量来锐化图像。执行"滤镜>锐化>智能锐化"菜单命令，即可打开如下图所示的"智能锐化"对话框，在对话框右侧有多个参数选项，用于控制画面的锐化效果。

③ 数量：用于设置锐化数量，输入数值越大，锐化效果越强；反之，数值越小，锐化效果越弱。

④ 半径：用于设置锐化范围，设置的"半径"值越大，锐化的范围越广；反之，数值越小，锐化范围也就越小。下图所示即为设置不同"半径"时锐化的图像效果。

⑤ 移去：选择对图像进行锐化的算法。

⑥ 更加准确：勾选此复选框，可以花更长的时间处理图像，以便更精确地锐化图像。

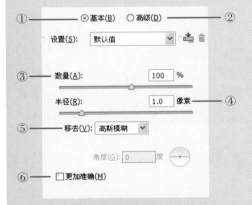

① "基本"单选按钮：显示"基本"选项组，通过设置"数量"和"半径"来锐化整个图像。

② "高级"单选按钮：单击此按钮，显示"高级"选项组，在此选项组下除了基本选项设置外，还提供了"阴影"和"高光"两个选项卡，用于对不同区域进行锐化处理。下图所示分别为单击不同选项显示的选项设置。

5.7　白嫩天使

↘ 创意密码

　　化妆品广告是以人物作为主要表现方式，通过人物白皙柔嫩的肌肤来表现化妆品的主要功效。本案例的广告就是根据润肤露的主要功能，将人物与淡蓝色的清新背景融合在一起，使用水花的飞溅效果，带给人全新的嫩白体验。

　　案例的具体制作首先将人物抠出，叠加上新的背景，然后对抠出的人物进行磨皮处理，使用滤镜和调整图层的配合，表现人物白嫩的肌肤，再将润肤露抠取出来，复制到人物下方，接着对图像进行裁剪，扩展画布，最后使用图形绘制工具进行图案的绘制，并在绘制图案上添加文字，完成化妆品广告的制作。

素　材	随书光盘\素材\05\37.jpg、38.jpg、39.psd、
源文件	随书光盘\源文件\05\白嫩天使.psd

↘ 制作流程

5.7.1　抠出人物表现细腻肌肤

为了突出画面主题，首先就要对人物进行裁剪，去掉多余场景，保留主体对象，然后使用"钢笔工具"把人物抠取出来，叠加上清爽的蓝色背景，再使用"去除杂色"滤镜对人物进行磨皮操作，得到细腻的肌肤，最后通过调整皮肤颜色，展现更加白皙的柔嫩皮肤。

01 打开随书光盘\素材\05\37.jpg文件，然后选择工具箱中的"裁剪工具"，沿人物上部单击并拖曳鼠标，绘制裁剪框，裁剪图像。

02 执行"编辑>变换>水平翻转画布"菜单命令，将裁剪后的图像进行水平翻转操作。

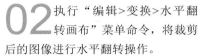

03 打开随书光盘\素材\05\38.jpg文件，然后将打开的图像复制到背景文件中，得到"图层1"，再选中"图层1"图层，设置图层混合模式为"强光"，将图像叠加到人物图像上。

04 选择工具箱中的"钢笔工具"，然后沿画面中的人物单击并拖曳鼠标，绘制工作路径，再按快捷键Ctrl+Enter将路径转换为选区。

05 选择"背景"图层，然后按快捷键Ctrl+J复制选区内的图像，再执行"图层>排列>置为顶层"菜单命令，将抠出的人物移至最上方。

06 为"图层2"图层添加图层蒙版，然后选择"画笔工具"，再设置前景色为黑色、"不透明度"为28%、"流量"为25%，使用画笔编辑蒙版。

07 复制"图层2"图层,并将复制图层中的蒙版使用于图像上,然后执行"图像>调整>阴影/高光"菜单命令,打开"阴影/高光"对话框,设置选项,提亮阴影。

08 复制图层,然后执行"滤镜>杂色>减少杂色"菜单命令,打开"减少杂色"对话框,再设置"强度"为10、"减少杂色"为15%、"锐化细节"为6%,单击"确定"按钮,去掉杂色。

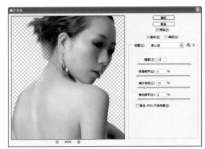

09 为"图层2副本2"图层添加图层蒙版,然后将图层蒙版填充为黑色,再选择"画笔工具",设置前景色为白色,使用画笔在人物皮肤上方涂抹,得到更加光洁的肌肤效果。

10 选择"套索工具",然后在选项栏中设置"羽化"为30像素,在手臂上方绘制选区,再单击"创建新图层"按钮,新建"图层3"图层,设置前景色为白色,按快捷键Alt+Delete将选区填充为白色,最后设置图层混合模式为"柔光"、"不透明度"为65%。

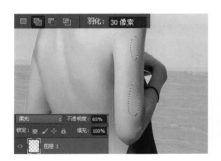

11 选择"画笔工具",然后设置前景色为R118、G69、B110,再单击"点按可编辑画笔"按钮,打开"画笔预设"选取器,在下方的列表中选取合适的头发笔刷,在头发上单击,绘制头发图案。

12 选择"画笔工具",继续在"画笔预设"选取器中选择合适的笔刷,然后在图像中绘制出更为精细的发丝。

13 选择"图层2副本2"图层,然后单击"套索工具"按钮,在头发上方绘制选区,再按快捷键Ctrl+J复制选区内的图像,得到"图层8"图层,最后执行"图层>排列>置为顶层"菜单命令,将"图层8"图层置于图像最上方。

14 为"图层8"图层添加图层蒙版,然后选择"渐变工具",设置前景色为黑色,单击"从前景色到透明渐变",再单击"对称渐变"按钮,在图像上拖曳渐变,使抠出的头发与绘制的头发自然地融合在一起。

15 按住Ctrl键单击"图层2副本"图层,载入图像选区,然后新建"曲线"调整图层,并在"属性"面板中选择"蓝"通道选项,再用鼠标在曲线上单击并向上拖曳,使用曲线提亮画面。

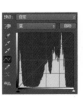

16 按住Ctrl键单击"曲线1"调整图层，载入图像选区，然后新建"色阶"调整图层，打开"属性"面板，在面板中依次设置色阶值为17、1.36、255。

17 按住Ctrl键单击"色阶1"调整图层，载入图像选区，然后新建"选取颜色"调整图层，依次设置颜色百分比为-27%、+6%、+25%、-23%，再选择"黄色"选项，依次设置颜色百分比为+28%、+2%、-41%、-21%。

18 单击"颜色"下拉按钮，在列表中选择"洋红"选项，依次设置颜色百分比为-11%、-44%、+36%、-19%，然后返回图像窗口，查看使用"可选颜色"调整图像的效果。

19 按住Ctrl键单击"选取颜色1"调整图层，载入选区，然后新建"色彩平衡"调整图层，输入颜色值为-1、0、-9，再单击"色调"下拉按钮，选择"阴影"选项，输入颜色值为+16、0、-20。

20 单击工具箱中的"磁性套索工具"按钮，在选项栏中设置"羽化"为3像素，然后沿着人物的嘴唇单击并拖曳鼠标，创建选区。

21 载入嘴唇选区，然后新建"色相/饱和度"调整图层，在展开的"属性"面板中设置"色相"为-8、"饱和度"为+42，提高嘴唇色彩饱和度。

22 选择工具箱中的"套索工具"，然后在选项栏中设置"羽化"为35像素，在脸部创建选区，再新建"自然饱和度"调整图层，设置"自然饱和度"为+57、"饱和度"为+1，为人物添加腮红。

5.7.2 给人物添加创意翅膀

完成主体人物的处理后，接下来就是装饰性元素的添加。载入"翅膀"笔刷，然后使用"画笔工具"在人物的背部单击添加翅膀，再将绘制的翅膀翻转到另一侧，通过对翅膀进行变形设置，使绘制的图案与人物融合在一起。

01 选择"画笔工具"，然后打开"画笔预设"选取器，再单击右上角的扩展按钮，在打开的菜单中执行"载入画笔"命令。

02 将下载的"翅膀"笔刷载入"画笔预设"选取器，然后执行"窗口>画笔"菜单命令，打开"画笔"面板，调整画笔的大小及角度。

03 单击"图层"面板中的"创建新图层"按钮 ，新建"图层10"，然后设置前景色为白色，在人物背景上单击，绘制白色的翅膀图案。

04 选中"图层10"图层，然后按快捷键Ctrl+J复制图层，得到"图层10副本"图层，再执行"编辑>变换>水平翻转"菜单命令，水平翻转图像。

05 按快捷键Ctrl+T打开变换编辑框，然后用鼠标右键单击变换编辑框中的图像，再在打开的快捷菜单中执行"变形"命令。

06 打开变形编辑框，然后用鼠标单击并拖曳变形编辑框，使用编辑框变换图像的大小和位置，变换完成后按Enter键使用变形效果。

■■ 高手点拨

在Photoshop中可以按快捷键Ctrl++或Ctrl+-来对图像进行更为灵活地自由缩放操作。

5.7.3　添加产品与文字

在完成图像的绘制后，接下来就是为图像添加产品与商品的说明性文字。首先扩展画布大小，然后使用"矩形工具"在底部绘制一个矩形图案，结合"单行选区工具"和"单列选区工具"在矩形上方添加线条图案，再将产品添加至右下角，提高亮度后将其盖印并复制，最后为广告商品添加文字，完成本实例的制作。

01 选择工具箱中的"裁剪工具"，然后沿画面边缘单击并拖曳鼠标，绘制裁剪框，单击并拖曳裁剪编辑框，调整裁剪范围，裁剪并扩展画布，再单击"创建新图层"按钮 ，新建"图层11"图层，设置前景色为R 202、G 92、B 74，最后选择"矩形工具"，在画面底部绘制矩形图案。

02 选择工具箱中的"单行选框工具"，然后在选项栏中单击"添加到选区"按钮，在矩形上连续单击，创建选区。

03 执行"选择>修改>扩展"菜单命令，打开"扩展选区"对话框，然后设置"扩展量"为1像素，单击"确定"按钮，扩展选区，再新建图层，按快捷键Alt+Delete将选区填充为白色。

04 选择"单列选框工具"，然后在图像上绘制单列选区，并扩展选区填充为白色，再分别选中绘制的直线图层，将这两个图层的"不透明度"降至15%。

05 打开随书光盘\素材\05\39.jpg文件，然后将打开的图像复制到人物上，再执行"图层>图层样式>投影"菜单命令，打开"图层样式"对话框，设置"不透明度"为15%、"距离"为5像素、"大小"为16像素。

06 创建"色阶"调整图层，并在"属性"面板中依次设置色阶值为0、1.91、212，然后新建"曲线"调整图层，选择"强对比度（RGB）"选项，提高对比。

07 选择"图层14"图层以及上方的调整图层，然后按快捷键Ctrl+Alt+E盖印选定图层，得到"曲线2（合并）"图层，再按快捷键Ctrl+J复制图层，并将这两个图层移至"图层14"图层下方。

08 按住Ctrl键单击"图层2副本"图层，载入选区，然后创建新图层，再执行"编辑>描边"菜单命令，打开"描边"对话框，设置"宽度"为8像素，最后调整颜色，为人物添加描边效果。

09 执行"滤镜>模糊>高斯模糊"菜单命令，打开"高斯模糊"对话框，设置"半径"为3.1像素，单击"确定"按钮，模糊图像，然后选择"橡皮擦工具"，将人物下部的描边图像擦除。

10 再次载入人像选区，然后创建新图层，再执行"编辑>描边"菜单命令，打开"描边"对话框，对描边颜色进行更改，单击"确定"按钮，再次描边图像。

11 执行"滤镜>高斯模糊"菜单命令，或按快捷键Ctrl+F，再次使用滤镜模糊图像，然后选择"橡皮擦工具"，将上部的描边图像擦除。

12 选择"横排文字工具"，然后执行"窗口>字符"菜单命令，打开"字符"面板，调整文字属性。

13 根据设置的字符属性，在图像底部设置合适的文字，完成本实例的制作。

知识提炼

认识【路径】面板

　　"路径"面板显示了存储的每条路径、当前工作路径以及当前矢量蒙版的名称和缩览图，用户可以通过"路径"面板来管理路径。在"路径"面板中创建新的路径以及存储、重命名和删除路径，也可以通过"路径"面板中的按钮来对路径进行编辑操作。

　　要了解如何对路径进行操作，就需要对"路径"面板有一定的了解。执行"窗口>路径"菜单命令可以将其打开，打开后的"路径"面板如下图所示。

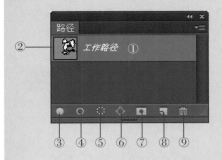

　　① 路径：路径缩览图，用于显示当前图像中创建的所有工作路径。

　　② 工作路径：工作路径缩览图，用户可以根据需要调整"路径"缩览图中路径的显示大小。单击"路径"面板右上角的扩展按钮，在打开的菜单中执行"面板选项"菜单命令，如下图所示，打开"面板选项"对话框，单击不同的单选钮，可以更改"路径"面板中缩览图的大小。

　　③ "用前景色填充路径"按钮：使用前景色填充闭合的区域。

　　④ "用画笔描边路径"按钮：用当前画笔设置为路径描绘边缘。

　　⑤ "将路径作为选区载入"按钮：将当前绘制的路径转换为选区。

　　⑥ "从选区生成工作路径"按钮：将当前选区转换为工作路径，如下图所示。使用"选区工具"在图像中添加选区，切换至"路径"面板，在面板中单击此按钮，生成路径效果。

　　⑦ "添加图层蒙版"按钮：单击可为图层添加图层蒙版，用法和原理与"图层"面板中的"添加图层蒙版"按钮相同。

　　⑧ "创建新路径"按钮：单击可创建一个新路径。如果在"路径"面板中拖曳某个路径到"创建新路径"按钮，将会复制该路径，如下图所示。

　　⑨ "删除当前路径"按钮：选择路径后单击此按钮，即可删除当前所选路径。

5.8 突破自然

素 材	随书光盘\素材\05\40.jpg、41.jpg、42.jpg、43.jpg、44.jpg、45.jpg、46、47.jpg、48.jpg、49.jpg、50.jpg、51.jpg、52.psd
源文件	随书光盘\源文件\05\突破自然.psd

↘ 创意密码

　　炎炎夏日喝上冰凉的饮料一定会让人感到无比的清凉。本案例就是为一款冰镇饮料设计的宣传广告，画面中将人物清爽的比基尼着装与海边层层激起的浪花融合在一起，使用环境的烘托方式充分突出饮料所带来的凉爽感受。

　　案例的具体制作首先对背景进行处理，将不同的海景图像添加到一个文件中，然后使用图层蒙版将其融合在一起，再把人物添加到画面中间，并将喷起的水花叠加到人物图像上，最后在画面的右上角添加上饮料瓶盖，通过颜色的调整，得到更为和谐的画面效果。

↘ 制作流程

5.8.1　合成沙滩上的美女

　　在本实例的操作中首先合成清新的沙滩背景，使用"移动工具"移动并复制图层，将天空与海水图像融合在一起，再使用"矩形选框工具"在底部的海滩上绘制选区，通过羽化选区，并使用"自然饱和度"和"色彩平衡"命令调整选区颜色。

01 打开随书光盘\素材\05\40.jpg文件，然后选择工具箱中的"裁剪工具"，对图像进行裁剪操作，扩展画布效果。

02 打开随书光盘\素材\05\41.jpg文件，然后将打开的图像复制到海景图像上，再单击"添加图层蒙版"按钮，为图像添加图层蒙版。

03 打开随书光盘\素材\03\42.jpg文件，然后将打开的图像复制到新建文档上，得到"图层2"图层，再按快捷键Ctrl+T打开变换编辑框，调整图像的大小和位置。

04 为"图层2"图层添加图层蒙版，然后选择"渐变工具"，单击"从前景色到透明渐变"并单击选项栏中的"对称渐变"按钮，从图像下方往上拖曳光标，填充渐变。

05 选择"矩形选框工具",在画面底部绘制矩形选区,然后执行"选择>修改>羽化"菜单命令,打开"羽化选区"对话框,再设置"羽化半径"为150像素,单击"确定"按钮,羽化选区。

06 单击"调整"面板中的"自然饱和度"按钮▽,新建"自然饱和度"调整图层,然后设置"自然饱和度"为+58、"饱和度"为+38,根据设置的选项值,提高选区内图像的色彩饱和度。

07 按住Ctrl键单击"自然饱和度1"调整图层缩览图,载入选区,然后执行"选择>反向"菜单命令反选选区。

08 单击"调整"面板中的"色彩平衡"按钮,新建"色彩平衡"调整图层,然后设置颜色值为-32、0、+83,调整天空部分的颜色。

5.8.2 合成汹涌的海水效果

为了表现汹涌的海水效果,就需要在设置好的背景上完成浪花的添加。首先将汹涌的海浪图像复制到画面右侧,使用"变形"命令对图像进行变形操作,然后添加图层蒙版将一部分图像隐藏起来,再将图像复制并翻转到画面左侧,最后用"色彩范围"命令抠出飞溅的水花图像,并添加至画面的中间位置,呈现汹涌的海水效果。

01 打开随书光盘\素材\05\43.jpg文件,然后使用"移动工具"将打开的图像拖曳至画面中,再按快捷键Ctrl+T打开变换编辑框,用鼠标右键单击编辑框中的图像,在打开的快捷菜单中执行"变形"命令,拖曳编辑框中的图像。

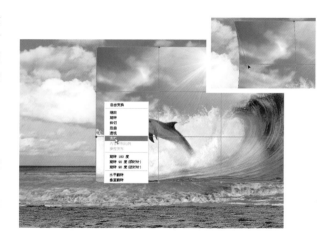

02 完成后按Enter键，变形图像，然后为"图层3"图层添加图层蒙版，再选择"画笔工具"，并在选项栏中调整不透明度和流量选项，设置前景色为黑色，在图像上涂抹，将一部分图像隐藏起来。

03 选中"图层3"图层，执行"图层>复制图层"菜单命令复制图像，得到"图层3副本"图层，然后将复制的图像移至原图层下方，再对蒙版进行编辑，使两幅图像融合在一起。

04 打开随书光盘\素材\05\44.jpg文件，执行"选择>色彩范围"菜单命令，打开"色彩范围"对话框，然后设置"颜色容差"为62，单击水花，创建选区效果。

05 按快捷键Ctrl+J复制选区内的图像，并将复制的图像移至海豚图像上，然后添加图层蒙版，再选择"画笔工具"，设置前景色为黑色，编辑图层蒙版。

06 复制"图层4"图层，得到"图层4副本"图层，然后按快捷键Ctrl+T打开变换编辑框，再使用鼠标右键单击编辑框内的图像，在打开的快捷菜单中执行"变形"命令。

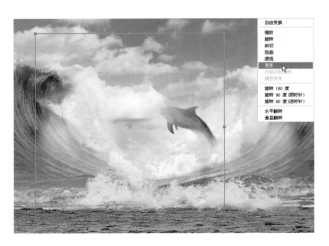

07 打开变形编辑框，使用鼠标拖曳编辑框及上方的控制点，对图像进行变形操作，然后按Enter键确认变形效果，再选择"画笔工具"，设置前景色为黑色，使用画笔编辑图层蒙版。

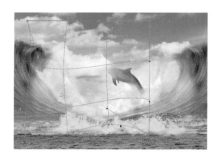

5.8.3 添加立体感的海报文字

完成了背景图像的处理，接下来就是为画面添加文字和商品对象。将人物拖曳至背景中间，添加上图层蒙版，然后使用"画笔工具"在图像上涂抹，将人物下方的原背景隐藏起来，再使用"套索工具"将海豚抠出并放于画面中的合适位置，最后将产品图像复制到右上角，使用"图层样式"为产品添加投影效果。

01 打开随书光盘\素材\05\45.jpg文件，使用"移动工具"将打开的人物图像复制到画面中，再使用"橡皮擦工具"在人物周围涂抹，擦除图像。

02 选中人物所在的"图层5"图层，添加图层蒙版，然后选择"画笔工具"，设置前景色为黑色，再在"画笔预设"选取器中选择画笔，在人物边缘涂抹，隐藏图像。

03 按住Ctrl键单击"图层5"图层缩览图，载入人像选区，然后新建"亮度/对比度"调整图层，设置"亮度"为14、"对比度"为15。

04 打开随书光盘\素材\05\46.jpg文件，选择工具箱中的"套索工具"，在选项栏中设置"羽化"为35像素，然后在打开的图像中单击并拖曳鼠标，绘制选区。

05 按快捷键Ctrl+J复制选区内的图像，并将复制的图像移至人物左侧，在"图层"面板中生成"图层6"图层，然后添加图层蒙版，再使用"画笔工具"对蒙版进行编辑，将多余画面隐藏起来。

06 打开随书光盘\素材\05\47.jpg文件，将打开的图像复制到海浪上边，然后选择"橡皮擦工具"，并调整不透明度和流量选项，在图像上涂抹，隐藏多余部分。

07 选中"图层7"图层，然后按快捷键Ctrl+J复制图层，得到"图层7副本"图层，再按快捷键Ctrl+T调整图像的大小和位置。

08 打开随书光盘\素材\05\48.jpg文件，然后将打开的图像复制到图像右下角，得到"图层8"图层，再按快捷键Ctrl+T调整图层的299大小。

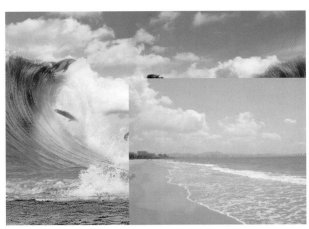

09 在"图层"面板中选择"图层8"图层，然后将此图层的混合模式设置为"强光"，将浪花图像叠加于画面中。

10 为"图层8"图层添加图层蒙版，然后选择"渐变工具"，单击"从前景色到透明渐变"，在图像上拖曳出渐变效果。

11 在"图层"面板中复制"图层8"图层，得到"图层8副本"图层，然后执行"编辑>变换>水平翻转"菜单命令，翻转图像并移至画面左下角。

12 打开随书光盘\素材\05\49.jpg文件，然后执行"选择>色彩范围"菜单命令，打开"色彩范围"对话框，设置"颜色容差"为62，再单击浪花位置，添加选区。

13 按快捷键Ctrl+J复制选区内的图像，并将其拖曳至人物上，得到"图层9"图层，然后添加图层蒙版，再使用"画笔工具"对蒙版进行编辑，将一部分浪花图像隐藏起来。

14 选中"图层9"图层，按快捷键Ctrl+J复制图层，得到"图层9副本"图层，然后调整副本图层中的图像位置，再使用"画笔工具"对蒙版做进一步编辑，使浪花更自然地与背景融合在一起。

15 打开随书光盘\素材\05\50.jpg文件，然后将打开的图像复制到画面的左下角，得到"图层10"图层，再按快捷键Ctrl+T将图像调整为合适大小。

16 为"图层10"添加图层蒙版，然后选择"画笔工具"，并在选项栏中设置"不透明度"为25%、"流量"为22%，再在画面上涂抹，将贝壳外的区域隐藏起来。

17 选择"图层10"图层，然后按快捷键Ctrl+J复制图层，得到"图层10副本"图层，再使用鼠标右键单击蒙版缩览图，在打开的快捷菜单中执行"使用图层蒙版"命令，最后将图像调至合适的位置。

18 打开随书光盘\素材\05\51.jpg文件，然后将打开的图像复制到画面左下角，得到"图层11"图层，再按快捷键Ctrl+T将图像调整为合适的大小。

19 为"图层11"添加图层蒙版，然后选择"画笔工具"，并在选项栏中设置"不透明度"为25%、"流量"为22%，再在画面上涂抹，将贝壳外的区域隐藏起来。

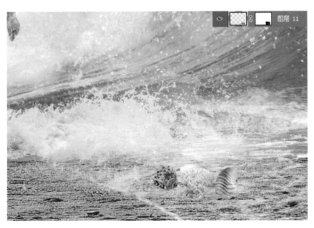

20 在"图层"面板中选中"图层11"图层，然后执行"图层>排列>下移一层"菜单命令，将此图层移至"图层10副本"图层的下方。

21 创建"色彩平衡"调整图层，并在"属性"面板中设置颜色值为-18、+26、-16，再选择"阴影"选项，设置颜色值为-8、-17、-18。

22 在"色调"列表中选择"高光"选项，设置颜色值为+1、0、+2，再根据设置的"色彩平衡"选项，调整颜色，平衡画面色彩。

23 新建"照片滤镜"调整图层，并在"属性"面板中选择"深褐"滤镜，设置"浓度"为43%，调整画面颜色。

24 单击"调整"面板中的"通道混合器"按钮，新建"通道混合器"调整图层，然后选择"蓝"输出通道，输入颜色比为-3%、-5%、+100%。

25 新建"亮度/对比度"调整图层，并在"属性"面板中设置"对比度"为15，增强画面的对比效果。

26 打开随书光盘\素材\05\52.psd文件，然后将打开的素材图像复制到画面右上角，再按快捷键Ctrl+T打开变换编辑框，对图像进行等比例缩放。

27 执行"图层>图层样式>投影"菜单命令，打开"图层样式"对话框，然后设置投影的"不透明度"为75%、"距离"为5像素、"大小"为7像素，为图像添加投影效果。

28 选择"横排文字工具"，在瓶盖下方设置文字，然后单击文字工具选项栏中的"变形文字"按钮，打开"变形文字"对话框，再选择"扇形"样式，设置"弯曲"值为-46，变形文字。

▶ 知识提炼

了解变换操作

在Photoshop中有专门对图像进行变换的工具，可以对图像进行缩放、旋转、斜切、扭曲、透视和变形等操作。

执行"编辑>变换"命令，在打开的级联菜单中将会显示用于对图像进行变换的各项命令，如右图所示。

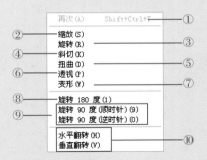

① 再次：单击或重复作用于图像的控制命令，多次单击即可多次重复。

② 缩放：单击并拖曳任意一个角的控制手柄，即能对图像进行任意伸缩。

③ 旋转：单击后将鼠标放在"自由变换框"外，当光标变为旋转样式时拖曳鼠标即可任意旋转图像。

④ 斜切：单击并拖曳任意一个角的控制手柄，即能对图像进行斜切。

⑤ 扭曲：单击并拖曳任意一个角的控制手柄，即能对图像进行任意扭曲。

⑥ 透视：单击并拖曳任意一个角的控制手柄，即能以相应的角度进行透视。

⑦ 变形：单击并拖曳任意一个角的控制手柄，即能对图像进行任意变形。

⑧ 旋转180度：对图像进行旋转180度操作。

⑨ 旋转90度（顺时针）/旋转90度（逆时针）：对图像进行顺时针方向旋转90度或逆时针方向旋转90度。

⑩ 水平翻转/垂直翻转：单击并拖曳任意一个角的控制手柄，即能对图像进行水平翻转或垂直翻转。

▶ 作品欣赏

不同的色调可以给人带来不同的视觉享受，在上面的两幅作品中，使用了Photoshop中强大的色彩调整功能，对完成的作品进行色彩的重新调校，使用清新的蓝色调和黄绿色调，表现了极具冲击力的画面效果，也带给人清爽的夏日冰凉气息。

5.9 红妆美人

素 材	随书光盘\素材\05\53.jpg、54.jpg、55.jpg、56.jpg、57.jpg
源文件	随书光盘\源文件\05\红妆美人.psd

↘ 创意密码

　　富有传统特色的装扮让模特看上去更娇媚动人，也呈现出浓浓的中国风。本案例的广告就是将东方女性的柔美与中国风元素融合在一起，使用热烈浓郁的红调搭配模特娇美的容颜，塑造了一个天姿国色的红妆美人。

　　案例的具体制作是首先对拍摄的人像照片进行美容，去掉人物脸上的瑕疵，然后将图像盖印并复制到新建文件中，调整图像大小后，再在人物下方对背景进行处理，添加上具有中国古典特色的图案作为装饰，最后在人物两侧添加红绸效果，结合文字的修饰展现完整的画面效果。

↘ 制作流程

 →  →

5.9.1　对人物进行美容

　　在本实例的操作中，首先对图像执行"减少杂色"滤镜，对人物的皮肤进行处理，去掉杂色，打造光洁的肌肤，再选取皮肤区域，通过调整"色阶"和"可选颜色"等修饰皮肤的颜色，最后对画面中人物的唇色进行调整，得到更加冷艳的妆容效果。

01 打开随书光盘\素材\05\53.jpg文件，然后在"图层"面板中选中"背景"图层并将其拖曳至"创建新图层"按钮上，释放鼠标，得到"背景副本"图层。

02 对复制的背景图像执行"滤镜>杂色>减少杂色"菜单命令，打开"减少杂色"对话框，然后设置"强度"为10%、"减少杂色"为15%、"锐化细节"为6%，单击"确定"按钮，去掉杂色。

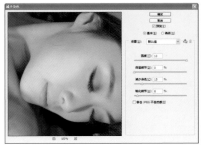

03 选择"背景副本"图层，添加图层蒙版，并将蒙版填充为黑色，然后选择"画笔工具"，设置前景色为黑色、"不透明度"为79%、"流量"为88%，在皮肤上涂抹，还原光洁的肌肤。

04 盖印图层，然后选择"快速选择工具"，在人物的位置单击，创建选区，再执行"选择>修改>羽化"菜单命令，打开"羽化选区"对话框，设置"羽化半径"为3像素，单击"确定"按钮，羽化选区。

05 按快捷键Ctrl+J复制选区内的图像，然后执行"滤镜>锐化>智能锐化"菜单命令，打开"智能锐化"对话框，设置"数量"为56%、"半径"为1.0像素，单击"确定"按钮，锐化图像。

06 执行"选择>色彩范围"菜单命令，打开"色彩范围"对话框，设置"颜色容差"为48，在人物的头发上单击，创建选区。

07 新建"颜色填充1"调整图层，然后打开"拾色器（纯色）"对话框，设置填充颜色为R36、G10、B71，调整颜色后设置混合模式为"点光"。

08 使用"钢笔工具"沿人物的嘴唇绘制路径，右键单击绘制的路径，在打开的快捷菜单中执行"建立选区"命令，打开"建立选区"对话框，设置"羽化半径"为2像素，单击"确定"按钮，创建选区。

09 单击"调整"面板中的"色相/饱和度"按钮，新建"色相/饱和度"调整图层，在"属性"面板中设置"色相"为+4、"饱和度"为+22，设置后提高嘴唇的色彩饱和度。

10 按住Ctrl键单击"图层"面板中的"色相/饱和度1"图层缩览图，将此图层作为选区载入，得到嘴唇选区。

11 新建"色阶"调整图层，然后打开"属性"面板，单击"预设"下拉按钮，在打开的列表中选择"增加对比度2"选项，增强对比。

12 按住Ctrl键不放单击"图层2"图层缩览图，载入选区，然后执行"选择>反向"菜单命令，或按快捷键Ctrl+Shift+I反选选区。

13 新建"色阶"调整图层，设置色阶值为16、1.08、243，新建"照片滤镜"调整图层，然后单击"滤镜"下拉按钮，选择"深褐"滤镜。

14 新建"通道混合器"调整图层，并在"属性"面板中设置颜色百分比为+100%、+2%、-4%，然后单击"输出通道"下拉按钮，在打开的列表中选择"蓝"选项，再设置颜色百分比为-12%、+8%、+100%。

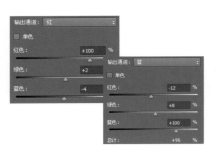

15 单击"调整"图层面板中的"曲线"按钮，新建"曲线"调整图层，然后在打开的面板中选择"蓝"通道，再在下方的曲线上单击添加控制点，拖曳曲线变换蓝通道的颜色。

16 单击"调整"面板中的"色阶"按钮，新建"色阶"调整图层，然后单击"预设"下拉按钮，在打开的列表中选择"中间调较亮"选项，提亮中间调。

17 新建"可选颜色"调整图层，并在"属性"面板中设置颜色百分比为+24%、+13%、-1%、-1%，再选择"黄色"选项，设置颜色百分比为-45%、-23%、-14%、-43%。

18 单击"颜色"下拉按钮，在下拉列表中选择"中性色"选项，设置颜色百分比为-4%、-4%、+5%、-4%。

19 新建"照片滤镜"调整图层，然后单击"滤镜"下拉按钮，在打开的"滤镜"下拉列表中选择"深褐"滤镜。

20 新建"色彩平衡"调整图层，然后选择"阴影"选项，设置颜色值为-4、+6、+15，再在"色调"列表中选择"高光"选项，设置颜色值为-3、+11、-1。

21 完成人像的精细调整后，按快捷键Ctrl+Shift+Alt+E将所有图层盖印，得到"图层3"图层。

5.9.2　绘制红色背景

完成人物的润饰后，就需要将人物添加至新的背景中，增加画面的完整性。新建文件并将其填充为黑色，然后执行"纹理"滤镜为背景添加质感纹理，在添加纹理的画面中叠加上丰富的花纹，再将喜庆的枕头图像抠取出来，放置到画面右侧，最后使用"图层样式"为图像添加投影，完成背景图案的简单处理。

01 执行"文件>新建"菜单命令，打开"新建"对话框，然后在对话框中设置新建文件名、文件大小，单击"确定"按钮，新建文件，再设置前景色为R185、G16、B33，按快捷键Alt+Delete填充图像。

02 执行"滤镜>滤镜库"菜单命令，打开"滤镜库"对话框，然后单击"纹理"滤镜组下的"纹理"滤镜，再在"滤镜库"对话框右侧设置"缩放"为105%、"凸现"为5，单击"确定"按钮，使用纹理滤镜。

03 打开随书光盘\素材\05\54.psd文件，然后将打开的图像复制到新建文件上，得到"图层1"图层，再按快捷键Ctrl+T，调整图像大小并更改图层混合模式。

04 选中"图层1"图层，然后按快捷键Ctrl+J复制图层，得到"图层1副本"图层，再执行"编辑>变换>垂直翻转"菜单命令，翻转图像。

05 设置前景色为R187、G1、B30，然后选择"圆角矩形工具"，在画面中间位置绘制红色的圆角矩形，再执行"图层>图层样式>投影"菜单命令，打开"图层样式"对话框，设置"不透明度"为90%、"距离"为6像素、"大小"为35像素，添加投影。

06 打开随书光盘\素材\05\55.jpg文件，然后将打开的图腾复制到圆角矩形的中间位置，再按住Ctrl键单击"圆角矩形1"图层，载入选区，添加图层蒙版，隐藏多余部分图像，最后设置图层混合模式为"叠加"。

07 按住Ctrl键单击"图层2"蒙版缩览图，载入选区，然后单击"调整"面板中的"亮度/对比度"按钮，新建"亮度/对比度"调整图层，并在"属性"面板中设置"亮度"为23。

08 打开随书光盘\素材\05\56.jpg文件，然后选择工具箱中的"魔棒工具"，在白色的背景中单击，创建选区，再按快捷键Ctrl+Shift+I反选选区。

09 执行"选择>修改>收缩"菜单命令，打开"收缩选区"对话框，然后设置"收缩量"为6像素，单击"确定"按钮，收缩选区，再按快捷键Ctrl+J复制选区内的图像。

10 将抠出的枕头图像复制到图腾上，然后按住Ctrl键单击"圆角矩形1"图层，载入选区，再选中"图层3"图层，单击"添加图层蒙版"按钮，添加图层蒙版。

11 执行"图层>图层样式>投影"菜单命令，打开"图层样式"对话框，然后设置投影"不透明度"为46%、"距离"为46%、"大小"为51像素，单击"确定"按钮，添加投影。

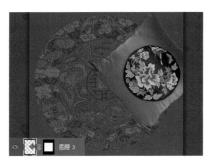

12 按住Ctrl键单击"图层3"蒙版缩览图，载入选区，然后选择"矩形选框工具"，单击选项栏中的"从选区中减去"按钮，再在选区上单击并拖曳鼠标。

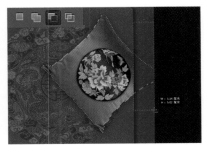

13 释放鼠标，减去选区，然后单击"调整"面板中的"色相/饱和度"按钮■，新建"色相/饱和度"调整图层，再打开"属性"面板，在面板中设置"饱和度"为+18，提高枕头的色彩饱和度。

5.9.3 组合中国元素的花纹

经过前面的操作，就可以将调整后的人物复制到新的背景中，然后使用图层蒙版将人物上多余的背景隐藏起来，再使用"画笔工具"为人物进行头发的添加，接着将红绸素材复制到人物手臂两侧，遮盖画面中的缺失部分，最后根据画面需要添加上合适的文字。

01 返回人物图像，将盖印的人物图层拖曳至新建文件上，得到"图层4"图层，再添加图层蒙版，将一部分图像隐藏起来。

02 按住Alt键单击"图层4"蒙版缩览图，载入选区，然后新建"自然饱和度"调整图层，设置"自然饱和度"为+49、"饱和度"为+34。

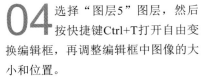

03 选中"图层4"和"自然饱和度1"图层，按快捷键Ctrl+Alt+E盖印选定图层，得到"自然饱和度1（合并）"图层，然后选择"套索工具"，并在选项栏中设置"羽化"为35像素，再在图像中绘制选区，最后按快捷键Ctrl+J复制选区内的图像，得到"图层5"图层。

04 选择"图层5"图层，然后按快捷键Ctrl+T打开自由变换编辑框，再调整编辑框中图像的大小和位置。

05 新建"头发"图层组，然后单击"创建新图层"按钮，新建"图层6"图层，再设置前景色为黑色，选择"画笔工具"，调整不透明度，在头发上涂抹。

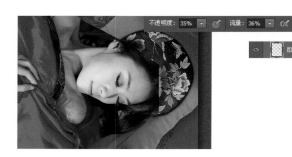

06 创建新图层，然后选择"画笔工具"，并在"画笔预设"选取器中单击选择载入的头发画笔，再设置前景色为黑色，在画面中单击，绘制头发，最后按快捷键Ctrl+T打开变换编辑框，调整头发的大小和位置。

？ 你知道吗 载入画笔

单击"画笔预设"选取器右侧的扩展按钮，在打开的菜单中执行"载入画笔"菜单命令，打开"载入"对话框，在对话框中选择要载入的画笔，单击"载入"按钮即可。

07 执行"编辑>变换>变形"菜单命令，打开变形编辑框，然后将鼠标移至编辑框中，单击并拖曳编辑框，调整编辑框中的头发形状。调整完成后，按Enter键使用变形效果。

08 单击"图层"面板中的"创建新图层"按钮，创建"图层9"，然后选择"画笔工具"，在"画笔预设"选取器中选择合适的发型笔刷，再在人物图像上绘制头发图案。

09 执行"编辑>变换>变形"菜单命令，打开变形编辑框，然后将鼠标移至编辑框中，单击并拖曳编辑框，调整编辑框中的头发形状，调整完成后，按Enter键使用变形效果。

10 单击"图层"面板中的"创建新图层"按钮，创建"图层10"，然后选择"画笔工具"，在"画笔预设"选取器中选择合适的发型笔刷，再在人物图像上绘制头发图案。

11 按快捷键Ctrl+J复制"图层10"图层，然后选择"图层10"和"图层10副本"图层，按快捷键Ctrl+Alt+E盖印图层，再通过复制图层得到更多的副本图层。

12 选择"移动工具",分别选中各图层中的头发图像,然后按快捷键Ctrl+T打开自由变换框,调整后得到更加自然的头发效果。

13 打开随书光盘\素材\03\57.jpg文件,执行"选择>色彩范围"菜单命令,打开"色彩范围"对话框,设置"颜色容差"为142,单击盘扣区域,创建选区。

14 复制选区内的图像,然后将其拖曳至新建文件中,并调整至合适大小,再打开"图层样式"对话框,设置投影的"不透明度"为45%、"距离"为3像素、"大小"为13像素。

15 按住Ctrl键不放单击"图层12"图层,载入选区,然后新建"色阶"调整图层,设置色阶值为30、1.04、239,调整选区亮度。

16 选中"图层2"和"色阶1"图层,然后按快捷键Ctrl+Alt+E盖印选定图层,得到"色阶1(合并)"图层,再按快捷键Ctrl+J复制两个图层,并将复制的图像移至画面中的合适位置。

17 打开随书光盘\素材\03\18.psd文件,然后将打开的红绸素材图像复制到人物图像上,再打开"图层样式"对话框,设置"投影"样式,为红绸添加投影。

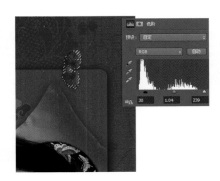

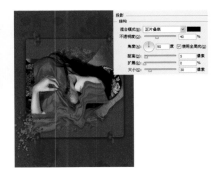

18 选择"图层13"图层,然后单击"图层"面板底部的"添加图层蒙版"按钮,添加图层蒙版,再结合"渐变工具"和"画笔工具"对蒙版进行编辑。

19 选择"图层13"图层,然后然后按快捷键Ctrl+J复制图层,再将复制的"图层13副本"图层移至"色阶4(合并)"图层上方。

20 选择"横排文字工具",然后打开"字符"面板,调整文字属性,再结合"横排文字工具"和"字符"面板,为画面添加文字。

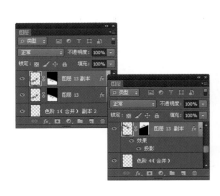

⬅ 知识提炼

认识【色阶】命令

使用"色阶"命令可以精确地调整图像的阴影、中间调和高光的强度级别，校正图像的色调范围和色彩平衡。执行"图像>调整>色阶"命令，打开"色阶"对话框，在对话框内可以对各选项参数进行设置，如下图所示。

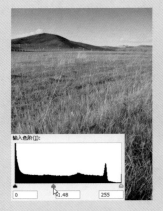

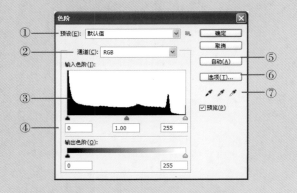

④ 输出色阶：通过"输出色阶"选项组可以使图像中较暗的像素变亮，而使较亮的像素变暗。若向右拖曳黑色输出滑块，则图像整体变亮；向左拖曳白色输出滑块，则图像整体变弱。

⑤ 自动：单击"自动"按钮可以自动调整图像的对比度及明暗度。

⑥ 选项：单击"选项"按钮，会打开如下图所示的"自动颜色校正选项"对话框，在对话框内可以对自动调整图像的整体色调范围进行设置。单击"增强单色对比度"单选钮，则可以在不更改颜色平衡的情况下平衡图像的对比度；单击"增强每通道的对比度"单选钮，则会为每个颜色通道单独平衡对比度，并消除多余偏色；单击"查找深色与浅色"单选钮，则会将最近调整图像中所有接近中性的中间调与等量的主色调调节成真正的中性；单击"增强亮度和对比度"单选钮，则会同时提高图像的亮度和对比度。

① "预设"下拉按钮：调整图像中所有颜色或特定颜色的阴影、中间调、高光和对比度。

② 通道：在"通道"下拉列表中提供了当前打开图像所有的颜色通道，用于选择合适的通道进行明暗的调整。

③ 输入色阶：通过拖曳"输入色阶"下方的滑块可以快速调整数码照片的色调和影调。拖曳左侧的黑色滑块或在数值框中输入数值，可设置图像暗部的色调；拖曳中间的灰色滑块或在数值框中输入数值，可设置图像的中间调；拖曳右侧的白色滑块或在数值框中输入数值，可设置图像的亮部色调。下图所示为分别拖曳不同色阶选项滑块所呈现的画面效果。

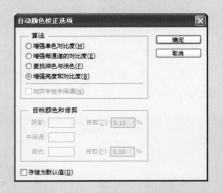

⑦ 取样按钮：包括"在图像中取样以设置黑场"、"在图像中取样以设置灰场"和"在图像中取样以设置白场"三个按钮。单击不同按钮，可以取样不同像素为黑场、灰场和白场。

5.10 快乐Baby

素 材	随书光盘\素材\05\58.jpg、59.jpg、60.jpg、61.jpg、62.jpg、63.jpg、64.jpg、65.jpg、66.jpg、67.jpg、68.jpg、69.jpg、70.jpg、71.jpg、72.jpg
源文件	随书光盘\源文件\05\快乐Baby.psd

↘ 创意密码

在博物馆欣赏关于欧洲中世纪时期的天使油画时，总会被其干净的色彩和安静的画面所吸引。本实例就是以中世纪时期的壁画为参考点，将合适的素材文件进行一定比例的组合，制作出天使宝贝图像，展现出另一种快乐的儿童乐园。

本案例具体的制作首先使用风光素材将天空和山背景组合起来，然后添加其他辅助性素材，制作出干净的背景图像，再添加上儿童素材，并对其比例进行一定调整，最后统一画面色调，呈现出快乐儿童乐园的画面。

↘ 制作流程

5.10.1 合成天使乐园背景

在本实例的操作中首先新建一个背景文档，然后打开天空素材并使用画笔描边等滤镜对图像进行调整修饰，再打开山峰素材，并使用"钢笔工具"在上面绘制路径，使用蒙版将山的形状描绘出来，并使用素描等滤镜对其质感进行加强，最后添加上花草和城堡素材，完成背景的制作。

01 打开Photoshop CS6，执行"文件>新建"菜单命令，在打开的对话框中设置宽度、高度和分辨率的参数，单击"确定"按钮，得到"背景"图层。

03 对"图层1"执行"滤镜>滤镜库"菜单命令，在打开的对话框中选择"画笔描边"中的"成角的线条"和"素描"中的"水彩画纸"并进行参数设置，使用设置后，可以看到增加了天空的艺术性。

02 打开随书光盘\素材\05\58.jpg文件，然后将打开的图像复制到背景文件中，得到"图层1"，再按快捷键Ctrl+T，使用变换编辑框调整图像的大小和位置。

04 打开随书光盘\素材\05\59.jpg文件，然后将打开的图像复制到背景文件中，得到"图层2"，再使用自由变换工具水平翻转图像，并对其进行旋转，最后调整照片的大小和位置。

05 使用"钢笔工具"在图像上绘制路径，隐藏其他图层可以看到绘制的效果，在"路径"面板中也可以看到绘制出的形状。

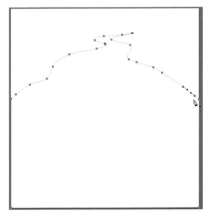

06 按快捷键Ctrl+Enter将其转换为选区，然后按快捷键Ctrl+Shift+I进行反向处理，再按Delete键将选区内的图像删除。

07 对"图层2"执行"滤镜>滤镜库"菜单命令，在打开的对话框中选择"画笔描边"中的"成角的线条"和"素描"中的"水彩画纸"并进行参数设置，使用设置后，可以看到增加了山的艺术感。

08 打开随书光盘\素材\05\60.jpg文件，然后将打开的图像复制到背景文件中，得到"图层3"，再使用自由变换工具调整图像的大小和位置，最后使用编辑框中的"透视"选项对图像的透视关系进行处理。

09 复制"图层3"得到"图层3副本"图层，然后按快捷键Ctrl+T，使用变换编辑框调整图像的位置和大小，再对其透视进行调整。

10 复制"图层3副本"得到"图层3副本2"图层，再使用"移动工具"将图像拖曳至合适的位置。

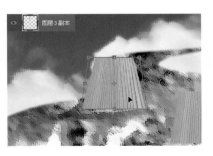

11 选中"图层3"至"图层3副本2"图层，将其合并，然后拖曳至"图层2"图层下，再为合并所得的图层添加白色的蒙版，并对其进行编辑。

12 按住Ctrl键的同时单击"图层3副本2（合并）"图层，将其载入选区，然后创建"色相/饱和度"调整图层，并在打开的属性面板中设置参数。

13 创建"色彩平衡"调整图层，在打开的"属性"面板中设置"中间调"参数，调整画面色调。

14 创建"色相/饱和度"调整图层，然后在打开的"属性"面板中设置参数，再选中"图层3副本2（合并）"至"色相/饱和度2"图层并将其合并，得到"色相/饱和度2（合并）"图层。

15 打开随书光盘\素材\05\61.jpg文件，然后将打开的图像复制到背景文件中，得到"图层4"，并使用自由变换工具调整图像的大小和位置。

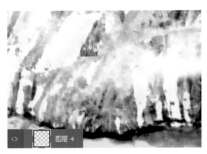

16 按快捷键Ctrl+J复制多个"图层4"图层，并对素材的位置进行调整，在图像窗口可以看到调整后的效果。

17 将合并得到的"色相/饱和度2（合并）"图层置顶，然后将该图层的蒙版填充为黑色，再使用白色的"画笔工具"进行调整，使添加的花草更加自然。

18 打开随书光盘\素材\05\62.jpg文件，然后将打开的图像复制到背景文件中，得到"图层5"，再调整其大小和位置，最后添加白色的蒙版，并对其进行编辑。

19 按住Ctrl键的同时单击"图层5"图层，然后创建"曲线"调整图层，并使用鼠标拖曳曲线设置参数，调整城堡的影调，再使用黑色的"画笔工具"编辑蒙版，使城堡看上去更加自然。

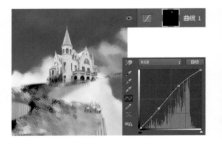

20 复制"图层1"图层，将得到的"图层1副本"图层置顶，然后为该图层添加黑色的图层蒙版，再使用白色的"画笔工具"进行编辑，柔化山的边缘。

21 创建"色彩平衡"调整图层，在打开的"属性"面板中设置参数，调整画面色调。

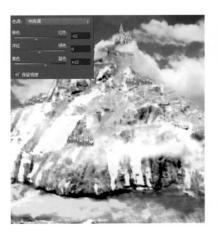

22 创建"亮度/对比度"调整图层，在打开的"属性"面板中设置参数，调整画面的明暗对比，然后选中所有图层进行合并处理，得到"亮度/对比度1（合并）"图层。

5.10.2　添加其他素材元素

编辑主体对象后，根据画面效果添加上树素材，并对其位置和大小进行调整，然后添加各种水果，再对树使用喷溅滤镜，最后添加上小孩素材，对其调整后再添加鱼等素材，丰富画面内容，加强可爱乐园的画面感。

01 打开随书光盘\素材\05\63.jpg文件，将打开的文件图像复制到背景文档中，得到"图层6"图层，并使用自由变换对其位置和大小进行调整。

02 打开随书光盘\素材\05\64.jpg文件，将打开的文件图像复制到背景文档中，得到"图层7"图层，调整大小后，将其放置到树上合适的位置。

03 打开随书光盘\素材\05\65、66.jpg文件，将打开的文件图像复制到背景文档中，得到"图层8"和"图层9"，对两个图层分别进行复制后，再调整位置，让树上挂满水果。

04 选择"图层6"图层进行复制，得到副本图层，将其置顶后，为该图层添加白色的蒙版，再使用黑色的"画笔工具"进行编辑，让添加的水果更加自然。

05 选中"图层6"至"图层6副本"图层，将其合并后得到"图层6副本（合并）"图层，对该图层执行"滤镜>滤镜库"菜单命令，在打开的对话框中选中"画笔描边"中的"喷溅"滤镜，并在对话框右侧进行参数设置。

06 复制"图层6"图层，得到"图层6副本2"图层，将其置顶后，执行"滤镜> 滤镜库"菜单命令，在打开的对话框中选中"画笔描边"中的"喷溅"滤镜，并在对话框右侧进行参数设置。

07 打开随书光盘\素材\05\67.jpg文件，将打开的文件图像复制到背景文档中，得到"图层10"，并使用自由变换工具对小孩素材的位置和大小进行调整。

08 打开随书光盘\素材\05\68 .jpg文件，将打开的文件图像复制到背景文档中，得到"图层11"，并使用自由变换工具对小孩素材的位置和大小进行调整。

09 打开随书光盘\素材\05\69.jpg文件，将打开的文件图像复制到背景文档中，得到"图层12"，使用自由变换工具对小孩素材的位置和大小进行调整，再调整图层的顺序。

10 打开随书光盘\素材\05\70 .jpg文件，将打开的文件图像复制到背景文档中，得到"图层13"，使用自由变换工具调整其位置和大小后，再设置该图层的图层属性。

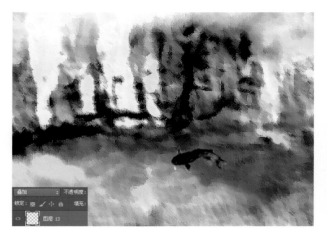

11 按快捷键Ctrl+J复制4个该图层，再使用自由变换工具对素材的大小和位置进行调整，增加画面的趣味性。

12 按快捷键Ctrl+J再复制3个该图层，并使用自由变换工具对素材的大小和位置进行调整，再设置这3个图层的图层属性。

13 使用"套索工具"在"亮度/对比度1（合并）"中水面区域绘制选区，并进行复制，得到"图层14"，再将该图层置顶，并设置其不透明度。

14 打开随书光盘\素材\05\71.jpg文件，将打开的文件图像复制到背景文档中，得到"图层15"，使用自由变换工具调整其位置和大小，再对其形状进行调整。

15 为"图层15"添加白色的蒙版，再使用黑色的"画笔工具"编辑该蒙版，使添加的素材更加自然。

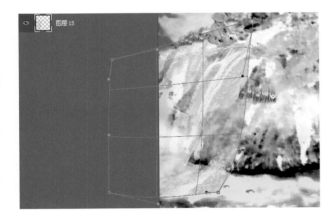

5.10.3　对画面的整体效果进行修饰调整

为画面添加素材后，即可使用纯色填充图层，调整画面中部分区域的暗调效果，再使用"色相/饱和度"等调整图层调整画面的色调，使其看上去更加洁净，最后添加上烟雾素材，制作出淡雅的画面色调效果，更好地展现出快乐的儿童乐园。

01 单击"图层"面板中的"创建新的调整图层"按钮，在打开的快捷菜单中选择"纯色"选项，然后在打开的对话框中设置颜色参数为R0、G0、B0，再将该调整图层的蒙版填充为黑色，最后使用白色的"画笔工具"进行编辑，增加儿童等素材的暗部阴影。

02 创建"色相/饱和度"调整图层,在打开的"属性"面板中设置"全图"的饱和度参数为-30,降低画面的色彩饱和度。

03 创建"亮度/对比度"调整图层,在打开的"属性"面板中设置参数依次为-16、16,调整画面的明暗对比。

04 单击"调整"面板中的"曲线"按钮,在打开的"属性"面板中使用鼠标拖曳"蓝"通道的曲线形状设置参数。

05 继续在打开的"曲线"面板中设置"绿"通道的参数,调整后在图像窗口可以看到画面的颜色得到了调整。

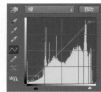

06 打开随书光盘\素材\05\72 .jpg文件,将打开的文件图像复制到背景文档中,得到"图层16"图层,再使用自由变换工具调整素材的位置和大小。

07 设置"图层16"的图层属性,再为其添加白色的蒙版,并使用黑色的"画笔工具"进行调整,使添加的素材更加自然。

知识提炼

认识【画笔描边】滤镜组

　　滤镜是Photoshop中比较强大的功能之一，使用滤镜可以制作出一些特殊的图像效果，让照片的艺术性更加强烈。而在所有的滤镜中，"画笔描边"滤镜组主要通过模拟不同的画笔或油墨笔刷来绘制图像，使用不同的参数来控制应用滤镜效果的强弱，展现出不同参数下的图像魅力。"画笔描边"滤镜组中的滤镜，在RGB和灰度模式中可以使用，而在CMYK模式中则不能使用。

　　执行"滤镜>滤镜库"菜单命令，在打开的对话框中可以看到如下图所示的"画笔描边"滤镜组。

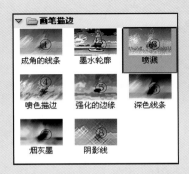

　　在"画笔描边"滤镜组中，选择任意一个滤镜后，都可以在右侧通过参数设置来改变照片效果。

　　① 成角的线条：该滤镜使用对角的线条进行描边处理，重新绘制出新的图像，用相反方向的线条来绘制图像中的亮部区域和暗部区域，如下面左图所示。

　　② 墨水轮廓：该滤镜可以在数码照片的轮廓上制作出类似钢笔勾勒的效果。

　　③ 喷溅：该滤镜可以模拟喷溅枪的效果，从整体简化图像，如下面右图所示。

　　④ 喷色描边：该滤镜比"喷溅"滤镜产生的效果更加的均匀，而且可以选择喷射的角度，产生倾斜的飞溅效果。当设置的"描边长度"参数值越大，图像在渲染时的半径就越长，而设置的"喷色半径"参数值越大，图像渲染的平滑度越高，图像就越柔和，如下图所示。

　　⑤ 强化的边缘：该滤镜可以加强数码照片的边缘线条，让图像展现得更加清晰。

　　⑥ 深色线条：该滤镜通过黑色线条绘制图像的暗部区域，白色线条绘制图像的亮部区域，产生一种很强烈的黑色阴影效果，如下图所示。

　　⑦ 烟灰墨：该滤镜可以表现出木炭画或墨水被宣纸吸收后晕开的效果。

　　⑧ 阴影线：该滤镜可以使数码照片产生用交叉网线描绘或雕刻的效果。

5.11 冰激凌世界

↘ 创意密码

　　冰激凌是很多人都爱吃的一种甜点，其可爱的外形、甜美的味道，还有鲜艳的色彩，都是抓住人心不可缺少的重要因素。本实例就是以冰激凌的特征出发，绘制出冰激凌的外形，再为画面添加樱桃和人物，用夸张的手法将冰激凌放大，制作出特殊的滑雪场，充满无限的童趣，展现一幅完美可爱的冰激凌世界。

　　在案例的具体制作中，首先制作出渐变的蓝色背景，再使用钢笔工具绘制出冰激凌的外形，并使用图层样式对其进行调整，最后添加上樱桃和人物素材，得到完整的冰激凌效果图像。

↘ 制作流程

5.11.1 绘制合成冰激凌山峰效果

在本实例的操作中首先制作背景图像，再使用"钢笔工具"绘制出冰激凌路径，并添加素材制作出纹理效果，接着对其使用图层样式，增加冰激凌的立体感，最后添加上山峰素材，调整好以后使用色彩平衡等调整图层调整其色调和影调效果。

01 在Photoshop CS6中执行"文件>新建"菜单命令，在打开的对话框中设置"宽度"、"高度"和"分辨率"的参数。

02 选择工具箱中的"渐变工具"，单击选项栏中的"点按可编辑渐变"按钮，然后在打开的对话框中选择"黑白渐变"，再设置其颜色参数从左至右依次为R60、G105、B169，R174、G202、B226，单击"确定"按钮后，在对话框中可以看到设置的效果。

03 设置参数后，使用"渐变工具"在"背景"图像上由上至下拖曳，在图像窗口可以看到绘制出的蓝色渐变背景。

■■ 高手点拨

当使用"渐变工具"对画面进行编辑调整的时候，按住Shift键的同时按住鼠标左键进行拖动，即可拖曳出笔直平整的渐变效果。

04 设置前景色为R174、G202、B226，背景色为白色，再新建一个"图层1"图层，然后对该图层执行"滤镜>渲染>云彩"菜单命令，在图像窗口可以看到使用该滤镜后的效果。

05 设置"图层1"的图层混合模式为"划分"，为该图层添加上白色的蒙版，再使用"黑白渐变"的渐变工具编辑蒙版，让添加的背景图像更自然。

06 新建一个"图层2"图层，然后选择"画笔工具"并单击其选项栏中的"切换画笔面板"按钮，再在打开的面板中设置"散布"的参数，使用该工具在图像上合适的地方绘制图像。

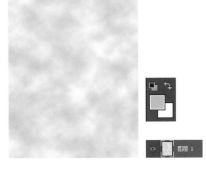

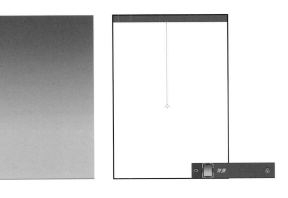

07 在"调整"面板中创建"色阶"调整图层,然后在打开的"属性"面板中使用鼠标拖曳滑块设置参数依次为64、1.15、248,在图像窗口可以看到使用后的效果,画面效果得到加强。

08 打开随书光盘\素材\05\73.jpg文件,将打开的文件复制到背景图像中,得到"图层3"图层,再使用自由变换调整其大小,并进行旋转调整。

09 使用"钢笔工具"在图像上合适的地方单击并拖曳绘制路径,在图像窗口可以看到绘制出的效果。

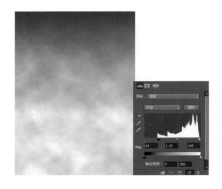
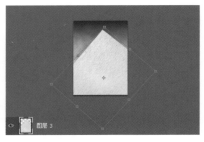

10 绘制完成后,按快捷键Ctrl+Enter将其转换为选区,然后执行"选择>修改>羽化"菜单命令,在打开的对话框中设置"羽化半径"为2像素,调整后可以看到选区效果。

11 保持选中选区的状态,单击"图层"面板中的"添加图层蒙版"按钮 ,在图像窗口可以看到使用蒙版后,多余的素材被去除了。

12 双击"图层3"图层,在打开的"图层样式"对话框中勾选"斜面和浮雕"复选框,再在打开的选项卡中设置"斜面和浮雕"和"阴影"的参数。

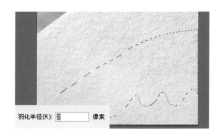

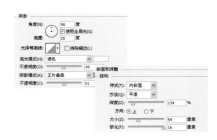

13 继续在"图层样式"对话框中勾选"投影"复选框,并设置其参数,确定后可以看到图像的立体感加强了。

14 复制"图层3"图层,并更改其名称为"图层4",调整其位置和大小后,将其拖曳至"图层3"图层下,再使用"钢笔工具"在"图层4"上绘制路径。

15 将绘制好的路径转换为选区,然后执行"选择>修改>羽化"菜单命令,在打开的对话框中设置参数,再单击"图层"面板中的"添加图层蒙版"按钮 ,去除多余的素材。

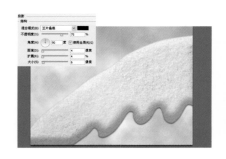
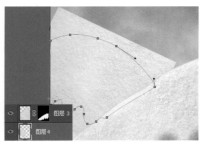

16 双击"图层4"图层，在打开的"图层样式"对话框中勾选"斜面和浮雕"复选框，再在打开的选项卡中设置"斜面和浮雕"和"阴影"的参数。

17 继续在"图层样式"对话框中勾选"投影"复选框，并设置其参数，单击"确定"后可以看到图像的立体感加强了。

18 复制"图层4"图层，并更改其名称为"图层5"，然后使用自由变换调整其大小，再对其进行旋转调整，最后使用"钢笔工具"在"图层5"上绘制路径。

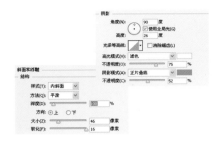

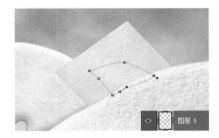

19 将绘制的路径转换为选区，然后执行"选择>修改>羽化"菜单命令，在打开的对话框中设置参数，再单击"图层"面板中的"添加图层蒙版"按钮，去除多余的素材。

20 打开随书光盘\素材\05\74.jpg文件，将打开的文件复制到背景图像中，得到"图层6"图层，再将该图层拖曳至"图层4"图层下方，最后使用自由变换调整其大小，并对图像进行旋转处理。

21 为"图层6"图层添加白色的蒙版，设置前景色为黑色，再选择工具箱中的"画笔工具"编辑蒙版，将所有的素材去除。

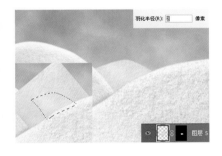
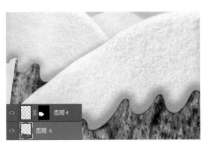
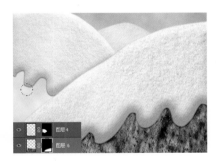

22 按住Ctrl键的同时单击"图层6"的蒙版，将图像载入选区，再创建"色彩平衡"调整图层，在打开的"属性"面板中设置"中间调"参数，更改素材颜色。

23 按住Ctrl键的同时单击"色彩平衡1"的蒙版，将图像载入选区，再创建"亮度/对比度"调整图层，在打开的"属性"面板中设置参数依次为-29、74，调整素材的明暗对比。

24 复制"图层6"得到副本图层，然后将其拖曳至"亮度/对比度1"调整图层之上，再使用黑色的"画笔工具"编辑该图层的蒙版，去除多余的素材。

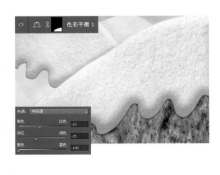

25 按住Ctrl键单击"图层6副本"的蒙版,将图像载入选区,然后创建"色彩平衡"调整图层,在打开的"属性"面板中设置"中间调"参数,更改素材颜色。

26 按住Ctrl键单击"色彩平衡2"的蒙版,将图像载入选区,然后创建"亮度/对比度"调整图层,在打开的"属性"面板中设置参数依次为-19、93,调整素材的明暗对比。

5.11.2 添加樱桃和滑雪道

编辑主体对象后,根据画面效果,在图像上添加红色的樱桃,然后对其进行复制,并将其分布在合适的地方,再使用画笔工具在图像上绘制出滑雪道,并使用图层样式增加其立体感,最后使用调整图层调整图像整体色调。

01 打开随书光盘\素材\05\75.jpg文件,将打开的素材复制到背景图像中,得到"图层7"图层,然后使用自由变换调整素材的大小和位置。

02 复制两个"图层7"图层,将其拖曳至合适的地方,再使用自由变换对其位置和大小进行调整,在图像窗口可以看到调整后的画面效果。

03 打开随书光盘\素材\05\76.jpg文件,将打开的素材复制到背景图像中,得到"图层8"图层,再使用自由变换调整素材的大小和位置,并旋转图像。

04 为"图层8"图层添加黑色的图层蒙版,然后设置前景色为白色,再选择工具箱中的"画笔工具"编辑蒙版,让添加的素材和画面更贴合。

05 使用同样的方式为其他两个图层添加上黑色的蒙版,再使用白色的画笔工具编辑该蒙版,在图像窗口可以看到添加的樱桃素材和画面更加融合。

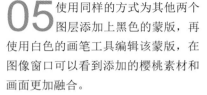

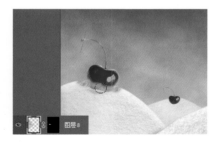

■■ **高手点拨**

在使用画笔工具编辑蒙版或涂抹图像的时候,为了方便修饰调整图像,可以按[或]键对画笔的大小进行调整,快速地调整图像。

06 新建"图层9"图层，然后设置该图层的图层属性，再选择"画笔工具"，并单击"切换画笔面板"按钮🔲，在打开的面板中设置参数，最后使用"钢笔工具"在图像上绘制路径。

07 单击鼠标右键，在打开的快捷菜单中选择"描边路径"，然后在打开的对话框中设置参数，为该图层添加上白色的蒙版，再使用黑色的画笔工具编辑该蒙版，最后双击该图层，在打开的对话框中设置参数。

08 按住Ctrl键的同时单击"图层9"图层，再创建"曲线"调整图层，在打开的"属性"面板中拖曳曲线设置参数，调整滑道的明暗对比。

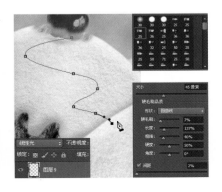
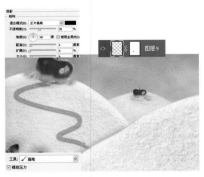
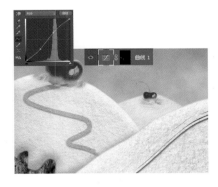

09 新建"图层10"，并设置其图层属性，然后使用"钢笔工具"绘制路径，再对其进行描边处理，最后双击该图层，在打开的对话框中设置参数。

10 打开随书光盘\素材\05\77.jpg文件，将打开的素材复制到背景图像中，得到"图层11"图层，使用自由变换调整素材的大小和位置并旋转图像。

11 为"图层11"添加上黑色的蒙版，设置前景色为白色，再选择工具箱中的"画笔工具"，并使用该工具编辑该蒙版，为滑道边添加雪堆效果。

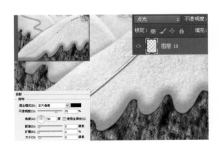

12 复制多个"图层11"，并将其调整到合适的位置，然后使用"画笔工具"编辑其蒙版，制作出逼真的滑雪道。

13 创建"通道混合器"调整图层，在打开的"属性"面板中选择"输出通道"为蓝，再设置其参数为+17、-6、+88，调整画面的色调。

14 创建"色彩平衡"调整图层，在打开的"属性"面板中设置"中间调"参数依次为-19、+3、+10，设置"高光"参数依次为-7、-8、+10，平衡画面色调。

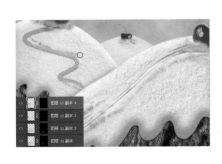

5.11.3　添加玩耍的儿童并对画面整体色调进行调整

制作出背景图像后，为画面添加上滑雪的人物素材，并将其调至不同的位置，然后新建一个纯色的调整图层，为添加的素材制作出阴影，再新建灰度图层调整画面的整体影调效果，最后创建通道混合器等调整图层，统一画面色调。

01 打开随书光盘\素材\05\78.jpg文件，将该素材复制到背景图像中，得到"图层12"图层，然后按快捷键Ctrl+T打开自由变换编辑框，并使用该变换框调整素材的位置和大小。

02 打开随书光盘\素材\05\79、80、81.jpg文件，将该素材复制到背景图像中，得到"图层13"、"图层14"和"图层15"图层，然后按快捷键Ctrl+T打开自由变换编辑框，并使用该变换框调整素材的位置和大小。

03 打开随书光盘\素材\05\82、83.jpg文件，将该素材复制到背景图像中，得到"图层16"和"图层17"，然后按快捷键Ctrl+T打开自由变换编辑框，并使用该变换框调整素材的位置和大小。

04 单击"图层"面板中的"创建新的调整图层"按钮，在打开的对话框中设置参数为R0、G0、B0，然后使用白色的"画笔工具"编辑该蒙版。

05 继续使用白色的"画笔工具"编辑该蒙版，为素材人物添加阴影效果，让素材和背景更加贴合。

06 执行"图层>新建>图层"菜单命令，在打开的对话框中设置参数，然后将前景色和背景色分别设置为黑色和白色，再选择"画笔工具"在图像上涂抹，使用X键切换前景色和背景色，调整画面的光影效果。

07 打开随书光盘\素材\05\84.jpg文件，将该素材复制到背景图像中，得到"图层19"，然后按快捷键Ctrl+T打开自由变换编辑框，并使用该变换框调整素材的位置和大小，最后设置该图层的图层属性。

08 复制两个"图层19"图层，再使用移动工具调整其位置，在图像窗口可以看到调整后的效果。

09 创建"通道混合器"调整图层，然后在打开的"属性"面板中选择"输出通道"为蓝，再设置其参数，调整画面颜色。

10 在"调整"面板中创建"亮度/对比度"调整图层，再在打开的"属性"面板中设置参数依次为0、23，调整画面的明暗对比。

11 在"调整"面板中创建"自然饱和度"调整图层，再在打开的"属性"面板中设置参数依次为+57、+10，增加画面的色彩饱和度。

12 盖印图层，得到"图层20"图层，然后执行"滤镜>其他>减少杂色"菜单命令，在打开的对话框中设置参数柔和画面，再为该图层添加白色的蒙版，设置前景色为黑色，最后选择工具箱中的"画笔工具"编辑其蒙版，修饰调整部分区域。

? 你知道吗 **快速重复应用滤镜**

在使用滤镜命令对图像进行调整的时候，可以按快捷键Ctrl+F对图像重复应用调整好的滤镜，快速改变图像的画面效果。

知识提炼

认识【斜面和浮雕】样式

"图层样式"是应用于图层或图层组的一种或多种效果，可以使用Photoshop系统自带的样式，也可以自己在"图层样式"对话框中创建自定样式。

使用"斜面和浮雕"样式可以在图层上使用高光和阴影效果，设置出立体感强烈的浮雕效果。该样式包括外斜面、内斜面、浮雕效果、枕状浮雕和描边浮雕，虽然每一项包含的设置选项都是一样的，但是制作出的效果却大不相同。

在打开的"图层样式"对话框中勾选"斜面和浮雕"复选框，即可打开如右图所示的对话框。

在打开的"图层样式"对话框中设置各选项不同的参数，即可制作出立体感强烈的画面效果。

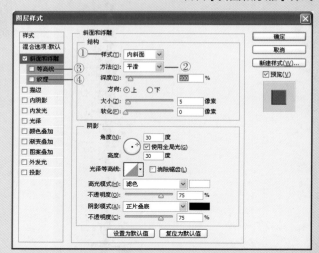

① 样式：单击该选项后面的倒三角按钮，在打开的下拉列表中选择需要的样式对照片进行调整。"内斜面"是在图像的内边缘创建斜面；"外斜面"是在图像的外边缘创建斜面；"浮雕效果"是模拟对图像相对于下面图层呈浮雕效果；"枕状浮雕"是模拟将图像边缘压入下层图像中的效果；"描边浮雕"是将浮雕使用于图像描边效果的边界，如下图所示。

② 方法：单击该选项后面的倒三角按钮，在打开的下拉列表中可以看到3个选项。"平滑"可以模糊图像边缘的杂边，适用于所有类型的图像，使用该选项不会保留较大范围的细节特征；"雕刻清晰"适用于距离测量技术，主要用于消除图像或文字锯齿形状的杂边；"雕刻柔和"适用于经过修改的距离测量技术，可以调整较大范围的杂边，如下图所示。

③ 等高线：勾选该选项的复选框可以调整在浮雕处理中被遮住的起伏、凹陷和凸起，如下面左图所示。

④ 纹理：勾选该选项的复选框，在打开的选项卡中可以选择需要的纹理效果。在该选项卡中"缩放"用于调整纹理大小，数值越大纹理效果越强；"深度"用来控制纹理的程度和方向，如下面右图所示。